~~voyez la table~~.

la table est à la fin du T. IV.

ICONOGRAPHIE

ET

HISTOIRE NATURELLE

DES COLÉOPTÈRES D'EUROPE.

TYPOGRAPHIE DE MARCELLIN LEGRAND, PLASSAN ET Cie.

IMPRIMERIE DE PLASSAN ET Cie,
RUE DE VAUGIRARD, N° 15.

ICONOGRAPHIE

ET

HISTOIRE NATURELLE

DES COLÉOPTÈRES D'EUROPE;

PAR M. LE COMTE DEJEAN,

Pair de France, lieutenant-général des armées du Roi, commandeur de l'ordre royal de la Légion-d'Honneur, chevalier de l'ordre royal et militaire de Saint-Louis, membre de la Société Philomatique et de plusieurs autres sociétés savantes nationales et étrangères;

ET M. J.-A. BOISDUVAL,

membre de plusieurs sociétés savantes.

TOME PREMIER.

A PARIS,

CHEZ MÉQUIGNON-MARVIS, LIBRAIRE-ÉDITEUR,
RUE DU JARDINET, N° 13;

A BRUXELLES,
AU DÉPÔT GÉNÉRAL DE LA LIBRAIRIE MÉDICALE FRANÇAISE.

1829.

AVERTISSEMENT.

Avant que de commencer cet ouvrage nous ne nous sommes pas dissimulé les difficultés que nous aurions à vaincre et les soins minutieux que son exécution réclamerait; ce n'est qu'après nous être bien pénétrés de son utilité et du service important que nous rendrions aux entomologistes, que nous nous sommes décidés à sa publication. En effet, on ne peut nier que les ouvrages iconographiques d'Olivier, de Fischer, de Panzer, de Sturm, etc., malgré leurs imperfections, n'aient été d'un grand secours aux personnes qui se livrent à l'étude des Coléoptères.

L'ouvrage d'Olivier, outre les figures, qui sont peu exactes, et les descriptions, qui sont fort incomplètes, a l'inconvénient de ne pas renfermer seulement un douzième des Coléoptères d'Europe; quant aux autres, qui ne sont que des Faunes locales, ils ne peuvent servir que dans une très-petite étendue de pays.

Le nombre des personnes qui cultivent l'histoire naturelle s'étant beaucoup accru, les communications étant devenues plus faciles et les relations plus fréquentes, depuis quelques années, il nous a été permis d'avoir des notions précises sur la plupart des productions de l'Europe; il en résulte que le nombre des insectes que l'on connaissait il y a vingt ans, est maintenant plus que triplé; car, osons le dire, la quantité de ces animaux surpasse maintenant de beaucoup celle des végétaux; ce qui ne paraîtra pas extraordinaire, si on réfléchit qu'il existe peu de plantes qui ne nourrissent trois ou quatre espèces d'insectes; si à ceux-ci on ajoute les espèces carnassières, épigées ou parasites, on aura une somme réellement effrayante.

Quoique l'on soit loin de connaître tous les insectes, l'étude de l'entomologie est déjà si vaste, qu'il est impossible qu'un seul homme puisse désormais s'occuper des différentes branches qui la composent, à moins qu'il ne restreigne son étude aux généralités de la science. La partie spécifique est devenue tellement difficile, qu'il faut la plus grande habitude, et, en outre, connaître déjà un grand nombre d'insectes, pour déterminer les espèces d'après les descriptions des anciens auteurs qui ont décrit celles qu'ils connaissaient comme si on n'eût jamais dû trouver d'espèces voisines. Le seul moyen qui puisse remédier à cet inconvénient, qui dans quelques années pourrait se représenter pour les ouvrages de notre époque, est de donner le dessin exact des différentes espèces.

Dès l'enfance de la science, tous les naturalistes ont senti la nécessité d'ouvrages à figures; la difficulté de se représenter à l'esprit les objets que l'on ne peut pas toujours se procurer, a motivé ce besoin. La meilleure description ne donne point à celui qui ne connaît pas un individu une aussi juste idée de sa manière d'être, que lorsqu'il a sous les yeux le dessin de cet individu fidèlement exécuté. Si Linné lui-même n'avait pas profité des figures données par ses prédécesseurs ou ses contemporains, il aurait souvent été impossible, malgré la clarté de ses phrases, de reconnaître d'une manière précise les espèces qu'il avait décrites.

Mais si les figures sont d'une utilité reconnue pour toutes les parties de l'histoire naturelle, c'est surtout en zoologie qu'elles deviennent d'un puissant secours. En effet, il est bien plus facile d'observer les plantes, qui ne fuient pas devant le botaniste, que ces êtres qui, pourvus de la conscience de leur existence et de l'instinct de leur conservation, évitent le danger, et font tous leurs efforts pour se dérober à nos investigations; d'un autre côté, les trois quarts au moins des plantes ont été figurées, et beaucoup peuvent être cultivées dans les jardins; le phytographe peut les examiner, les comparer et les décrire à son aise, tandis que le zoologiste, qui ne peut que rarement étudier les animaux vivans, est obligé d'avoir recours aux descriptions lorsqu'il veut reconnaître une espèce ou un genre. Mais de quelle obscurité s'enveloppent ses recherches, si, réduit à l'aridité des phrases descriptives, il ne peut recourir au dessin des animaux qui font l'objet de ses études !

Laissons la zoologie partager son domaine entre tous ces grands maîtres qui l'illustrent par des travaux du premier ordre, et revenons à l'entomologie, la plus nombreuse de ses divisions, cette science dont l'étude offre tant d'intérêt et le sujet de si profondes méditations à l'observateur, qui, à la manière des Malpighi, des Swammerdam, des de Geer, cherche à saisir les rapports que les insectes ont entre eux et la place qu'ils doivent occuper dans l'échelle des êtres; d'après quelles lois ils peuvent vivre dans l'eau, sur la terre ou dans les airs; quelles sont les métamorphoses qu'ils subissent avant d'arriver à leur état parfait; pourquoi les uns sont munis d'ongles robustes et de fortes mâchoires; pourquoi les autres n'ont qu'un suçoir plus ou moins long, etc., etc. Les animaux les plus gros, ou ceux dont l'homme tire quelques produits, ont été les premiers dont il se soit occupé, comme si l'organisation d'un moucheron était moins admirable et moins régulière que celle d'un éléphant! De là il est arrivé que, malgré les services importans que nous rendent une infinité d'insectes, soit en nous débarrassant des débris des autres animaux dont les exhalaisons putrides et délétères nous seraient des plus nuisibles, soit en dévorant ces mollusques qui détruisent les premiers rudimens de la végétation, soit enfin par les produits variés et importans que l'on retire de quelques-uns, il n'y a que peu d'années que l'entomologie a commencé à prendre le rang qu'elle doit occuper dans les sciences naturelles.

L'étude de l'entomologie renferme maintenant un si grand nombre d'espèces, qu'il faut beaucoup d'expérience et une grande habitude pour reconnaître celles qui composent un genre; et nous ne craignons pas d'avancer que, pour les personnes qui ne déterminent pas leurs insectes de tradition, il faut un temps considérable pour arriver à la connaissance des espèces décrites, surtout si ces personnes n'ont pas sous les yeux un grand nombre d'objets de comparaison. Nous croyons donc que cette Iconographie des Coléoptères, en évitant aux entomologistes une grande perte de temps, sera favorablement accueillie par tous ceux surtout qui n'ont point à leur disposition ces riches collections des grandes villes de l'Europe.

Le plan de cet ouvrage sera absolument le même que celui qui a été suivi dans le *Species;* la méthode analytique étant d'un usage très-simple et très-commode, nous donnerons au commencement de chaque tribu un tableau synoptique de tous les genres, de sorte que, dans l'état actuel de la science, il pourra être considéré comme l'illustration générique du *Species*, d'autant plus que, pour ne point interrompre la série adoptée dans la classification des Coléoptères, nous donnerons un individu de chaque genre exotique. Toutes les fois que cela sera possible, nous choisirons pour type une espèce qui n'aura pas encore été figurée, et même qui souvent n'aura pas été décrite. Cependant c'est ici l'occasion de dire que l'on a publié depuis quelques années plusieurs genres nouveaux, tels que ceux de *Mormolyce*, de *Platychile*, etc., dont nous n'avons pas la nature sous les yeux, et dont provisoirement nous ne parlerons pas; car nous croyons que rien n'est plus mauvais que ces copies de figures dans lesquelles les défauts de l'original sont toujours outrés; et puis, d'un autre côté, peut-on consciencieusement donner les caractères et assigner la place d'un genre que l'on n'a jamais vu ou que l'on n'a vu qu'une fois en passant. Cependant, si nous parvenons, comme il y a lieu de l'espérer, à nous procurer ces insectes en nature, nous nous empresserons de les faire figurer avec les espèces nouvelles que l'on découvrira dans les parties de l'Europe qui n'ont encore été que très-peu explorées sous le rapport de l'entomologie; mais ce ne sera que dans le Supplément que nous remplirons ces lacunes. Quelques personnes seront peut-être surprises de voir que, sous le titre d'*Iconographie des Coléoptères d'Europe*, nous donnions en même temps les espèces du nord de l'Asie. Nous leur répondrons que, parmi les entomologistes qui ne font collection que des espèces indigènes, le plus grand nombre y réunit celles de Sibérie et même du Kamtschatka, et regarde comme européennes toutes les espèces qui nous viennent des possessions russes en Asie, qui d'ailleurs sont très-voisines de celles d'Europe.

Les individus seront, autant que possible, de grandeur naturelle; seulement lorsqu'ils seront très-petits, nous les ferons grossir plus ou moins, en ayant soin de donner à côté l'insecte de grandeur naturelle, pour éviter les échelles de proportions qui, ne donnant point le *facies* de l'espèce, sont sujettes à induire en erreur les personnes qui n'ont point quelques connaissances du dessin. Dans d'autres circonstances, lorsque nous aurons à faire figurer quelques insectes tout noirs, comme les *Scarites*, quelques autres *Carabiques*, etc., nous sommes persuadés qu'il sera infiniment préférable de les donner au trait, d'après le procédé employé par Paykull dans sa Monographie des *Hister;* car, en agissant autrement, il serait très-difficile, pour ne pas dire impossible, de faire voir exactement le nombre et la disposition des stries, ainsi que la ponctuation qui existe souvent dans leurs intervalles ou sur le corselet; ces caractères étant de la plus haute importance pour la détermination des espèces, on conçoit que notre but serait manqué si l'effet du coloris venant à cacher les stries où la ponctuation, on ne pouvait les distinguer que d'une manière vague et obscure.

Cet ouvrage étant particulièrement destiné aux personnes qui s'occupent de la partie spécifique, nous nous étendrons peu sur les généralités de la science; cependant, après l'exposé des caractères génériques, nous donnerons quelques considérations sur les mœurs de chaque genre, et surtout sur l'*habitat*, partie bien essentielle pour ceux qui se livrent à la recherche des Coléoptères.

Les larves des Coléoptères n'offrant point, comme celles des Lépidoptères, des caractères spécifiques tranchés, et, d'un autre côté, ayant pour la plupart été peu observées à cause de leur vie hypogée ou endophyte, nous nous abstiendrons d'en parler; à moins que, comme celles des *Melolontha*, des *Lucanus*, des *Prionus*, et de quelques *Hamaticherus*, elles ne soient trop connues par les dégâts qu'elles occasionent en frappant de stérilité nos prairies, ou de mort les plus grands arbres de nos forêts, ou que, comme celles des *Drilus*, des *Lampyris*, etc., elles n'offrent des particularités remarquables. Dans ces deux derniers cas, nous exposerons à la suite des genres et des espèces ce qu'elles présenteront d'intéressant ou leurs qualités nuisibles.

Quoique depuis plusieurs années quelques savans nous aient donné d'assez beaux travaux sur l'anatomie de quelques insectes, nous croyons devoir passer cette partie sous silence, 1° parce que ces travaux, encore trop incomplets, ne sont applicables qu'à un petit nombre de genres; 2° parce que nous croyons que c'est dans les ouvrages élémentaires, ou dans ceux qui s'occupent spécialement de cette partie, et non dans ceux consacrés à la partie spécifique, qu'ils doivent trouver place.

Persuadés que les personnes qui feront usage de notre ouvrage possèdent des notions suffisantes sur les élémens de l'entomologie et la glossologie de cette science, nous ne dirons rien sur l'anatomie générale des insectes; et, sans donner aucune introduction à l'histoire de ces animaux, nous entrerons de suite en matière, renvoyant, pour tout ce qui regarde la partie élémentaire, aux excellens ouvrages de M. Latreille.

Quant à la synonymie, après avoir cité Fabricius, Olivier, Geoffroy et les auteurs modernes, nous renvoyons, pour tous les anciens auteurs, à l'ouvrage de Schœnherr (*Synonymia Insectorum*), ainsi que cela a lieu dans le *Species*.

Cet ouvrage étant orné de figures, nous avons cru devoir restreindre un peu les descriptions du *Species*, en conseillant toutefois aux entomologistes de consulter ce livre lorsqu'il leur restera quelques doutes sur l'authenticité des espèces qu'ils détermineront.

Les Coléoptères d'Europe s'élevant environ au nombre de quatre mille, il en résulte que, par les soins et l'activité que l'éditeur apportera à la publication de cette Iconographie, elle sera terminée dans le courant de six ou sept années. Toutes les espèces seront décrites et figurées d'une manière méthodique, de sorte que chaque partie formera une véritable monographie.

Nous croyons devoir prévenir les souscripteurs que tous les articles signés C. D., et précédés des lettres B. D., auront été traités par M. le comte Dejean, et que tous les autres auront été rédigés par M. Boisduval, et revus avec le plus grand soin par M. le comte Dejean.

Nous ne terminerons pas sans assurer les entomologistes que nous apporterons tous nos soins pour que cette entreprise réponde à leur attente; si elle peut servir à propager le goût de l'entomologie, à rendre son étude plus facile, plus prompte et plus intéressante, notre but sera rempli, et nous croyons être assez payés des peines que nous nous donnerons pour la rendre digne de la faveur des naturalistes.

ICONOGRAPHIE

ET

HISTOIRE NATURELLE

DES COLÉOPTÈRES D'EUROPE.

Les insectes sont des animaux ovipares, sans vertèbres, sans branchies, et sans organes circulatoires, respirant par des trachées, subissant plusieurs métamorphoses, et ayant dans l'état parfait une tête distincte pourvue de deux antennes et six pattes articulées.

On les divise ordinairement en huit ordres, dont le tableau suivant présente les principaux caractères.

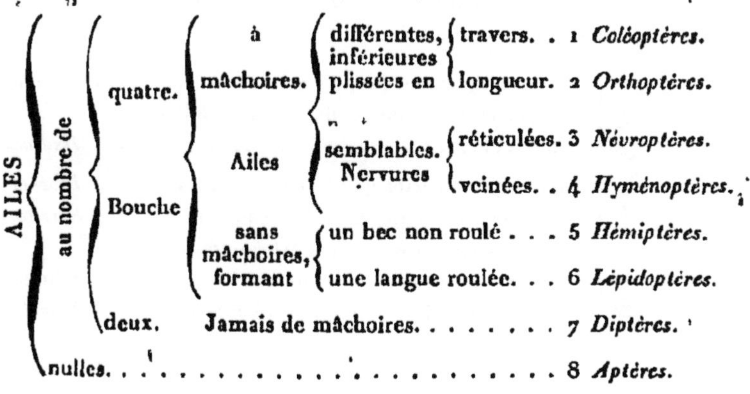

AILES au nombre de	Bouche			Ordre
quatre.	à mâchoires.	Ailes différentes, inférieures plissées en	travers.	1 *Coléoptères.*
			longueur.	2 *Orthoptères.*
		Ailes semblables. Nervures	réticulées.	3 *Névroptères.*
			veinées.	4 *Hyménoptères.*
	sans mâchoires, formant	un bec non roulé . . .		5 *Hémiptères.*
		une langue roulée. . .		6 *Lépidoptères.*
deux.	Jamais de mâchoires.			7 *Diptères.*
nulles.				8 *Aptères.*

Les coléoptères, qui font l'objet spécial de cet ouvrage, sont des insectes à quatre ailes, dont les supérieures, nommées élytres, sont plus ou moins dures et coriaces, et servent comme d'étuis aux inférieures, qui sont minces, transparentes, veinées et pliées en travers. Ils sont pourvus de mâchoires et de mandibules, et subissent tous une métamorphose complète. La larve est hexapode, vermiforme, à tête écailleuse; la nymphe est immobile, ne prend aucune nourriture, et offre distinctement toutes les parties de l'insecte parfait.

On les divise en cinq sections, d'après le nombre des articles des tarses, savoir :

Cinq articles à tous les tarses....................	1	*Pentamères.*
Cinq articles aux deux premières paires de tarses, et quatre seulement aux postérieures...........	2	*Hétéromères.*
Quatre articles à tous les tarses................	3	*Tétramères.*
Trois articles à tous les tarses....................	4	*Trimères.*
Deux articles à tous les tarses....................	5	*Dimères.*

PENTAMÈRES.

La première section, ou celle des Pentamères, renferme plusieurs familles très-distinctes, et qui présentent les caractères suivans :

Six palpes.	Pattes uniquement propres à la course.......	1	*Carabiques.*
	Pattes, au moins en partie, propres à la natation................................	2	*Hydrocanthares.*
Quatre palpes.	Élytres plus courtes que le corps...........	3	*Brachélytres.*
	Antennes filiformes, en scie ou pectinées....	4	*Serricornes.*
	Antennes plus grosses vers l'extrémité, souvent en masse perfoliée ou solide...............	5	*Clavicornes.*
	Antennes terminées en masse feuilletée.....	6	*Lamellicornes.*

CARABIQUES.

Les Carabiques sont des insectes terrestres, carnassiers, ayant six palpes, des antennes filiformes ou sétacées, quelquefois moniliformes, et des pattes uniquement propres à la course. Cette nombreuse famille correspond au genre Bupreste de Geoffroy. Linné avait classé tous les insectes qui la composent dans ses deux genres *Carabus* et *Cicindela*. Fabricius, Weber, Clairville, Frœhlich et Latreille y introduisirent ensuite plusieurs nouveaux genres; mais il appartenait réellement à Bonelli de la débrouiller et d'en rendre l'étude plus facile, en créant un grand nombre de genres qui réunissent et groupent ensemble les espèces qui présentent quelque analogie. Les travaux postérieurs de Latreille, Gyllenhal, Duftschmid, Sturm, Fischer, Klug, et de plusieurs autres entomologistes, ont achevé de porter un nouveau jour sur cette famille. Pour parvenir plus facilement à la connaissance de tous les genres qu'elle renferme, nous croyons devoir la diviser en huit tribus, comme cela a eu lieu dans le *Species*. Le tableau ci-après en présente les principaux caractères.

- Mâchoires terminées par un onglet articulé. — 1 *Cicindélètes.*
- Mâchoires terminées en pointe ou en crochet sans articulation.
  - Palpes extérieurs non subulés.
    - Côté interne des jambes antérieures fortement échancré.
      - Extrémité postérieure des élytres tronquée. — 2 *Troncatipennes.*
      - Élytres entières ou légèrement sinuées à l'extrémité.
        - Tarses semblables dans les deux sexes. — 3 *Scaritides.*
        - Tarses dilatés dans les mâles.
          - Aux deux pattes antérieures. En articles
            - carrés ou arrondis. — 5 *Patellimanes.*
            - en cœur ou échancrés. — 6 *Féroniens.*
          - Aux quatre pattes antérieures. — 7 *Harpaliens.*
    - Point d'échancrure au côté interne des jambes antérieures. — 4 *Simplicipèdes.*
  - Palpes extérieurs subulés ou en alène. — 8 *Subulipalpes.*

CICINDÉLÈTES.

Les Cicindélètes se distinguent de toutes les tribus suivantes par leurs mâchoires terminées en onglet articulé, par leur languette très-petite et cachée par le menton, et par leurs palpes à quatre articles distincts. Le côté interne de leurs jambes antérieures n'a jamais d'échancrure, caractère qu'elles partagent avec les *Simplicipèdes*, et les crochets de leurs tarses ne sont jamais dentelés.

Cette tribu se compose du grand genre *Cicindela* et de dix autres genres, dont les espèces, toutes exotiques, sont très-peu nombreuses. B. D.

- Une dent au milieu de l'échancrure du menton.
  - Tarses non dilatés dans les mâles . . . . 1 *Manticora.*
  - Trois premiers articles des tarses antérieurs dilatés dans les mâles.
    - Troisième article des tarses antérieurs des mâles non prolongé.
      - Pénultième article des palpes labiaux non renflé.
        - Palpes labiaux allongés au moins aussi longs que les maxillaires; dernier article sécuriforme.
          - Lèvre supérieure transversale ou peu échancrée. 2 *Megacephala.*
          - Lèvre supérieure recouvrant les mandibules,
            - triangulaire. 3 *Oxycheila.*
            - en demi-ovale. 4 *Iresia.*
        - Palpes labiaux peu allongés, ne dépassant pas les maxillaires; dernier article non sécuriforme. 5 *Cicindela.*
      - Pénultième article des palpes labiaux renflé et plus gros que le dernier.
        - Les trois premiers articles des tarses antérieurs des mâles allongés et presque cylindriques. 6 *Dromica.*
        - Les trois premiers articles des tarses antérieurs des mâles peu allongés et aplatis. 7 *Euprosopus.*
    - Troisième article des tarses antérieurs des mâles prolongé obliquement en dedans. 8 *Ctenostoma.*
- Point de dent au milieu de l'échancrure du menton.
  - Troisième et quatrième articles des tarses beaucoup plus courts que les premiers. 9 *Therates.*
  - Articles des tarses presque égaux.
    - Trois premiers articles des tarses antérieurs des mâles dilatés; le troisième prolongé obliquement en dedans 10 *Tricondyla.*
    - Quatrième article de tous les tarses prolongé obliquement en dedans dans les deux sexes. 11 *Colliuris.*

C. D.

I. MANTICORA. *Fabricius.*

Tarses semblables dans les deux sexes, et composés d'articles cylindriques. Mandibules grandes, arquées. Tête très-grosse. Yeux petits et peu saillans. Dos du corselet formant une espèce de lobe demi-circulaire tombant brusquement dans son pourtour. Abdomen pédiculé, presque entièrement enveloppé par les élytres. Élytres presque en forme de cœur, soudées et carénées latéralement.

M. Maxillosa.

Pl. 1. fig. 1.

Atra; elytris connatis scabris.

Dej. *Spec.* 1. p. 5. n° 1.
Fabr. *Sys. el.* 1. p. 167. n° 1.
Oliv. III. 37. p. 4. n° 1. T. I. fig. 1.
Sch. *Syn. ins.* 1. p. 166. n° 1.
Iconographie, 1re *édit.* 1. p. 35. T. I. fig. 1.

Ce singulier insecte ressemble, à la première vue, à une très-grosse araignée. Il se trouve aux environs du cap de Bonne-Espérance, mais il ne paraît pas y être très-commun.

II. MEGACEPHALA. *Latreille.*

Cicindela. *Fabricius.*

Les trois premiers articles des tarses antérieurs des mâles dilatés, courts, presque en forme de triangle renversé, ciliés plus fortement en dedans qu'en dehors. Palpes la-

CICINDÉLÈTES.

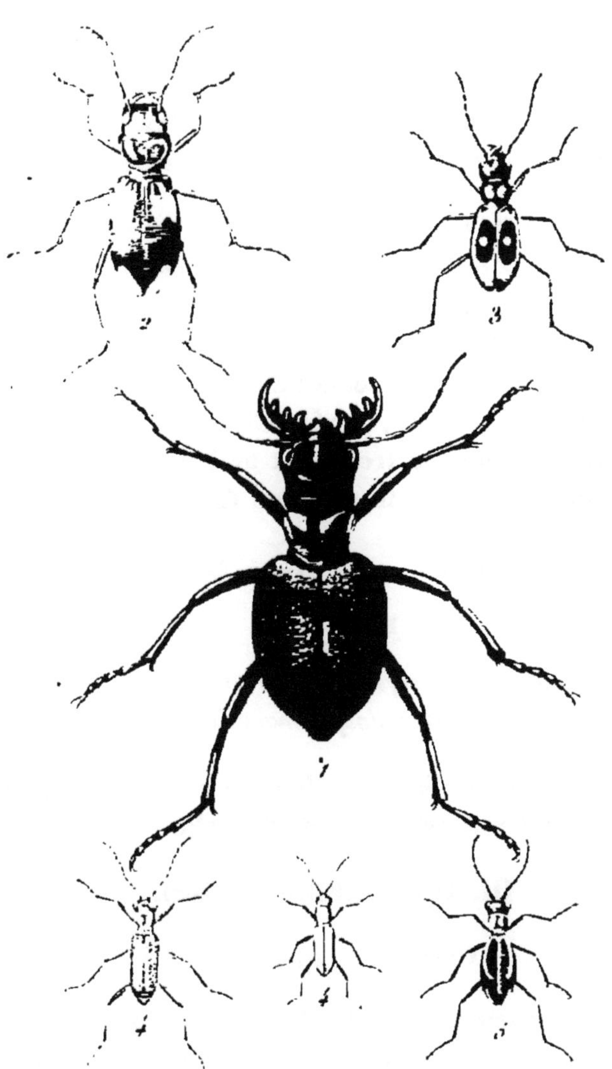

1 Manticora Maxillosa. 3 Oxycheila Bipustulata.
2 Megacephala Quadrisignata. 4 Iresia Lacordairei.
5 Dromica Coarctata

biaux allongés, plus longs que les maxillaires; le premier article allongé, très-saillant au-delà de l'extrémité supérieure de l'échancrure du menton; le second très-court; le troisième très-long et cylindrique, et le dernier sécuriforme. Lèvre supérieure transversale ou peu avancée, laissant les mandibules à découvert.

Ce genre a été formé par Latreille sur les *Cicindela Megalocephala, Virginica, Carolina, Sepulcralis et Æquinoctialis* de Fabricius.

Jusqu'à présent l'on ne connaît que trois espèces de ce genre dans l'ancien continent : deux habitent le Sénégal, et l'autre a été trouvée, par feu Olivier, sur les bords de l'Euphrate. Toutes les trois sont aptères. Les autres espèces sont ailées et se trouvent en Amérique. B. D.

M. Quadrisignata. *Mihi.*

Pl. 1. fig. 2.

Aptera, viridi-ænea; elytris obscurioribus; ore, antennis, ano, pedibus elytrorumque maculis duabus flavis.

Elle se trouve au Sénégal, dans les environs de Galam, d'où elle a été rapportée par M. Dumolin.

III. OXYCHEILA. *Dejean.*

Cicindela. *Fabricius.*

Les trois premiers articles des tarses antérieurs des mâles dilatés, allongés, ciliés également des deux côtés; les deux premiers grossissant vers l'extrémité; le troisième presque en cœur. Palpes labiaux allongés, aussi longs que les maxillaires; le premier article allongé, saillant au-delà de l'extrémité supérieure de l'échancrure du menton; le second très-court; le troisième très-long, cylindrique et légèrement courbé, et le dernier sécuriforme. Lèvre supérieure très-grande, avancée en pointe et recouvrant les mandibules.

O. Bipustulata. *Latreille.*

Pl. 1. fig. 3.

Obscuro-cyanea, interdum viridi-ænea; elytris macula oblonga obscuriori maculaque discoidali rotundata fulva; ore, antennis pedibusque nigris.

Cicindela bipustulata. Latreille. *Voyage de Humboldt.* p. 153. n° 13. t. 16. fig. 1. 2.

Elle se trouve abondamment sur les sables humides de la rivière des Amazones. Elle m'a aussi été donnée par M. Goudot, qui l'avait reçue de la Colombie.

IV. IRESIA.

Les trois premiers articles des tarses antérieurs des mâles dilatés, allongés, ciliés également des deux côtés; les deux premiers grossissant très-légèrement vers l'extrémité et presque cylindriques; le troisième, plus court et presque triangulaire. Palpes labiaux très-allongés, plus longs que les maxillaires; le premier article allongé, saillant au-delà de l'extrémité supérieure de l'échancrure du menton; le second très-court; le troisième très-long, cylindrique et lé-

gèrement courbé, et le dernier très-allongé et sécuriforme. Lèvre supérieure très-grande, en demi-ovale et recouvrant les mandibules.

J'ai formé ce nouveau genre sur un insecte du Brésil rapporté des environs de Rio-Janeiro par M. Lacordaire, et je lui ai donné le nom d'*Iresia*, tiré du mot grec ιρεξ, épervier, à cause de son vol rapide et de sa manière de vivre.

Cet insecte ressemble beaucoup aux *Therates* par le *facies*. Il est seulement plus petit et proportionnellement plus allongé, mais il en diffère beaucoup par les caractères génériques, qui le rapprochent des *Oxycheila*. Il diffère de ce dernier genre par sa forme cylindrique, par sa lèvre supérieure en demi-ovale et dentelée à sa partie antérieure, par la dent qui se trouve au milieu de l'échancrure du menton qui est moins forte et moins saillante, par les palpes dont les articles sont plus minces et plus allongés et dont les labiaux sont sensiblement plus longs que les maxillaires, et enfin par les tarses antérieurs des mâles, qui sont moins larges et plus allongés, dont les deux premiers articles vont en grossissant un peu vers l'extrémité et sont presque cylindriques, et dont le troisième, plus court que les deux premiers, est presque triangulaire. L'avant-dernier anneau de l'abdomen est très-fortement échancré dans le mâle, seul sexe que je possède.

1. Lacordairei. *Mihi.*

Pl. 1. fig. 4.

Nigra; elytris transverse rugatis, viridibus, cyaneo-micantibus; labro pallide testaceo; pectore, abdomine femoribusque rufis.

D'après ce que m'a dit M. Lacordaire, cet insecte se trouve dans les bois, sur les arbres, et vole comme une mouche, de feuille en feuille, avec une grande rapidité.

C. D.

V. CICINDELA. *Linné.*

Les trois premiers articles des tarses antérieurs des mâles dilatés, allongés, presque cylindriques, ou en forme de quadrilatère très-allongé, ciliés plus fortement en dedans qu'en dehors. Palpes labiaux ne dépassant pas les maxillaires; les deux premiers articles très-courts; le premier ne dépassant pas l'extrémité de l'échancrure du menton; le troisième cylindrique, et le dernier grossissant très-légèrement vers l'extrémité.

Ce genre étant très-nombreux, il conviendrait d'y établir plusieurs divisions pour parvenir plus facilement à la connaissance des espèces; mais cela est toujours fort difficile, parce que les coupes ne sont jamais bien tranchées, et que l'on trouve toujours des espèces intermédiaires qui font le passage insensible de l'une à l'autre. Nous croyons cependant devoir reproduire ici les sept divisions adoptées dans le *Species;* en voici le tableau :

Corps allongé et presque cylindrique.	élytres presque planes et parallélogrammiques.	1 lèvre supérieure recouvrant une partie des mandibules, fortement dentée et avancée, surtout dans la femelle.
		2 lèvre supérieure transversale.
	3 élytres presque cylindriques.	
Corps moins allongé et plus ou moins déprimé.	4 lèvre supérieure avancée recouvrant une partie des mandibules et fortement dentée.	
	5 lèvre supérieure transversale ou peu avancée, ayant au moins cinq dentelures.	
	6 lèvre supérieure transversale ou peu avancée, ayant au plus trois dentelures.	
	7 lèvre supérieure avancée, presque arrondie, dentelures très-peu marquées.	

Les *Cicindela* de la 1re division ont une forme particulière (*C. Cayennensis*), et elles pourraient peut-être former un nouveau genre. Fischer a cru que ces insectes étaient le genre *Therates* de Latreille, et il en figure une espèce, probablement la *Curvidens*, sous le nom de *Therates Marginatus*, dans son Entomographie de la Russie. Elles sont très-allongées, presque cylindriques; la lèvre supérieure est ordinairement très-avancée, fortement dentée; elle recouvre plus ou moins les mandibules, et elle se termine en pointe dans les femelles. Les yeux sont gros et très-saillans; le corselet est étroit, ordinairement cylindrique, et les impressions sont peu marquées; les élytres sont allongées, assez planes, et presque en forme de parallélogramme; les pattes sont longues et déliées. Toutes les espèces de cette division paraissent habiter exclusivement les régions équinoxiales de l'Amérique méridionale.

La 2e division a été formée sur une seule espèce (*C. Cylindricollis*) qui présente tous les caractères de la 1re division, mais dont la lèvre supérieure est courte et transversale.

Les *Cicindela* de la 3ᵉ division (*C. Analis*) ont quelques rapports avec celles des deux premières, mais elles sont un peu moins allongées; le corselet est moins cylindrique, et les impressions sont plus marquées; les élytres, au lieu d'être planes, prennent la forme du corps et paraissent cylindriques. Elles sont toutes d'Afrique, des parties méridionales de l'Asie et des îles qui en sont voisines.

La 4ᵉ division a été formée sur une seule espèce (*C. Chalybea*), qui ressemble, pour la forme, à celles de la 6ᵉ, mais dont la lèvre supérieure est avancée et dentée comme dans la 1ʳᵉ division.

Les *Cicindela* de la 5ᵉ division ont beaucoup de rapport pour la forme avec celles de la 6ᵉ; mais la lèvre supérieure est ordinairement un peu plus avancée, et elle a toujours au moins cinq dentelures. Cette division est composée des plus grandes et des plus belles espèces de ce genre (*C. Chinensis*), et qui habitent toutes les îles de la Sonde, lesparties méridionales de l'Asie et l'Afrique centrale.

La 6ᵉ division renferme toutes les *Cicindela* dont le corps est plus ou moins large et déprimé, et dont la lèvre supérieure transversale, coupée carrément, ou peu avancée, a au plus trois dentelures. Cette division est, à elle seule, presque trois fois aussi considérable que toutes les autres ensemble : on y trouve des espèces de tous les pays, et elle renferme toutes celles d'Europe.

Enfin la 7ᵉ division se compose de quelques petites espèces (*C. Funesta*) dont la lèvre supérieure est avancée, presque arrondie, et dont les dentelures sont très-peu marquées; elles ont quelques rapports avec celles de la 1ʳᵉ division, mais elles sont un peu plus larges, moins allongées et moins cylindriques; leurs yeux sont plus saillans, et leurs antennes, longues et déliées, vont un peu en grossissant vers l'extrémité; elles sont toutes des parties les plus méridionales de l'ancien continent.

Les *Cicindela* vivent dans les lieux arides et sablonneux, au bord des fleuves, sur les rivages de la mer; la plupart volent en plein jour à l'ardeur du soleil; leur vol est rapide, en ligne droite, et de courte durée. On les voit aussi souvent courir à la surface du sol pour saisir les petits insectes, les lombrics, etc. Quelques espèces, en très-petit nombre, ne font jamais usage de leurs ailes, mais elles courent avec une grande vitesse; quelques autres semblent vivre sur les arbres, à la manière des *Calosoma;* quelques-unes paraissent dès les premiers beaux jours; d'autres n'éclosent qu'à la fin du printemps ou au milieu de l'été.

Les larves des *Cicindela*, de même que celles de tous les Carabiques, sont beaucoup plus longues et plus étroites que l'insecte parfait; leur tête est coriace, trapézoïde; leurs pieds sont assez robustes; leurs mâchoires sont fortes, cornées; elles sont formées de douze segmens, dont le huitième, plus renflé que les autres, offre deux tubercules chargés de poils.

Elles sont hypogées, et vivent dans des trous cylindriques, à la partie supérieure desquels elles se placent en embuscade.

1. C. Maura.

Pl. 2. fig. 1.

Nigro-obscura; elytris maculis sex albis, tertia quartaque oblique positis, sæpius confluentibus.

Dej. *Spec.* 1. p. 57. n° 41.
Iconographie. 1re *édit.* 1. p. 44. n° 4. t. 3. fig. 6.
Fab. *Syst. el.* 1. p. 235. n° 16.
Oliv. 11. 33. p. 31. n° 35. t. 3. fig. 31.
Sch. *Syn. ins.* 1. p. 241. n° 17.
Dej. *Cat.* p. 1.

Long. 5 $\frac{1}{4}$, 6 lignes. Larg. 1 $\frac{3}{4}$, 2 $\frac{1}{4}$ lignes.

Un peu plus petite, et plus cylindrique que la *Campestris.*

Lèvre supérieure d'un blanc jaunâtre, avec trois dents à sa partie antérieure, dont l'intermédiaire un peu plus avancée.

Mandibules d'un noir un peu bronzé, avec une large tache blanche à leur base.

Palpes maxillaires d'un brun obscur, avec l'extrémité des premiers articles plus clairs.

Palpes labiaux roussâtres.

Tête moins large que celle de la *Campestris*, d'un noir un peu bronzé, granulée et striée entre les yeux.

Corselet d'un noir obscur, un peu bronzé, plus long que large, un peu rétréci postérieurement et légèrement granulé.

CICINDELA .

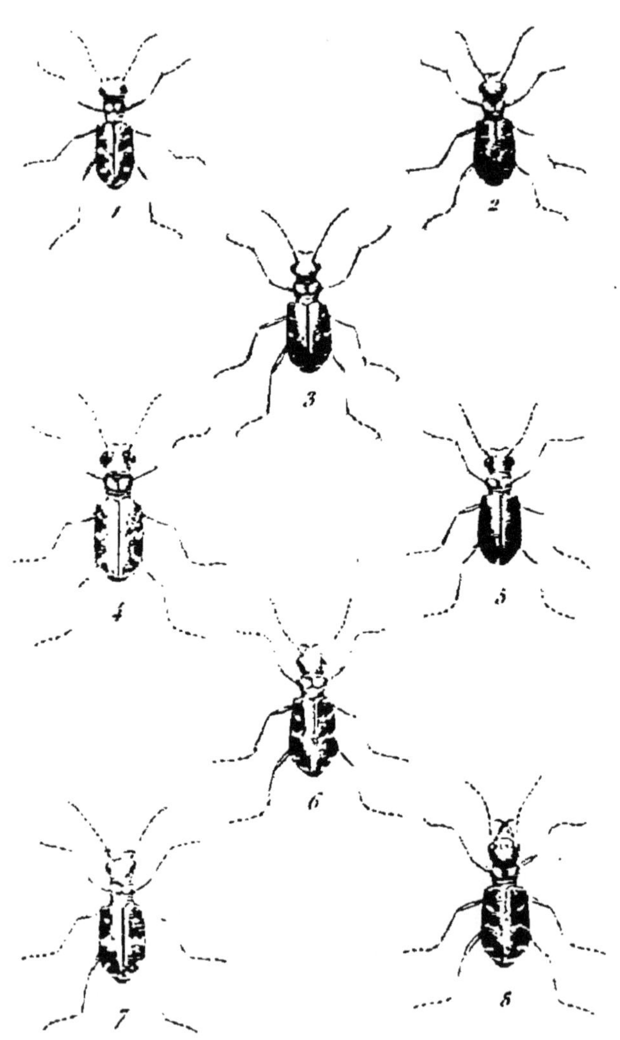

1 . C . Maura .	5 . C . Concolor.
2 . C . Nigrita .	6 . C . Hybrida .
3 . C . Campestris.	7 . C . Riparia .
4 . C . Desertorum.	8 . C . Transversalis .

P. Dumenil Pinxit et Dererit

Élytres d'un noir mat et obscur, légèrement ponctuées à leur base, presque lisses à leur extrémité; chacune avec six points blancs arrondis, assez gros, dont le troisième et le quatrième souvent réunis en forme de bande.

Dessous du corps d'un noir obscur, avec quelques poils grisâtres.

Pattes d'un vert-bronzé obscur, garnies de poils grisâtres.

Elle se trouve en Espagne, au bord des eaux.

2. C. Nigrita.

Pl. 2. fig. 2.

Obscuro-nigra; elytris punctis quinque marginalibus albis sexto centrali.

Dej. *Spec.* 1. p. 58. n° 42.

Long. 5 ½ lignes. Larg. 2 ¼ lignes.

D'un noir mat et obscur, de la taille et de la forme de la *Campestris*.

Palpes et premiers articles des antennes d'un noir un peu bronzé.

Base des élytres plus fortement granulée, et troisième point marginal un peu plus allongé que dans la *Campestris*, du reste même disposition des taches.

Dessous du corps d'un noir obscur garni de poils blanchâtres, avec l'abdomen un peu violacé.

Pattes d'un noir obscur, garnies de poils blanchâtres assez longs.

Elle se trouve en Corse.

3. C. Campestris.

Pl. 2. fig. 3.

Viridis; pectore pedibusque rubro-cupreis; elytris punctis quinque marginalibus albis, sexto centrali fusco cincto.

Dej. *Spec.* 1. p. 59. n° 43.
Fab. *Sys. el.* 1. p. 233. n° 11.
Oliv. 11. 33. p. 11. n° 8. t. 1. fig. 3.
Sch. *Syn. ins.* 1. p. 238. n° 11.
Gyl. 11. p. 2. n° 1.
Duft. 11. p. 224. n° 1.
Iconographie. 1re *édit.* 1. p. 39. n° 1. t. 3. fig. 1.
Dej. *Cat.* p. 1.
Le Bupreste vert à douze points blancs. Geoff. 1. p. 153. n° 27.
Var. A. *Iconographie.* 1er *édit.* 1. p. 39. n° 1. t. 3. fig. 2.
Dej. *Cat.* p. 1.
C. Marocana. Fab. *Sys. el.* 1. p. 234. n° 12.
Sch. *Syn. ins.* 1. p. 239. n° 12.
Var. B. *C. Affinis. Boeber.* Fischer. *Entomographie de la Russie.* 1. *genre des insectes.* p. 101. t. 1. fig. 5.

Long. 5 ½, 6 ½ lignes. Larg. 2 ¼, 2 ¾ lignes.

D'un beau vert avec six points blancs sur chaque élytre.

Lèvre supérieure assez grande, jaunâtre.

Mandibules d'un blanc jaunâtre, avec l'extrémité et les dents intérieures d'un noir un peu bronzé.

Palpes d'un vert bronzé, et couverts de longs poils blanchâtres.

Antennes d'un noir brun, avec les quatre premiers articles d'un rouge cuivreux.

Tête verte, granulée, et légèrement striée entre les yeux.

Corselet court, presque carré, avec deux sillons transversaux, l'un près du bord supérieur, l'autre près de la base, réunis par une ligne longitudinale.

Élytres beaucoup plus larges que le corselet, presque planes, presque parallèles et arrondies à l'extrémité, vertes, très-finement granulées et marquées de six points blancs : le premier à l'angle de la base; le second un peu plus bas, presque sur le bord de l'élytre ; le troisième en croissant ou triangulaire, près du bord; le quatrième transversal et un peu oblique, sur le bord près de l'extrémité; le cinquième tout-à-fait à l'extrémité, à l'angle de la suture, quelquefois réuni avec le quatrième; le sixième un peu au-dessous du milieu de l'élytre, plus près de la suture que du bord, arrondi et placé sur une tache oblongue noirâtre.

Dessous du corps d'un vert bleuâtre, avec la poitrine d'un rouge cuivreux.

Cette espèce se trouve communément dans presque toute l'Europe et en Sibérie, dans les lieux secs et sablonneux. Elle offre plusieurs variétés dont les plus remarquables sont l'*Affinis* de Bœber, qui a les taches nulles, ou presque nulles, et la *Marocana* de Fabricius, qui ne diffère de l'espèce proprement dite que par les élytres un peu plus ovales, moins parallèles, un peu plus granulées, par une tache trilobée d'un rouge cuivreux sur le dessus de la tête, et surtout par les points blancs des élytres, qui sont entourés par une nuance d'un rouge cuivreux. Cette dernière variété se trouve sur la côte de Barbarie, en Portugal, en Espagne et dans le midi de la France; mais on rencontre, pour cette variété comme pour l'*Affinis*, tous les passages à la *Campestris*, de sorte qu'il est impossible d'en faire des espèces à part.

4. C. Desertorum. *Boeber.*

Pl. 2. fig. 4.

Viridis; pectore pedibusque rubro-cupreis; elytris lunula humerali interrupta, apicali integra, fasciaque tenui media sinuata abbreviata albis.

Dej. *Spec.* 1. p. 62. n° 44.

Long. 6, 6 $\frac{1}{2}$ lignes. Larg. 2 $\frac{1}{2}$, 2 $\frac{3}{4}$ lignes.

Un peu plus allongée que la *Campestris*, à laquelle elle ressemble beaucoup, pour la forme, la taille, la couleur et la disposition des taches.

Élytres d'un beau vert, avec six petites taches blanches : les deux premières, comme dans la précédente, mais un peu plus grandes; les deux du milieu réunies en une petite bande blanche transversale, sinuée et anguleuse à sa partie supérieure, ne touchant ni la suture ni le bord externe ; les deux de l'extrémité un peu plus grandes que dans la *Campestris*, et réunies.

Tête, corselet, antennes, pattes, dessous du corps, comme dans l'espèce précédente.

Elle habite les lieux sablonneux de la Russie méridionale. B. D.

5. C. Concolor.

Pl. 2. fig. 5.

Supra obscuro-æenea; elytris sutura cuprea.

Iconographie. 1re *édit.* I. p. 42. n° 2. T. 3. fig. 3.

Long. 6 lignes. Larg. 2 ½ lignes.

De la taille et de la forme de l'*Hybrida.*

Entièrement en dessus d'une couleur bronzée obscure, avec quelques teintes cuivreuses, et la suture des élytres d'un rouge cuivreux assez brillant.

Bord postérieur des élytres finement dentelé en scie, comme dans l'*Hybrida*, mais moins arrondi et coupé plus obliquement.

Elle a été trouvée par feu Olivier, dans l'île de Candie.

C. D.

6. C. Hybrida.

Pl. 2. fig. 6.

Supra cupreo-subvirescens; elytris lunula humerali apicalique integra, fasciaque media sinuata abbreviata albis.

Dej. *Spec.* I. 64. n° 47.
Fab. *Sys. el.* I. p. 234. n° 13.
Oliv. II. 33. p. 12. n° 9. T. 1. fig. 7.
Sch. *Syn. ins.* I. p. 239. n° 13.
Gyl. II. p. 3. n° 2.
Iconographie. 1re *édit.* 1. p. 48. n° 7. T. 4. fig. 1.
Dej. *Cat.* p. 1.
Le Bupreste à broderie blanche. Geoff. I. p. 155. n° 28.

Long. 5 $\frac{1}{2}$, 6 $\frac{1}{2}$ lignes. Larg. 2 $\frac{1}{4}$, 2 $\frac{3}{4}$ lignes.

Un peu plus grande et plus convexe que la *Campestris*, à laquelle elle ressemble pour la forme et pour la grandeur.

Lèvre supérieure blanche, transverse, coupée presque carrément à sa partie antérieure, avec une très-petite dent au milieu.

Mandibules d'un vert bronzé, avec une tache blanche à la base.

Palpes maxillaires d'un vert bronzé.

Antennes noirâtres, avec les premiers articles d'un vert bleuâtre.

Tête verdâtre avec des nuances d'un rouge cuivreux.

Corselet presque carré, à peu près de la largeur de la tête, verdâtre nuancé de rouge cuivreux.

Élytres plus fortement granulées que dans la *Campestris*, plus ou moins verdâtres avec une teinte cuivreuse plus ou moins brillante, et des taches blanches disposées ainsi : l'une à l'angle de la base, en forme de croissant ou de lunule, une autre à l'extrémité, et une au milieu formant une bande transverse, sinuée, dentée à sa partie supérieure, un peu dilatée à sa base, ne touchant pas tout-à-fait au bord extérieur et ne s'étendant pas jusqu'à la suture.

Dessous du corps d'un vert bleuâtre, avec la poitrine et les côtés du corselet d'un beau rouge cuivreux.

Pattes d'un rouge cuivreux, avec les tarses d'un vert bronzé.

Cette espèce, généralement moins commune que la *Campestris*, se trouve presque dans toute l'Europe et en Sibéric. Elle paraît un peu plus tard qu'elle, et se rencontre moins fréquemment dans les bois, mais elle n'est pas rare dans les lieux arides et sablonneux, au bord de la mer, etc.

Elle varie un peu pour la vivacité des couleurs et pour la bande blanche, qui est plus ou moins large, plus ou moins sinuée; quelques individus ont la lunule humérale interrompue.

7. C. Riparia. *Megerle.*

Pl. 2. fig. 7.

Supra cupreo-subobscure virescens; elytris lunula humerali sub interrupta apicalique integra, fasciaque media sinuata subrecta abbreviata albis.

Dej. *Spec.* 1. p. 66. n° 48.
Iconographie. 1re *édit.* 1. p. 50. n° 8. t. 4. fig. 2.
Dej. *Cat.* p. 1.
C. Danubialis. Dahl.

Long. 6, 6 $\frac{1}{2}$ lignes. Larg. 2 $\frac{1}{2}$, 2 $\frac{3}{4}$ lignes.

De la taille et de la forme de l'*Hybrida*, dont elle n'est peut-être qu'une variété locale.

Élytres moins brillantes et plus noirâtres que dans l'*Hybrida*.

Bande blanche du milieu des élytres plus large, plus droite et moins sinuée que dans l'*Hybrida*.

Tache humérale presque interrompue au milieu, ou même tout-à-fait partagée.

Elle habite au bord des fleuves et des rivières, en Autriche, en Suisse et dans les parties orientales de la France.

8. C. Transversalis. *Ziegler.*

Pl. 2. fig. 8.

Supra cupreo-subvirescens; elytris lunula humerali interrupta apicalique integra, fasciaque tenui media sinuata subrecta abbreviata albis.

Dej. *Spec.* I. p. 66. n° 49.
Iconographie. 1re *édit.* I. p. 50. n° 9. T. 4. fig. 3.
Dej. *Cat.* p. 1.

Long. 6 ½ lignes. Larg. 2 ½ lignes.

Un peu plus allongée que l'*Hybrida*, à laquelle elle ressemble beaucoup.

Élytres de la même couleur que dans l'*Hybrida.*

Bande blanche du milieu des élytres plus étroite, moins sinueuse et ne se rapprochant pas autant du bord extérieur que dans l'*Hybrida.*

Tache humérale entièrement interrompue et présentant seulement deux points blancs.

Dessous du corps et pattes plus velus et moins brillans que dans l'*Hybrida.*

Elle se trouve en Autriche.

9. C. Maritima.

Pl. 3. fig. 1.

Supra cupreo-subvirescens; elytris lunula humerali apicalique integra, fasciaque media flexuosa abbreviata albis.

Dej. *Spec.* I. p. 67. n° 50.
Iconographie. 1re *édit.* I. p. 52. n° 11. T. 4. fig. 5.
Dej. *Cat.* p. 1.

CICINDELA

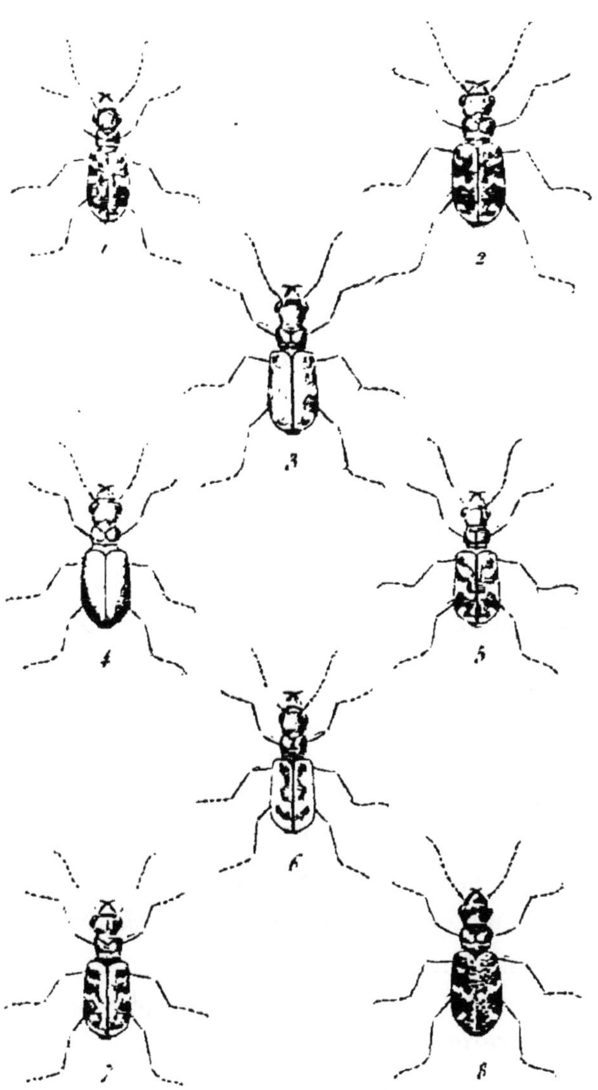

1 . C . Maritima.
2 C . Sylvicola.
3 C . Tricolor.
4 . C . Cerulea.
5 . C . Sahlbergi.
6 . C . Lateralis.
7 . C . Soluta.
8 . C . Sylvatica.

[illegible]

Long. 5 $\frac{3}{4}$, 6 $\frac{1}{4}$ lignes. Larg. 2 $\frac{1}{4}$, 2 $\frac{1}{2}$ lignes.

Ordinairement un peu plus petite que l'*Hybrida*, à laquelle elle ressemble beaucoup, et dont elle n'est peut-être qu'une variété.

Bande du milieu des élytres à peu près figurée comme dans la *Flexuosa*, dilatée à sa base le long du bord extérieur, formant ensuite une espèce de crochet au milieu et se recourbant vers l'extrémité de l'élytre.

Le reste comme dans l'*Hybrida*.

Elle se trouve dans le nord de la France, dans les dunes sur le bord de la mer; elle habite aussi la Sibérie, la Laponie et la Suède.

10. C. Sylvicola. *Megerle.*

Pl. 3. fig. 2.

Supra cupreo-subviridis; elytris lunula humerali interrupta apicalique integra, fasciaque media sinuata abbreviata albis.

Dej. *Spec.* I. p. 67. n° 51.
Iconographie. 1re *édit.* I. p. 51. n° 10. T. 4. fig. 4.
Dej. *Cat.* p. 1.
C. Hybrida. Duft. II. p. 225. n° 2.

Long. 7 lignes. Larg. 2 $\frac{3}{4}$ lignes.

Un peu plus grande et plus verte que l'*Hybrida*, à laquelle elle ressemble beaucoup.

Lèvre supérieure plus avancée, avec la dent plus marquée que dans l'*Hybrida*.

Tête sensiblement plus grosse et plus large que dans l'*Hybrida*.

Corselet moins carré et plus rétréci postérieurement que dans l'*Hybrida*.

Bord postérieur des élytres nullement denté en scie.

Lunule blanche humérale interrompue et formant deux points distincts.

Elle se trouve en Autriche et dans plusieurs contrées de l'Allemagne, dans les bois montueux et sablonneux. Elle habite aussi les Alpes, l'Auvergne et les environs de Lyon. Dans quelques individus venant d'Auvergne, la lunule humérale n'est point interrompue.

11. C. Tricolor.

Pl. 3. fig. 3.

Capite thoraceque viridi-aureis, vel cyaneis; elytris aureo-purpureis, vel cyaneis, lunula humerali apicalique integra, fasciaque media sinuata abbreviata flavescentibus.

Dej. *Spec.* 1. p. 68. n° 52.

Adams. *Mém. de la Société imp. des nat. de Moscou.* v. p. 278. n° 1.

Fischer. *Entomographie de la Russie.* 1. p. 6. n° 3. T. 1. fig. 3.

Long. 7 lignes. Larg. 2 ¾ lignes.

Un peu plus grande que l'*Hybrida*.

Lèvre supérieure de la femelle plus avancée, avec la dent du milieu un peu plus saillante que dans l'*Hybrida*.

Tête, corselet et écusson d'un beau vert doré, ou d'un bleu brillant.

Élytres d'une couleur pourprée dorée très-brillante, quelquefois d'un beau bleu ou d'un bleu verdâtre.

Lunule humérale un peu plus allongée que dans l'*Hybrida*, tantôt entière, tantôt interrompue.

Bande du milieu un peu moins droite et se recourbant un peu plus vers l'extrémité que dans l'*Hybrida*.

Dessous du corps et pattes d'un beau vert brillant ou d'une couleur bleue.

Côtés du corselet et poitrine sans aucune espèce de teinte cuivreuse.

Cette belle espèce se trouve en Sibérie, auprès du lac Baïcal et de la Lêna, au-delà de Yakoutsk et sur l'Altaï.

12. C. Cœrulea.

Pl. 3. fig. 4.

Cyanea; labro mandibularumque basi albidis.

Dej. *Spec.* 1. p. 54. n° 38.

Pallas. iii. p. 475. n° 40.

Gmelin. i. p. 1924. n° 43.

C. Violacea. Gebler. *Mém. de la Société imp. des nat. de Moscou.* v. p. 324. n° 1.

Fischer. *Entomographie de la Russie.* i. p. 8. n° 4. t. i. fig. 4.

Long. 6 ½ lignes. Larg. 2 ¾ lignes.

D'un beau bleu d'azur; de la taille et de la forme de l'*Hybrida*.

Lèvre supérieure, base des mandibules et premiers articles des palpes labiaux d'un blanc un peu jaunâtre.

Tête finement striée entre les yeux, légèrement chagrinée postérieurement.

Corselet un peu plus large, plus arrondi sur les côtés, et à impressions plus marquées que dans l'*Hybrida*.

Élytres légèrement chagrinées.

Dessous du corps plus brillant et plus métallique que le dessus, avec quelques poils blanchâtres rares.

Pattes de la couleur du corps, garnies de poils blanchâtres.

Cette belle espèce se trouve en Sibérie, sur les bords sablonneux de l'Irtich.

13. C. Sahlbergi.

Pl. 3. fig. 5.

Supra cupreo-subvirescens; elytris lunula humerali apicalique integra, fasciaque media flexuosa abbreviata latis albis.

Dej. *Spec.* II. *suppl.* p. 423. n° 133.

Fischer. *Entomographie de la Russie.* II. p. 13. n° 19.

Long. 6 ¾ lignes. Larg. 2 ½ lignes.

De la taille et à peu près de la forme de l'*Hybrida*, et semblant faire le passage de cette dernière à la *Lateralis*.

Tête, pattes et dessous du corps comme dans la *Lateralis*.

Élytres un peu plus larges, un peu moins parallèles, un peu plus convexes que dans la *Lateralis*, et présentant à peu près le même dessin que dans la *Maritima*.

Couleur des élytres plus cuivreuse et plus brillante, avec des taches blanches beaucoup plus larges que dans la *Maritima*.

Bande du milieu assez fortement dilatée à sa base, le

long du bord extérieur et ne touchant ni à la lunule humérale, ni à celle de l'extrémité.

Elle se trouve en Sibérie.

14. C. LATERALIS. *Gebler.*

Pl. 3. fig. 6.

Capite thoraceque cupreo-æneis; elytris albis, sutura ad basin dilatata lunulaque communi transversa postica cupreo-æneis.

DEJ. *Spec.* I. p. 69. n° 53.

C. Hybrida. Var. FISCHER. *Entomographie de la Russie.* I. T. 1. fig. 7.

C. Pallasii? FISCHER. *Entomographie de la Russie.* II. p. 13. n° 18.

C. Lacteola? PALLAS. *Itin.* I. *Append.* p. 465. n° 41. GMELIN? I. 4. p. 1925. n° 46.

VAR. *C. Lateralis?* FISCHER. *Entomographie de la Russie.* II. p. 12. n° 17.

Long. 6 lignes. Larg. 2 $\frac{1}{4}$ lignes.

De la taille et de la forme de l'*Hybrida*, mais un peu moins convexe.

Lèvre supérieure un peu moins avancée et coupée plus carrément, avec la dent du milieu moins visible que dans l'*Hybrida*.

Antennes noirâtres avec les quatre premiers articles d'un rouge cuivreux.

Tête, corselet et écusson comme dans l'*Hybrida*, avec une teinte plus cuivreuse et plus brillante.

Élytres blanches, avec une grande tache cuivreuse sur la suture, plus ou moins sinuée sur les bords, et s'étendant depuis la base jusqu'au-delà du milieu, et avec une autre tache transversale, en croissant, à bords sinués, vers l'extrémité.

Bord postérieur des élytres sensiblement denté en scie.

Suture terminée pas une petite épine. Le reste comme dans l'*Hybrida*.

Suivant M. Gebler, elle se trouve dans le district de Kolyvan en Sibérie.

On rencontre quelquefois une variété dans laquelle les taches blanches sont moins confondues, et dont la tache bronzée transversale offre de chaque côté un petit crochet qui se joint presque au bord extérieur, et qui marque la séparation de la lunule blanche de l'extrémité et de la bande du milieu.

D'après les descriptions que donne M. Fischer, dans le second volume de l'*Entomographie de la Russie*, des *C. Pallasii* et *Lateralis*, il nous semble que la première se rapporte à la *Lateralis* que nous venons de décrire, et que la seconde est la même que la variété dont nous avons parlé ci-dessus.

15. C. Soluta, *Megerle*.

Pl. 3. fig. 7.

Parallela, supra cupreo-subvirescens, vel viridis; elytris lunula humerali apicalique interrupta, fasciaque tenui media sinuata abbreviata albis.

Dej. *Spec.* 1. p. 70. n° 54.

Iconographie. 1re édit. 1. p. 47. n° 6. T. 3. fig. 8.
DEJ. *Cat.* p. 1.
C. Savranica. BESSER.

Long. 6 ½ lignes. Larg. 2 ¼ lignes.

De la taille et de la forme de l'*Hybrida*, avec laquelle elle a quelque ressemblance au premier coup d'œil.

Lèvre supérieure plus avancée, avec la dent du milieu plus marquée que dans l'*Hybrida.*

Tête un peu plus grosse et corselet plus rétréci postérieurement que dans l'*Hybrida.*

Élytres tantôt d'une couleur bronzée cuivreuse, tantôt d'un très-beau vert, plus étroites et plus parallèles que dans l'*Hybrida.*

Lunule humérale tout-à-fait interrompue et présentant deux points distincts, dont le premier arrondi et le second en forme de virgule renversée.

Lunule de l'extrémité interrompue, composée d'une ligne arquée bordant l'extrémité inférieure, ayant la forme d'une virgule allongée et d'une tache triangulaire, dont un des angles touche presque à la pointe de la virgule.

Bande du milieu des élytres plus étroite et se rapprochant un peu moins du bord extérieur que dans l'*Hybrida.*

Cette jolie *Cicindela* se trouve en Hongrie, en Volhynie et dans les provinces voisines.

16. C. SYLVATICA.

Pl. 3. fig. 8.

Supra nigro-subænea; elytris subvariolosis, lunula humerali, striga media undulata abbreviata punctoque postico albis; labro nigro.

DEJ. *Spec.* 1. p. 71. n° 55.
FAB. *Sys. el.* 1. p. 235. n° 15.
OLIV. 11. 33. p. 15. n° 12. T. 1. fig. 5.
SCH. *Syn. ins.* 1. p. 240. n° 16.
GYL. 11. p. 4. n° 3.
DUFT. 11. p. 226. n° 3.
Iconographie. 1re *édit.* 1. p. 45. n° 5. T. 3. fig. 7.
DEJ. *Cat.* p. 1.

Long. 7, 8 lignes. Larg. 2 ½, 3 lignes.

Un peu plus grande que l'*Hybrida* et d'un noir bronzé en dessus.

Lèvre supérieure noire plus avancée que dans les espèces voisines, avec une ligne longitudinale élevée et une dent assez marquée à sa partie antérieure.

Mandibules d'un noir bronzé avec une tache blanchâtre à la base.

Palpes d'un vert bronzé, garnis de poils blanchâtres.

Antennes obscures avec les quatre premiers articles d'un vert bronzé.

Tête granulée postérieurement et finement striée entre les yeux.

Corselet à peu près de la largeur de la tête, presque carré et à angles un peu arrondis.

Élytres garnies, surtout vers l'extrémité, de points enfoncés qui les rendent variolées, assez grandes, en ovale un peu plus allongé que dans l'*Hybrida*, avec l'extrémité moins arrondie, et nullement dentelée en scie.

Taches des élytres d'un blanc jaunâtre et disposées ainsi : l'une en croissant à l'angle de la base, quelquefois

CICINDELA.

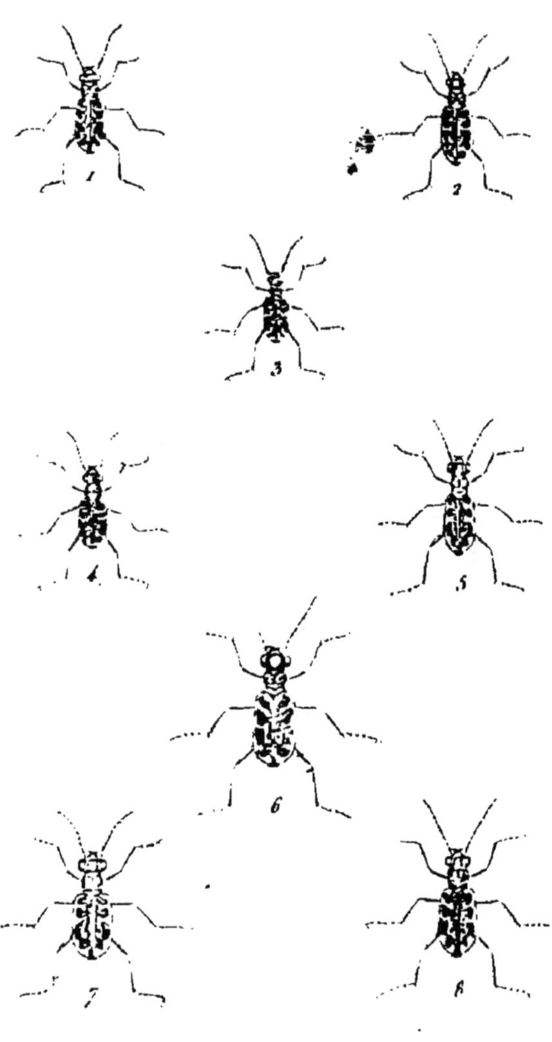

1. C. Sinuata.	5. C. Chiloleuca.
2. C. Trisignata.	6. C. Besseri.
3. C. Lugdunensis.	7. C. Volgensis.
4. C. Strigata.	8. C. Dilacerata.

P. Dumenil Pinxit et Direxit.

interrompue, l'autre en forme de bande transversale, sinuée et un peu plus étroite que dans l'*Hybrida*, et la dernière près de l'extrémité, en forme de point.

Dessous du corps d'un bleu verdâtre avec la poitrine et les côtés du corselet un peu cuivreux.

Elle se trouve dans des lieux arides et sablonneux des bois, en France, en Allemagne, en Suède et en Sibérie; elle est assez commune à Fontainebleau et dans la Sologne.

17. C. Sinuata.

Pl. 4. fig. 1.

Viridi-ænea; elytris margine laterali, lunula humerali alteraque apicis dentata, fasciaque media recurva albis.

Dej. *Spec.* 1. p. 75. n° 59.
Fab. *Sys. el.* 1. p. 234. n° 14.
Sch. *Syn. ins.* 1. p. 240. n° 15.
Dufт. 11. p. 227. n° 5.
Iconographie. 1re *édit.* 1. p. 53. n. 12. t. 4. fig. 6.
Dej. *Cat.* p. 1.

Long. 4 ½ lignes. Larg. 1 ½ ligne.

De la forme de l'*Hybrida*, mais beaucoup plus petite.

Lèvre supérieure blanche, transverse, coupée presque carrément à sa partie antérieure, avec une petite dent au milieu.

Mandibules d'un vert bronzé, avec une tache blanche à la base, plus grande dans le mâle que dans la femelle.

Palpes d'un blanc roussâtre, avec le dernier article verdâtre.

Antennes obscures, avec les quatre premiers articles d'un vert bronzé.

Tête d'un vert bronzé, finement striée entre les yeux et légèrement granulée postérieurement.

Corselet granulé, à peu près de la largeur de la tête, presque carré, avec les angles antérieurs un peu arrondis.

Élytres d'un vert un peu bronzé, couvertes de petits points enfoncés, avec des taches blanches disposées ainsi: la première en croissant à l'angle de la base, se recourbant un peu plus que dans l'*Hybrida;* la seconde, près de l'extrémité, se recourbant à sa partie supérieure du côté du bord extérieur et non vers la suture comme dans l'*Hybrida;* bord extérieur entre ces deux taches blanc, se fondant avec elles, et supportant dans son milieu une petite bande également blanche, sinuée, paraissant formée de deux taches, dont la première tournée vers la tête, et l'autre vers la suture.

Dessous du corps d'un vert brillant, un peu cuivreux sur les côtés de la poitrine et du corselet.

Pattes d'un vert bronzé, garnies de poils blancs ainsi que les côtés de la poitrine.

Elle habite l'Autriche, l'Italie, la Russie et la Sibérie.

18. C. Trisignata. *Illiger.*

Pl. 4. fig. 2.

Subcylindrica, viridi-cupreo-aenea; elytris margine laterali, lunula humerali alteraque apicis dentata, strigaque media recurva incumbente albis.

Dej. *Spec.* 1. p. 77. n° 60.

Iconographie. 1re *édit.* 1. p. 54. n° 13. T. 4. fig. 7.
DEJ. *Cat.* p. 1.

Long. 4, 5 ½ lignes. Larg. 1 ½, 2 ½ lignes.

Un peu plus allongée, plus cylindrique, d'une couleur moins verte que la *Sinuata*, avec laquelle elle a une grande ressemblance.

Élytres plus allongées, avec l'extrémité un peu moins arrondie que dans la *Sinuata*.

Bande du milieu des élytres moins large, plus droite dans la partie qui touche au bord extérieur, plus allongée et descendant un peu plus bas dans la partie qui se recourbe.

Lunule de l'extrémité un peu plus grande et se rapprochant davantage dans sa partie supérieure du bord extérieur.

Le reste comme dans la *Sinuata*.

Elle se trouve communément sur les bords de la mer, dans le midi de la France et en Italie.

19. C. LUGDUNENSIS.

Pl. 4. fig. 3.

Subcylindrica, viridi-obscuro-aenea; elytris margine laterali interrupto, lunula humerali alteraque apicis dentata, strigaque media recurva subincumbente tenuibus albis.

DEJ. *Spec.* 1. p. 77. n° 61.

Long. 4 lignes. Larg. 1 ½ ligne.

Un peu plus petite et d'une teinte un peu plus obscure

que la *Trisignata*, avec l'extrémité des élytres un peu plus arrondie.

Bordure blanche des élytres interrompue près de la lunule humérale et de celle de l'extrémité.

Bande du milieu des élytres descendant moins bas dans sa partie recourbée et sensiblement plus étroite que la bande correspondante de la *Trisignata*.

Elle est très-commune aux environs de Lyon et dans le département des Basses-Alpes.

Elle offre une variété dans laquelle le crochet de la lunule de l'extrémité en est séparé et forme un point distinct.

20. C. Strigata.

Pl. 4. fig. 4.

Subcylindrica, viridi-obscuro-ænea; elytris margine laterali subsinuato interrupto, lunula humerali alteraque apicis dentata, strigaque media recurva subinterrupta albis.

Dej. *Spec.* 1. p. 78. n° 63.

Long., 4 ½ lignes. Larg. 1 ½ lignes.

De la taille, de la forme et de la couleur de la *Trisignata* en dessus.

Élytres granulées avec la lunule humérale beaucoup plus courte, plus étroite, se rapprochant moins de la suture par son extrémité inférieure que dans la *Trisignata*.

Bande du milieu un peu moins large, à bords un peu dentelés, et dont la partie qui touche au bord extérieur est plus droite, et celle qui se recourbe ne descend pas aussi bas que dans la *Trisignata*.

Lunule de l'extrémité beaucoup plus étroite que dans la *Trisignata*, ayant son crochet séparé et se dilatant un peu à son extrémité.

Cette espèce, peu répandue dans les collections, a été découverte dans le Caucase par M. Stéven.

21. C. Chiloleuca.

Pl. 4. fig. 5.

Subcylindrica, viridi-obscuro-ænea; elytris margine laterali lato, lunula humerali apicalique, fasciaque media recurva dentata albis; antennarum apice tibiisque rufis.

Dej. *Spec.* 1. p. 79. n° 64.
Fischer. *Entomographie de la Russie.* 1. p. n° 2. t. 1. fig. 2.
Iconographie. 1re *édit.* 1. p. 56. n° 15. t. 5. fig. 1.

Long. 4 $\frac{3}{4}$, 5 $\frac{3}{4}$ lignes. Larg. 1 $\frac{3}{4}$, 2 $\frac{1}{4}$ lignes.

Plus grande, plus allongée, plus cylindrique et plus obscure que la *Sinuata*.

Lèvre supérieure plus grande et plus avancée que dans la *Sinuata*.

Mandibules d'un noir obscur, avec une granche tache d'un blanc jaunâtre à la base.

Antennes roussâtres, avec les quatre premiers articles d'un vert bronzé.

Tête plus obscure et un peu plus cuivreuse, avec les yeux moins saillans que dans la *Sinuata*.

Corselet arrondi sur les côtés, un peu rétréci postérieurement, légèrement velu et assez fortement granulé.

Élytres d'un vert obscur, plus allongées, plus convexes et plus élargies vers l'extrémité.

Bord blanc extérieur beaucoup plus large que dans la *Sinuata*.

Lunule humérale et celle de l'extrémité en partie confondue avec la bordure latérale.

Bande du milieu dentelée irrégulièrement sur ses bords, ce qui la rend peu distincte.

Dessous du corps d'un vert cuivreux assez brillant, particulièrement sur les côtés et sur la poitrine.

Jambes roussâtres avec les cuisses d'un vert bronzé, excepté à leur origine et à leur extrémité.

Elle se trouve en Russie et en Sibérie; suivant M. Besser, elle est assez commune en Podolie.

22. C. Besseri.

Pl. 4. fig. 6.

Viridis; elytris margine laterali lato, lunula subhamata humerali apicalique, fasciaque media recurva dentata albis; antennarum apice tibiisque rufis.

Dej. *Spec.* II. *supplém.* p. 427. n° 140.

Long. 6 lignes. Larg. 2 $\frac{1}{3}$ lignes.

Un peu plus grande et d'un vert un peu plus brillant que la *Volgensis*.

Mandibules d'un noir obscur, avec une très-grande tache d'un blanc un peu jaunâtre à la base.

Antennes d'un jaune roussâtre, avec les quatre premiers articles d'un bronzé cuivreux, tête un peu plus grosse que dans la *Volgensis*, et plus fortement granulée, avec les yeux un peu moins saillans.

Corselet plus large, moins cylindrique et plus carré.

Élytres un peu plus larges et plus parallèles antérieurement.

Bordure blanche assez étroite et presque interrompue au-dessous de la lunule humérale.

Lunule humérale ne se prolongeant pas au-delà de la base.

Bande du milieu un peu plus étroite à sa partie inférieure, et un peu moins recourbée que dans la *Volgensis*.

Lunule de l'extrémité plus étroite que dans la *Volgensis*.

Jambes roussâtres, avec les cuisses d'un vert cuivreux assez brillant.

Cette belle espèce se trouve dans le gouvernement de Chérson.

23. C. Volgensis. *Besser*.

Pl. 4. fig. 7.

Viridis; elytrorum basi, margine laterali lato, lunula hamata humerali apicalique, fasciaque media recurva dentata albis; antennarum apice tibiisque rufis.

Dej. *Spec.* 1. p. 81. n° 66.
C. Elegans. Fischer.

Long. 5 $\frac{3}{4}$ lignes. Larg. 2 $\frac{1}{4}$ lignes.

Plus verte que la *Chiloleuca*, à laquelle elle ressemble beaucoup.

Lèvre supérieure un peu moins avancée que dans la *Chiloleuca*.

Mandibules d'un blanc jaunâtre avec l'extrémité obscure.

Antennes d'un jaune roussâtre, avec les quatre premiers articles d'un vert métallique.

Tête et corselet d'un vert plus brillant que dans la *Chiloleuca*.

Élytres un peu moins élargies vers l'extrémité, avec les taches blanches mieux marquées.

Lunule humérale se prolongeant le long de la base jusqu'à l'écusson, avec son extrémité inférieure un peu dilatée.

Bande du milieu moins dentelée que dans la *Chiloleuca*.

Dessous du corps d'un vert métallique.

Jambes roussâtres, avec les cuisses d'un vert métallique très-clair.

Elle se trouve dans la Russie méridionale sur les bords du Volga. B. D.

24. C. Dilacerata. *Parreyss.*

Pl. 4. fig. 8.

Viridi-ænea; elytrorum basi, margine laterali lato, lunula humerali apicalique, fasciaque media recurva ramosa albis; antennarum apice rufis.

C. Circumdata. Iconographie. 1re *édit.* 1. p. 57. n° 16. T. 5. fig. 2.

C. Angulosa. Olivier.

Long. 5 $\frac{1}{4}$, 5 $\frac{3}{4}$ lignes. Larg. 2, 2 $\frac{1}{4}$ lignes.

Très-voisine de la *Circumdata* et confondue autrefois

CICINDELA.

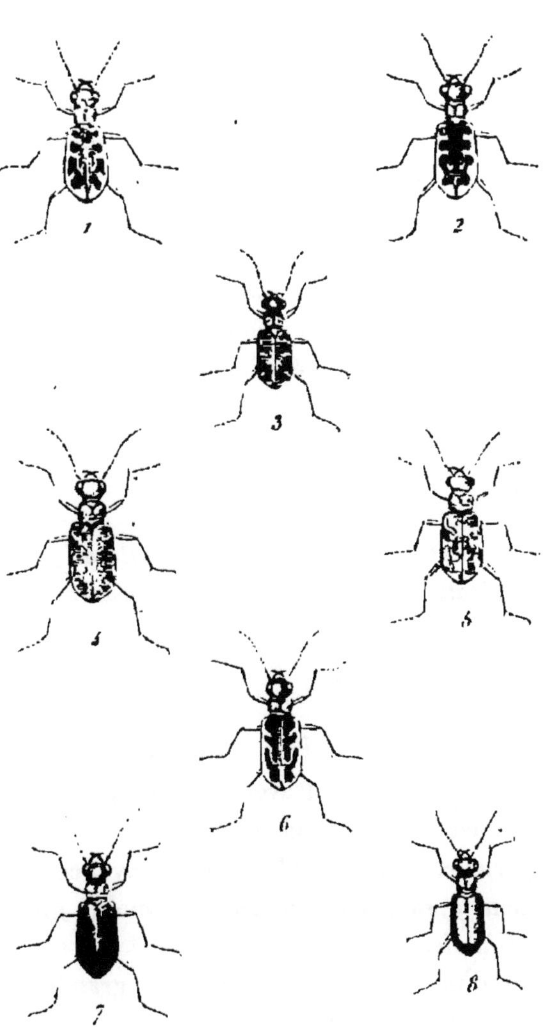

1. C. Circumdata.	5. C. Flexuosa.
2. C. Goudotii.	6. C. Distans.
3. C. Fischeri.	7. C. Zwichii.
4. C. Littoralis.	8. C. Stevenii.

P. Duménil Pinxit et Direxit

avec elle; d'une couleur souvent plus verte et toujours moins cuivreuse.

Lèvre un peu plus courte et plus transversale.

Élytres moins convexes, bord latéral blanc plus large; partie inférieure de la lunule humérale se recourbant vers la base; bande du milieu plus fortement dentée sur ses bords et presque rameuse; toutes les taches blanches moins fortement ponctuées.

Elle se trouve dans l'île de Corfou et dans toute la Grèce; c'est à cette espèce qu'il faut rapporter la *Circumdata* figurée dans la première édition de l'*Iconographie.*

C. D.

25. C. Circumdata.

Pl. 5. fig. 1.

Viridi-cuprea; elytrorum basi, margine laterali, lunula humerali apicalique, fasciaque media recurva dentata albis.

Dej. *Spec.* 1. p. 82. n° 67.

Long. 5, 6 lignes. Larg. 1 $\frac{3}{4}$, 2 $\frac{1}{4}$ lignes.

Elle a beaucoup de rapport avec les deux précédentes, et encore plus avec l'espèce suivante.

Lèvre supérieure assez grande, un peu avancée, avec une petite dent à sa partie antérieure, moins marquée que dans la *Chiloleuca.*

Mandibules d'un noir obscur, avec une grande tache d'un blanc jaunâtre à la base.

Antennes roussâtres, avec les quatre premiers articles d'un vert bronzé cuivreux.

Tête d'un vert bronzé cuivreux.

Corselet de la couleur de la tête, plus étroit et plus cylindrique que dans la *Chiloleuca*, et garni d'une villosité blanchâtre.

Élytres de la forme de celles de la *Chiloleuca*, sensiblement plus larges que dans la *Dilacerata*, d'un vert cuivreux, et quelquefois un peu rougeâtres, avec la bordure blanche moins large.

Tache humérale se prolongeant le long de la base jusque près de l'écusson, se terminant par une tache arrondie, plus ou moins marquée, et ne se recourbant pas à sa partie inférieure vers la base.

Bande du milieu frangée ou déchiquetée sur tous ses bords, mais moins que dans la *Chiloleuca* et la *Dilacerata*.

Dessous du corps d'un vert cuivreux brillant, avec les côtés couverts de poils blancs.

Pattes d'un vert cuivreux, garnies de poils blanchâtres.

Elle se trouve communément dans le département du Var, près des salines d'Hyères; elle habite aussi les environs de Montpellier et différens endroits de nos départemens les plus méridionaux. B. D.

26. C. Goudotii. *Dejean.*

Pl. 5. fig. 2.

Viridi-ænea; elytris margine laterali lato, lunula humerali apicalique, fascia media recurva albis; antennis apice rufis.

C. Cruciata. Dahl.

Long. 5 ½, 6 lignes. Larg. 2, 2 ¼ lignes.

Très-voisine de la *Circumdata*.

D'une couleur plus bronzée, plus verte et moins cuivreuse.

Lèvre supérieure plus courte, transversale, et coupée plus carrément.

Élytres moins convexes et moins fortement ponctuées; bord latéral blanc plus large; lunule humérale un peu plus large, ne se prolongeant pas le long de la base, et se rapprochant moins de la suture postérieurement; la bande du milieu moins large et à peine dentée sur les bords; la partie supérieure de la lunule postérieure moins saillante; toutes les taches blanches moins fortement ponctuées.

Pattes plus vertes et moins cuivreuses.

Elle a été rapportée des environs de Tanger par M. Goudot, et de Sardaigne par M. Dahl.

Je crois qu'elle se trouve aussi dans les parties méridionales de l'Espagne. C. D.

27. C. Fischeri.

Pl. 5. fig. 5.

Supra viridi obscuro-æenea, vel cuprea; elytris punctis quatuor, tertio transverso majore, lunulaque apicis albis.

Dej. *Spec.* 1. p. 105. n° 86.

Adams. *Mémoires de la Société imp. des nat. de Moscou.* V. p. 279. n° 2.

Fischer. *Entomographie de la Russie*. 1. p. 9. n° 5. t. 1. fig. 6.

C. quinquepunctata. Bonber.

Long. 5 lignes. Larg. 1 ¾ lignes.

Plus petite que la *Littoralis*, à laquelle elle ressemble beaucoup.

Lèvre supérieure un peu plus transverse et moins avancée.

Mandibules, palpes et antennes comme dans la *Littoralis*.

Corselet plus étroit et un peu plus rétréci à sa partie postérieure.

Élytres plus courtes et un peu moins granulées, avec des taches blanches disposées ainsi : un point blanc à l'angle de la base; souvent un second point très-petit un peu plus bas, correspondant à l'extrémité de la lunule humérale; un troisième point plus grand, transversal, à peu près au milieu de l'élytre près du bord extérieur; un quatrième point arrondi, plus bas et près de la suture, et quelquefois un très-petit point blanc sur le bord extérieur; enfin une tache en croissant à l'extrémité.

Le reste comme dans la *Littoralis*.

Elle se trouve, selon Fischer et Adams, sur les bords de la Koura, près de Tiflis, en Géorgie; M. Stéven l'a aussi trouvée dans le Caucase.

28. C. Littoralis.

Pl. 5. fig. 4.

Supra viridi-obscuro-ænea; elytris lunula humerali apicalique punctisque quatuor albis.

DEJ. *Spec.* 1. p. 104. n° 87.

FAB. *Sys. el.* 1. p. 233. n° 17.

SCH. *Syn. ins.* 1. p. 241. n° 18.

DUFT. 11. p. 226. n° 4.

Iconographie, 1re *édit.* 1. p. 42. n° 3. T. 3. fig. 4 et 5.

DEJ. *Cat.* p. 1.

C. Nemoralis. OLIV. 11. 33. p. 13. n° 10. T. 3. fig. 36.

C. Lunulata. FISCHER. *Entomologie de la Russie.* 1. p. 3. n° 1. T. 1. fig. 1. *a. b.*

VAR. A. *C. Discors.* Megerle.

Long. 5 ½, 6 ½ lignes. Larg. 2 ¼, 2 ½ lignes.

Un peu plus étroite que l'*Hybrida*, et d'un vert bronzé plus ou moins clair en dessus.

Lèvre supérieure d'un blanc jaunâtre, avec une petite dent bien marquée dans les deux sexes.

Mandibules d'un vert bronzé, avec une tache blanchâtre à la base.

Antennes obscures, avec les quatre premiers articles mélangés de rouge cuivreux et de vert bronzé.

Tête et corselet à peu près comme dans l'*Hybrida*.

Élytres un peu plus allongées que celles de l'*Hybrida*, avec des taches blanches disposées ainsi : une tache blanche en croissant à l'angle de la base; une autre de la même forme à l'extrémité, toutes les deux plus étroites que dans l'*Hybrida* ; quatre points au milieu, dont deux sur le bord extérieur.

Dessous du corps et pattes comme dans l'*Hybrida*.

Elle se trouve principalement sur les bords de la mer, dans le midi de la France, en Italie, en Dalmatie, en

Grèce, en Hongrie, dans le midi de la Russie, en Sibérie, dans le Levant, et dans plusieurs parties de l'Afrique.

La *Discors* de Megerle, est une légère variété locale qui se trouve en Dalmatie, et dont la couleur est plus verte. On rencontre quelquefois une autre variété, chez laquelle le troisième point qui se trouve au milieu de l'élytre est quelquefois réuni avec le premier en forme de bande transversale.

29. C. Flexuosa.

Pl. 5. fig. 5.

Supra viridi-obscura; elytris lunula humerali apicalique, fascia media recurva, punctisque quatuor albis.

Dej. *Spec.* 1. p. 111. n° 93.
Fab. *Syst. el.* 1. p. 237. n° 26.
Oliv. 11. 33. p. 18. n° 17. t. 1. fig. 10.
Sch. *Syn. ins.* 1. p. 242. n° 27.
Iconographie, 1re *édit.* 1. p. 58. n° 17. t. 5. fig. 3.
Dej. 4. p. 1.
Var. A. *C. Lurida.* Dej. *Cat.* p. 2.

Long. 5, 6 lignes. Larg. 2, 2 ½ lignes.

Plus petite que l'*Hybrida*, et en dessus d'un vert bronzé plus ou moins clair, plus ou moins obscur, souvent un peu cuivreux et quelquefois un peu rougeâtre.

Lèvre supérieure d'un blanc un peu jaunâtre, avec trois petites dents au milieu de sa partie antérieure.

Mandibules d'un noir bronzé, avec une tache jaunâtre à la base.

Antennes d'un gris obscur, avec les quatre premiers articles d'un vert bronzé.

Tête et corselet à peu près comme dans l'*Hybrida.*

Élytres légèrement ponctuées, avec des taches blanches disposées ainsi : une tache blanche en croissant à l'angle de la base; une bande sinuée au milieu ne touchant pas le bord extérieur, seulement un peu dilatée à sa base; quatre points blancs dont le premier à la base, le second un peu plus bas et près de la suture, le troisième plus bas sur la même ligne, le quatrième près du bord extérieur, entre la bande et la tache de l'extrémité.

Dessous de l'abdomen d'un vert bleuâtre brillant, avec les côtés du corselet et la poitrine d'une belle couleur cuivreuse.

Pattes d'un vert bronzé plus ou moins cuivreux, avec les cuisses garnies de poils blanchâtres.

Elle se trouve communément dans le midi de la France et en Espagne, sur les bords des rivières; on la rencontre aussi dans la Russie méridionale.

30. C. Distans.

Pl. 5. fig. 6.

Subcylindrica, supra fusco-aenea; elytris lunula humerali distante, striga media obliqua sinuata abbreviata, lunula apicali, limbo communi conjunctis, albidis.

Dej. *Spec.* 1. p. 134. n° 114.

Fischer. *Entomographie de la Russie.* 1. p. 192. n° 7. t. 17. fig. 7. *a. b.*

C. Infuscata? Pallas. *Icon.* t. g. fig. 16.

Long. 5, 5 $\frac{1}{2}$ lignes. Larg. 1 $\frac{3}{4}$, 2 $\frac{1}{4}$ lignes.

Un peu plus grande que la *Germanica.*

Lèvre supérieure d'un blanc jaunâtre, avec trois petites dents à sa partie antérieure.

Mandibules d'un noir obscur, avec une tache jaunâtre à la base.

Antennes roussâtres, avec les quatre premiers articles d'un bronzé obscur.

Tête d'une couleur bronzée obscure, légèrement striée entre les yeux, et finement granulée à sa partie postérieure.

Corselet presque carré, un peu arrondi sur les côtés et de la couleur de la tête.

Élytres d'une couleur bronzée brunâtre, assez allongées, presque parallèles et arrondies à l'extrémité avec des taches blanches disposées ainsi : une lunule humérale dont la partie inférieure n'est pas recourbée vers la base; une bande oblique un peu sinuée au milieu, qui ne va pas jusqu'à la suture, et dont la base remonte le long du bord extérieur jusque près de la lunule humérale, sans la toucher; une lunule à l'extrémité qui se joint à la bande par une bordure de la même couleur.

Dessous du corps d'un vert bronzé obscur, avec l'abdomen d'un bleu métallique brillant.

Jambes roussâtres, avec les cuisses d'un vert bronzé obscur.

Elle se trouve pendant l'été près de Sarepta, dans les steppes de la Russie méridionale; M. Stéven l'a aussi trouvée en Géorgie.

31. C. Zwickii.

Pl. 5. fig. 7.

Subcylindrica supra fusco-ænea; elytris puncto humerali albido.

Dej. *Spec.* 1. p. 135. n° 115.

Fischer. *Entomographie de la Russie.* 1. p. 194. n° 8. t. 17. fig. 10. *a*. *b*.

C. Atrata? Pallas. *it.* 1. *Append.* p. 465. n° 42.

Gmelin. 1. p. 1924. n° 45.

Long. 5 ½ lignes. Larg. 2 lignes.

De la forme et de la grandeur de la *Distans*, dont elle n'est probablement qu'une variété.

Entièrement d'une couleur bronzée, noirâtre, avec un point d'un blanc jaunâtre à l'angle de la base.

Jambes un peu plus obscures que dans la *Distans*.

Elle se trouve, avec la précédente, dans les steppes des environs de Sarepta.

32. C Stevenii.

Pl. 5. fig. 8.

Subcylindrica, viridi-cyanea; labro albido fusco maculato; tibiis tarsisque brunneis.

Dej. *Spec.* 1. p. 136. n° 116.

Long. 4 ½ lignes. Larg. 1 ½ ligne.

De la taille et de la forme de la *Germanica*, et d'un vert bleuâtre en dessus.

Lèvre supérieure plus courte et plus transverse que dans la *Germanica*.

Antennes plus brunâtres.

Corselet plus cylindrique et un peu moins arrondi sur ses côtés.

Élytres plus parallèles, plus convexes que dans la *Germanica*, et entièrement d'un vert bleuâtre sans aucunes taches blanches.

Dessous du corps d'un bleu un peu verdâtre.

Pattes brunâtres, avec les cuisses d'un vert métallique.

Elle a été trouvée par M. Stéven aux environs de Kislar, près de la mer Caspienne.

33. C. Scalaris. *Latreille.*

Pl. 6. fig. 1.

Subcylindrica, viridi-obscura; elytris vitta submarginali abbreviata sinuata (sæpe interrupta) lunulaque apicis albis.

Dej. *Spec.* 1. p. 137. n° 117.

Iconographie. 1re *édit.* 1. p. 60. n° 18. T. 5. fig. 45.

Dej. *Cat.* p. 2.

C. Paludosa. Dufour. *Annal. générales des Sciences physiques.* VI. 18e cahier. p. 318.

Long. 4 ½, 5 lignes. Larg. 1 ½, 1 ¾ ligne.

De la taille de la *Germanica*, à laquelle elle ressemble.

Lèvre supérieure à peu près comme dans la *Germanica*.

Corselet un peu moins cylindrique, un peu plus arrondi

CICINDÉLÈTES.

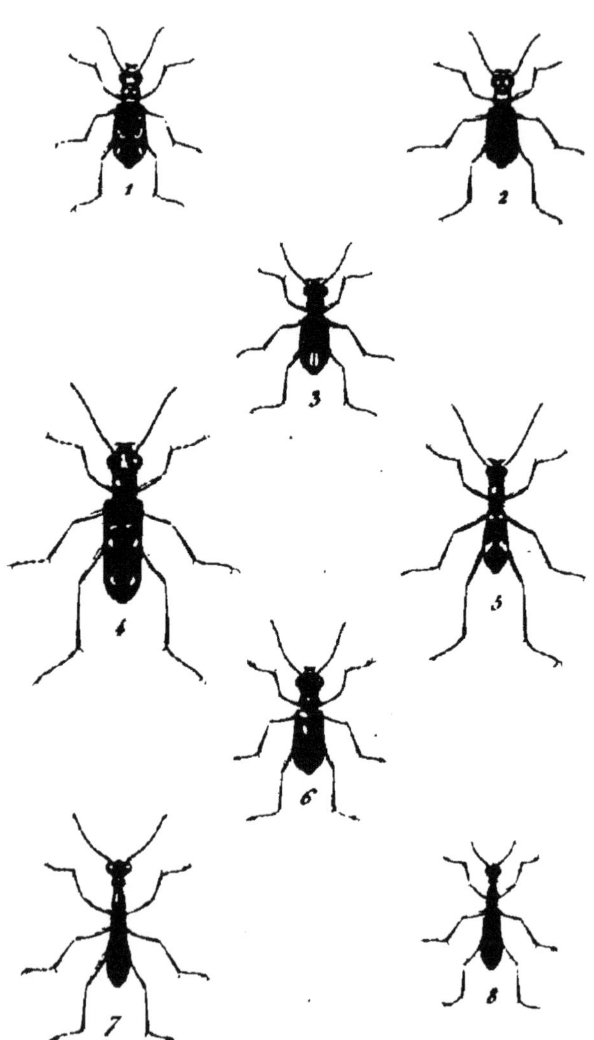

1.	Cicindela	Scalaris.	5.	Ctenostoma	Bifasciatum.
2.	C.	Germanica.	6.	Therates	Basalis.
3.	C.	Gracilis.	7.	Tricondyla	Cyanipes.
4.	Euprosopus	Quadrinotatus.	8.	Colliuris	Modesta.

F. Duméril Pinxit et Direxit

sur ses côtés, un peu plus convexe, et se rétrécissant un peu postérieurement.

Élytres plus allongées, plus parallèles que dans la *Germanica*, ayant chacune, à la place du point de l'angle, une ligne blanche sinuée qui descend jusqu'à la tache marginale.

Lunule postérieure plus grande et plus fortement marquée, dont l'extrémité postérieure se prolonge quelquefois jusqu'à la tache marginale.

Dessous du corps et pattes à peu près comme dans la *Germanica*.

Elle se trouve dans les provinces méridionales de la France et dans la partie orientale de l'Espagne.

34. C. Germanica.

Pl. 6. fig. 2.

Subcylindrica, viridi-cyanea; elytris puncto humerali, macula marginali lunulaque apicis albis.

Dej. *Spec.* 1. p. 138. n° 118.
Fab. *Sys. el.* 1. p. 237. n° 29.
Oliv. 11. 33. p. 21. n° 20. t. 1. fig. 9. a. b.
Sch. *Syn. ins.* 1. p. 242. n° 30.
Duft. 11. p. 228. n° 6.
Iconographie. 1re *édit.* 1. p. 61. n° 19. t. 5. fig. 6. 7.
Dej. *Cat.* p. 2.
Le Bupreste vert à six points blancs. Geoff. 1. p. 155. n° 29.

Long. 4, 5 lignes. Larg. 1 $\frac{1}{4}$, 1 $\frac{3}{4}$ ligne.

Plus allongée et beaucoup plus petite que la *Campestris*, tantôt d'une couleur bronzée, tantôt d'un bleu vif, et quelquefois presque noire.

Lèvre supérieure d'un blanc un peu jaunâtre, avec trois petites dents peu marquées à sa partie antérieure.

Mandibules d'un noir-obscur un peu bronzé, avec une tache d'un blanc jaunâtre à la base.

Antennes obscures, avec les quatre premiers articles d'un vert-bronzé plus ou moins cuivreux.

Tête striée entre les yeux, et légèrement granulée à sa partie postérieure.

Corselet un peu plus étroit que la tête, un peu plus long que large, presque cylindrique, paraissant légèrement granulé.

Élytres assez allongées, un peu élargies à l'extrémité, légèrement ponctuées avec des taches blanches disposées ainsi : un petit point arrondi à l'angle de la base, un autre un peu plus grand près du bord extérieur à peu près au milieu, et une tache en croissant à l'extrémité.

Dessous du corps d'un bleu-verdâtre brillant, avec la poitrine et les côtés du corselet d'une couleur cuivreuse.

Pattes brunâtres, avec les cuisses d'un vert bronzé.

Cette espèce ne vole jamais, quoiqu'elle ait des ailes. On la trouve au commencement de l'été, courant dans les champs d'orge, d'avoine, etc. Elle se trouve assez communément en France et en Allemagne; elle habite aussi la Dalmatie, la Russie et même la Sibérie.

35. C. Gracilis.

Pl. 6. fig. 3.

Subcylindrica, nigro-ænea; elytris maculis duabus marginalibus albis, macula communi postica ferruginea.

Dej. *Spec.* 1. p. 139. n° 119.

Pallas. *Voy.* III. p. 475. n° 40.

Gmelin. IV. p. 1924. n° 44.

Fischer. *Entomographie de la Russie.* 1. p. 10. n° 6. T. 1. fig. 5.

Iconographie. 1re *édit.* 1. p. 62. n°. 20. T. 5. fig. 8.

Long. 4 ½, 5 lignes. Larg. 1 ¼, 1 ½ ligne.

De la taille de la *Germanica*, mais un peu plus étroite.

Lèvre supérieure un peu plus courte, et laissant les mandibules à découvert.

Mandibules d'un noir-bronzé obscur, avec une tache jaunâtre à la base.

Tête un peu moins large, et yeux un peu plus saillans que dans la *Germanica*.

Élytres d'un noir bronzé et comme veloutées, avec des taches disposées ainsi : un très-petit point blanc à l'angle de la base, quelquefois presque nul; une tache blanche au milieu, près du bord extérieur, plus allongée que dans la *Germanica;* une autre tache blanche près de l'extrémité, et enfin, sur la suture, une large tache oblongue d'un rouge orangé, qui s'étend depuis le milieu jusqu'à l'extrémité des élytres.

Dessous du corps d'un noir bronzé.

Pattes brunâtres, avec les cuisses d'un vert bronzé.

Elle habite la Russie méridionale et la Sibérie.

V. DROMICA. *Dejean.*

CICINDELA. *Iconographie.* 1re *édit.*

Les trois premiers articles des tarses antérieurs des mâles légèrement dilatés, allongés, presque cylindriques, ciliés plus fortement en dedans qu'en dehors. Palpes labiaux ne dépassant pas les maxillaires ; les deux premiers articles très-courts : le premier ne dépassant pas l'extrémité de l'échancrure du menton ; le troisième assez grand, renflé et presque ovalaire ; le dernier beaucoup plus mince, court et grossissant très-légèrement vers l'extrémité. Une dent à peine sensible au milieu de l'échancrure du menton. Élytres en ovale très-allongé, très-rétrécies antérieurement et postérieurement. Point d'ailes sous les élytres.

D. COARCTATA.

Pl. 6. fig. 4.

Obscuro-ænea ; elytris punctatissimis, vitta abbreviata laterali lineolaque postica albidis.

DEJ. *Spec.* II. p. 435. no 1.

Cicindela Coarctata. Iconographie. 1re *édit.* 1. p. 37. T. 1. fig. 5.

Elle se trouve au cap de Bonne-Espérance.

VI. EUPROSOPUS. *Latreille.*

CICINDELA. *Iconographie.* 1re *édit.*

Les trois premiers articles des tarses antérieurs des mâles dilatés, aplatis, peu allongés, carénés longitudinalement en dessus, ciliés également des deux côtés; les deux premiers s'élargissant un peu vers l'extrémité et légèrement échancrés; le troisième presque en cœur. Palpes labiaux ne dépassant pas les maxillaires : les deux premiers articles très-courts; le premier ne dépassant pas l'extrémité de l'échancrure du menton; le troisième presque cylindrique et renflé; le dernier beaucoup plus mince, court et grossissant très-légèrement vers l'extrémité.

E. QUADRINOTATUS.

Pl. 6. fig. 4.

Viridis, nitidus; elytris æneo variegatis alboque quadrimaculatis.

DEJ. *Spec.* I. p. 15.

Cicindela Quadrinotata. Iconographie. 1re *édit.* I. p. 38. T. 1 fig. 6.

Il se trouve au Brésil.

VII. CTENOSTOMA. *Klug.*

CARIS. *Fischer.* COLLYRIS. *Fabricius.*

Les trois premiers articles des tarses antérieurs des mâles dilatés; le troisième prolongé obliquement en dedans

Corps étroit et allongé. Corselet en forme de nœud globuleux. Antennes sétacées. Palpes très-saillans.

Fabricius avait placé la seule espèce qu'il connaissait de ce genre parmi ses *Collyris*, avec lesquelles cependant les *Ctenostoma* ont bien peu de rapports. Fischer, dans son *Entomographie de la Russie*, en avait fait connaître une autre espèce sous le nom générique de *Caris*, nom déjà employé par Latreille pour désigner un genre d'*Arachnides*; et peu de temps après, Klug, qui n'avait pas connaissance de son travail, a établi le même genre dans son *Entomologiæ brasilianæ Specimen*, sous le nom de *Ctenostoma*, que Latreille a conservé dans l'*Iconographie des Coléoptères d'Europe*.

Les *Ctenostoma* diffèrent essentiellement des *Colliuris* et des *Tricondyla* par la dent qui se trouve au milieu de l'échancrure du menton; par leurs palpes très-saillans, dont les labiaux, un peu plus longs que les maxillaires, ont les deux premiers articles très-courts, le troisième très-long et cylindrique, et le dernier court et sécuriforme; et par les antennes, qui sont longues, minces et sétacées.

Ils diffèrent des autres genres de cette tribu par leur forme étroite et allongée, et par les tarses antérieurs des mâles, dont les trois premiers articles sont dilatés, et dont le troisième est prolongé obliquement en dedans, comme dans le genre *Tricondyla*.

B. D.

C. Bifasciatum. *Dejean.*

Pl. 6. fig. 5.

Nigro-æneum; elytris transversim rugosis, postice lævigatis, fasciis duabus luteis.

Elle a été trouvée par M. Lacordaire aux environs de Rio-Janeiro. C. D.

VIII. THERATES. *Latreille.*

Eurychiles. *Bonelli.* Cicindela. *Fabricius.*

Tarses presque semblables dans les deux sexes; le troisième article plus court que les deux premiers et légèrement échancré à son extrémité; le quatrième très-court et en cœur. Point de dent au milieu de l'échancrure du menton. Palpes maxillaires internes très-petits, peu distincts et d'un seul article.

Latreille a, le premier, indiqué ce genre dans l'ouvrage sur le règne animal de Cuvier, et presque en même temps Bonelli en a exposé les caractères sous le nom d'*Eurychiles*, dans le *Recueil des Mémoires de l'Académie royale des Sciences de Turin.* Fabricius l'avait confondu avec ses *Cicindela;* il en décrit trois espèces : *Labiata, Flavilabris* et *Fasciata.* Latreille en a figuré deux autres espèces, sous les noms de *Cærulea* et de *Spinipennis*, dans la première livraison de l'*Iconographie des Coléoptères d'Europe.* B. D.

THERATES BASALIS. *D'Urville.*

Pl. 6. fig. 6.

Cyanea, nitida; elytris violaceis, apice subtruncatis, basi, labro, pedibus abdomineque testaceis.

DEJ. *Spec.* II. p. 437. n° 3.

Elle a été prise par M. d'Urville, dans l'île de Waigiou, à l'ouest de la Nouvelle-Guinée. Comme les autres espèces de ce genre, elle se tient sur les feuilles des arbres et vole avec beaucoup de vivacité. C. D.

IX. TRICONDYLA. *Latreille.*

CICINDELA. *Olivier.* COLLYRIS. *Schœnherr.*

Les trois premiers articles des tarses antérieurs des mâles dilatés; le troisième prolongé obliquement en dedans. Corps étroit et allongé. Corselet en forme de nœud ovalaire. Antennes filiformes. Palpes peu saillans; pénultième article des labiaux dilaté. Point de dent au milieu de l'échancrure du menton.

Ce genre, établi par Latreille sur la *Cicindela aptera* d'Olivier, approche beaucoup, à la première vue, des *Colliuris*, mais il en diffère essentiellement par les tarses, dont le quatrième article est un peu échancré, avec la partie intérieure un peu plus longue, mais qui n'est nullement prolongée, et dont les trois premiers articles des pattes antérieures sont dilatés dans les mâles, et ont leur troisième article prolongé obliquement en dedans, comme dans les *Ctenostoma*.

Les *Tricondyla* sont aptères; ils habitent les îles de l'Archipel des Indes et celles de l'Océanie septentrionale. On les trouve sur les troncs d'arbres; leur marche est lente, et ressemble à celle de certaines fourmis.

B. D.

T. Cyanipes. *Eschscholtz.*

Pl. 6. fig. 7.

Nigro-violacea; elytris punctatis, antice obsolete rugatis, postice lævigatis, subgibbosis; femoribus ferrugineis; tibiis tarsisque cyaneis.

Elle m'a été envoyée par M. Eschscholtz comme venant des îles Philippines.

C. D.

X. COLLIURIS. *Latreille.*

Collyris. *Fabricius.*

Quatrième article de tous les tarses prolongé obliquement en dedans dans les deux sexes. Corps étroit et allongé. Corselet presque cylindrique, rétréci antérieurement. Antennes courtes, grossissant plus ou moins vers l'extré-

mité. Palpes peu saillans; pénultième article des labiaux dilaté. Point de dent au milieu de l'échancrure du menton.

Le nom de *Colliuris* a été primitivement donné par Degéer à un insecte appartenant au genre *Casnonia* de Latreille. Fabricius, en établissant ensuite celui dont il est ici question, lui a donné le nom de *Collyris;* mais Latreille et la plupart des autres entomologistes ayant adopté celui de *Colliuris,* nous avons cru devoir nous conformer à cette dénomination. B. D.

C. Modesta. *Dejean.*

Pl. 6. fig. 8.

Capite thoraceque violaceis; elytris obscure viridi-æneis, profunde punctatis, apice lævigatis, truncato-emarginatis; femoribus tarsisque posticis ferrugineis; antennis capite longioribus, extrorsum vix crassioribus.

Cet insecte provient de la collection de M. Latreille, où il était noté comme venant de l'île de Java.

C. D.

TRONCATIPENNES.

Cette tribu comprend tous les genres que Latreille avait placés dans ses trois *Stirps : Graphipterides, Crepitantes* et *Longopalpati* de son *Genera Crustaceorum et In-*

sectorum, et dans ses deux premières sections de la tribu des Carabiques du règne animal de Cuvier.

Bonelli, dans ses observations entomologiques, en donnant à sa troisième section des Carabiques le nom de *Troncatipennes*, n'y avait fait entrer que les *Crepitantes* et les *Longopalpati* de Latreille, et il en avait même exclu, je ne sais pourquoi, le genre *Cymindis*, qui cependant a les plus grands rapports avec les *Lebia* et les *Dromius*, et qui ne peut en être éloigné.

Ce nom de *Troncatipennes* indique assez le principal caractère des insectes composant cette tribu, lequel consiste dans les élytres, dont l'extrémité est plus ou moins coupée carrément et comme tronquée. Latreille, en adoptant cette division dans l'*Iconographie des Coléoptères d'Europe*, y a introduit deux genres, ceux de *Graphipterus* et d'*Anthia*, qui formaient le *Stirps Graphipterides* de son *Genera*, dans lesquels ce caractère est beaucoup moins marqué, et dont les élytres, surtout dans le dernier, paraissent plutôt sinuées que tronquées à l'extrémité.

Nous ajouterons ici que l'*Odacantha dorsalis* et le genre *Ctenodactyla* forment aussi une espèce d'anomalie dans cette tribu, et que leurs élytres paraissent plutôt arrondies que tronquées à l'extrémité; mais, dans une méthode naturelle, ce n'est pas sur un seul caractère, mais bien sur l'ensemble de l'organisation que l'on doit se régler pour établir la classification.

Les vingt-six genres qui composent maintenant cette tribu, sont presque tous assez peu nombreux en espèces. Le tableau suivant en présente les principaux caractères.

B. D.

CROCHETS DES TARSES SANS DENTELURES.

- Dernier article des palpes de forme ovalaire et terminé presque en pointe.
  - Premier article des antennes plus court que la tête.
    - Corselet en forme de col allongé, cylindrique et très-rétréci antérieurement . . . 1 *Casnonia.*
    - Corselet en ovale allongé et presque cylindrique . . . 2 *Odacantha.*
  - Premier article des antennes presque aussi long que la tête. . . . 3 *Cordistes.*
- Dernier article des palpes allongé et plus ou moins sécuriforme.
  - Mandibules avancées et presque droites. . . . 4 *Drypta.*
  - Mandibules courtes et peu avancées.
    - Trois premiers articles des tarses antérieurs fortement dilatés dans les mâles. . . . 5 *Galerita.*
    - Tarses antérieurs peu ou point dilatés dans les mâles.
      - Premier article des antennes aussi long que la tête. . . 6 *Zuphium.*
      - Premier article des antennes plus court que la tête. . . 7 *Polistichus.*
- Dernier article des palpes maxillaires peu allongé, cylindrique, ou grossissant insensiblement vers l'extrémité.
  - Antennes moniliformes ou grossissant vers l'extrémité . . . 18 *Helluo.*
  - Antennes filiformes.
    - Lèvre supérieure courte, transverse, et laissant les mandibules à découvert.
      - Dernier article des palpes labiaux non sécuriforme.
        - Élytres en ovale plus ou moins allongé.
          - Point d'ailes . . . 19 *Aptinus.*
          - Des ailes. . . . 20 *Brachinus.*
        - Élytres en ovale peu allongé, presque suborbiculaire. . . . 21 *Corsyra.*
      - Dernier article des palpes labiaux, fortement sécuriforme. . . . 22 *Axinophorus.*
    - Lèvre supérieure avancée, et recouvrant plus ou moins les mandibules.
      - Dernier article des palpes labiaux fortement sécuriforme . . . 23 *Eucheyla.*
      - Dernier article des palpes labiaux non sécuriforme.
        - Lèvre supérieure échancrée . . . 24 *Catascopus.*
        - Lèvre supérieure arrondie.
          - Élytres en ovale peu allongé, presque suborbiculaire. . . . 25 *Graphipterus.*
          - Élytres en ovale plus ou moins allongé. . . . 26 *Anthia.*

CROCHETS DES TARSES DENTELÉS EN DESSOUS.				
Corps plus ou moins allongé.	Dernier article des palpes labiaux fortement sécuriforme, au moins dans les mâles.	Tête très-rétrécie postérieurement, et séparée du corselet par un étranglement très-marqué		8 *Agra.*
		Tête peu rétrécie postérieurement.	Pénultième article de tous les tarses non bilobé.	9 *Cymindis.*
			Pénultième article de tous les tarses bilobé.	10 *Calleida.*
	Dernier article des palpes labiaux non sécuriforme.	Tête rétrécie postérieurement, et séparée du corselet par un étranglement		11 *Ctenodactyla.*
		Tête peu rétrécie postérieurement.	Pénultième article de tous les tarses bilobé.	12 *Demetrias.*
			Pénultième article de tous les tarses non bilobé.	13 *Dromius.*
Corps plus ou moins large et aplati. Élytres presque carrées.	Dernier article des palpes labiaux fortement sécuriforme.			14 *Plochionus.*
	Dernier article des palpes labiaux, non sécuriforme.	Bord postérieur du corselet prolongé dans son milieu.		15 *Lebia.*
		Bord postérieur du corselet coupé carrément.	Pénultième article de tous les tarses non bilobé.	16 *Coptodera.*
			Pénultième article de tous les tarses bilobé.	17 *Orthogonius.*

C. D.

I. CASNONIA. *Latreille.*

OPHIONEA. *Klug.* ODACANTHA. *Fabr.* ATTELLABUS. *Linné.* COLLIURIS. *Degéer.*

Dernier article des palpes de forme ovalaire, et terminé presque en pointe. Antennes beaucoup plus courtes que le corps, à articles presque égaux : le premier plus court que la tête. Tarses filiformes ; le pénultième article, au plus, bifide. Corselet en forme de col allongé, cylindrique et très-rétréci antérieurement. Tête presque en forme de losange, prolongée et très-rétrécie postérieurement.

C'est à ce genre qu'il faut rapporter la *Colliuris* de Degéer, et il aurait peut-être fallu lui conserver ce nom. Linné, frappé de quelques rapports de forme avec certains *Apoderus* exotiques, a placé ces insectes dans son genre *Attelabus*. Fabricius et Herbst en ont fait des *Odacantha*. Latreille les avait d'abord placés parmi les *Agra*, et il en a fait ensuite un genre particulier ; Klug, n'ayant pas connaissance de son travail, l'avait établi, dans son *Entomologiæ brasilianæ Specimen*, sous le nom d'*Ophionea*. B. D.

C. INÆQUALIS. *Dejean.*

Pl. 7. fig. 1.

Nigra; thorace transversim rugato; elytris substriatis, inæqualibus; macula parva, oblonga, laterali albida; antennis pedibusque nigro-obscuris, pallido variegatis.

Elle a été trouvée par M. Lacordaire aux environs de Rio-Janeiro, au Brésil. C. D.

TRONCATIPENNES.

1 Casnonia Inæqualis.	5 Drypta Cylindricollis.
2 Odacantha Melanura.	6 Galerita Geniculata.
3 Cordistes Bicinctus.	7 Polistichus Fasciolatus
4 Drypta Emarginata.	8 ——— Discoideus.

P. Duménil Pinxit et Direx.

II. ODACANTHA. *Fabricius.*

ATTELABUS. *Linné.* CARABUS. *Olivier.*

Dernier article des palpes de forme ovalaire, et terminé presque en pointe. Antennes beaucoup plus courtes que le corps, à articles presque égaux : le premier plus court que la tête. Tarses filiformes ; le pénultième article, au plus, bilobé. Corselet en ovale allongé et presque cylindrique. Tête ovale, rétrécie postérieurement, mais nullement prolongée.

1. O. MELANURA.

Pl. 7. fig. 2.

Viridi-cyanea ; antennarum basi, pectore pedibusque testaceis ; elytris testaceis, apice nigro-cyaneis.

DEJ. *Spec.* 1. p. 176.
FAB. *Sys. el.* 1. p. 228. n° 1.
SCH. *Syn. ins.* 1. p. 236. n° 1.
GYL. II. p. 177. n° 1.
DUFT. II. p. 230. n° 1.
Iconographie. 1re *édit.* II. p. 123. n° 1. T. 10. fig. 6.
DEJ. *Cat.* p. 2.
Carabus Angustatus. OLIV. III. 35. p. 113. n° 159. T. 1. fig. 7. a. b.

Long. 5 lignes. Larg. $\frac{3}{4}$ ligne.

Tête d'un bleu verdâtre, grande, ovale, peu avancée

antérieurement, arrondie postérieurement, et terminée par un col cylindrique plus étroit que la moitié de la tête entre les yeux, lisse, avec une ligne enfoncée de chaque côté le long des yeux.

Antennes de la longueur de la tête et du corselet réunis, brunâtres, avec les trois premiers articles testacés.

Corselet d'un bleu verdâtre, plus étroit que la tête, allongé, presque cylindrique, fortement ponctué, un peu renflé dans son milieu.

Élytres un peu plus larges que la tête, allongées, presque parallèles, presque planes, coupées presque carrément à l'extrémité, légèrement rebordées, d'un jaune testacé, avec une grande tache d'un bleu noirâtre à l'extrémité.

Abdomen d'un bleu un peu verdâtre, avec la poitrine d'un jaune testacé un peu rougeâtre.

Pattes d'un jaune testacé, avec l'extrémité des cuisses noires et les tarses obscures.

Elle habite la Suède, l'Allemagne, l'Angleterre, le nord et une partie du centre de la France; on la trouve assez communément aux environs de Versailles, sous les pierres dans les lieux marécageux et humides.

III. CORDISTES. *Latreille.*

CALOPHÆNA. *Klug.* ODACANTHA. *Fabr.*

Dernier article des palpes de forme ovalaire, et terminé presque en pointe. Antennes filiformes, presque aussi longues que le corps; le premier article presque aussi long que la tête, le second très-court. Les quatre premiers articles de tous les tarses larges, plus ou moins en forme de cœur ou de triangle renversé. Tête arrondie, rétrécie postérieurement. Yeux très-saillans. Corselet presque plane, un peu plus long que large et presque cordiforme. Élytres plus larges que la tête, presque planes, parallèles, et en forme de carré très-allongé.

Ce genre, établi par Latreille sous le nom de *Cordistes*, et par Klug sous celui de *Calophæna*, sur les *Carabus Acuminatus* d'Olivier et *Odacantha Bifasciata* de Fabricius, a quelques rapports génériques avec les deux précédents; mais il en diffère par sa forme moins allongée et plus aplatie, et par les caractères ci-dessus.

Toutes les espèces de ce genre connues jusqu'à présent paraissent habiter exclusivement les régions équinoxiales de l'Amérique méridionale. B. D.

C. Bicinctus. *Dejean.*

Pl. 7. fig. 3.

Pallidus; elytris subtilissime striato-punctatis, fasciis duabus nigris.

Odacantha Bifasciata. Latreille. *Voyage de Humboldt.* p. 175. n° 24. t. 17. fig. 1.

Il a été trouvé par M. de Humboldt sur le sable de la rivière des Amazones.

C. D.

IV. DRYPTA. *Fabricius.*

CICINDELA. *Olivier.*

Dernier article des palpes fortement sécuriforme dans les deux sexes. Antennes filiformes, plus courtes que le corps; le premier article au moins aussi long que la tête, le second très-court. Les trois premiers articles des tarses antérieurs des mâles légèrement dilatés, et ciliés plus fortement en dedans qu'en dehors. Le pénultième article de tous les tarses très-fortement bilobé dans les deux sexes. Mandibules avancées, presque droites et courbées à l'extrémité. Tête en forme de triangle allongé. Corselet étroit, plus ou moins allongé et cylindrique.

Ces insectes paraissent habiter exclusivement l'Europe méridionale, le nord de l'Afrique, le Sénégal, les Indes orientales et la Nouvelle-Hollande.

1. D. EMARGINATA.

Pl. 7. fig. 4.

Viridi-cœrulea; ore, antennis, pedibusque rufis.

DEJ. *Spec.* 1. p. 183. n° 1.
FABR. *Sys. El.* 1. p. 230. n° 1.
SCH. *Syn. Ins.* 1. p. 237. n° 1.
DUFT. II. p. 232. n° 1.

Iconographie. 1re *édit.* II. p. 118. n° 1. T. 10. fig. 1.

DEJ. *Cat.* p. 2.

Cicindela Emarginata. OLIVIER. II. 33. p. 32. n° 35. T. 3. fig. 38. a. b.

Carabus Dentatus. ROSSI. *Fauna Etr.* I. p. 222. n° 551. T. 2. fig. 11. *Mant.* I. p. 83. n° 189.

Long. 4 lignes. Larg. 1 ½ ligne.

Tête d'un jaune fauve; triangulaire, et fortement ponctuée, avec les yeux saillans et noirâtres.

Antennes d'un jaune fauve, plus longues que la moitié du corps, avec l'extrémité du premier article et un anneau au second et au troisième, noirâtres.

Corselet d'un bleu clair, allongé, à peu près de la largeur de la tête, rétréci postérieurement.

Élytres d'un bleu clair, deux fois aussi larges que le corselet, assez allongées, légèrement convexes, s'élargissant un peu postérieurement, fortement striées, coupées carrément à l'extrémité, et un peu échancrées.

Dessous du corps de la couleur des élytres.

Pattes assez courtes, d'un jaune fauve, avec les tarses un peu plus obscurs.

Elle se trouve dans les bois humides et marécageux, au pied des arbres et sous les pierres; dans le midi de la France, en Espagne, en Italie, en Dalmatie, et dans les provinces méridionales de la Russie. Elle est assez rare aux environs de Paris.

2. D. Cylindricollis.

Pl. 7. fig. 5.

Ferruginea; elytrorum sutura abbreviata, lineola laterali, pectore abdomineque obscuro-cyaneis.

Dej. *Spec.* 2. *Suppl.* p. 441. n° 5.
Fabr. *Sys. El.* 1. p. 231. n° 2.
Sch. *Syn. Ins.* 1. p. 237. n° 2.
Iconographie. 1re *édit.* II. p. 119. n° 2. T. 10. fig. 2.
Carabus Distinctus. Rossi. *Mant.* 1. p. 83. n° 190. T. 1. fig. c.

Long. 4 lignes. Larg. 2 $\frac{1}{2}$ lignes.

De la taille et de la forme de l'*Emarginata.*

Tête et corselet d'un jaune ferrugineux, plus ponctués, mais moins profondément que dans l'espèce précédente.

Antennes d'un jaune fauve, avec l'extrémité du premier article et un anneau au second et au troisième, noirâtres.

Élytres d'un jaune ferrugineux, avec une large suture d'un bleu obscur, n'atteignant pas tout-à-fait l'extrémité, et une petite ligne de la même couleur près du bord extérieur, qui va depuis l'angle de la base jusqu'auprès du milieu.

Poitrine et abdomen d'un bleu-foncé obscur.

Pattes d'un jaune ferrugineux.

Elle habite l'Italie, la côte de Barbarie et le midi de la France, mais elle est très-rare partout.

V. GALERITA. *Fabricius.*

Carabus. *Olivier.*

Dernier article des palpes fortement sécuriforme dans les deux sexes. Antennes filiformes, presque aussi longues que le corps; le premier article presque aussi long que la tête. Les trois premiers articles des tarses antérieurs fortement dilatés en dedans dans les mâles. Mandibules courtes, peu avancées. Tête ovale, peu rétrécie postérieurement. Corselet presque en forme de cœur tronqué.

Fabricius, en établissant ce genre, y a fait entrer des insectes entièrement différens : son *Hirta* et, peut-être, l'*Attelaboides* sont des *Helluo*; l'*Olens* est un *Zuphium*; les *Depressa*, *Plana*, *Flesus* et *Bufo* sont des *Siagona*, et la *Fasciolata* est un *Polistichus*. La seule véritable *Galerita* décrite par Fabricius est donc l'*Americana*.

Les *Galerita* habitent les deux Amériques et la côte occidentale d'Afrique. B. D.

G. Geniculata. *Dejean.*

Pl. 7. fig. 6.

Nigra; thorace rufo; elytris nigro-subcyaneis, subsulcatis, interstitiis bilineatis; antennis pedibusque rufo-testaceis; geniculis obscuris.

Elle se trouve aux Antilles et, je crois, aussi à Cayenne. C. D.

VI. ZUPHIUM. *Latreille.*

GALERITA. *Fabr.*

Dernier article des palpes allongé, assez fortement sécuriforme dans les deux sexes. Antennes filiformes, presque sétacées; le premier article au moins aussi long que la tête, le second très-court. Articles des tarses presque cylindriques; ceux antérieurs très-légèrement dilatés dans les mâles, et ciliés également des deux côtés. Corps aplati. Tête presque triangulaire, très-rétrécie postérieurement et tenant au corselet par un col court et très-étroit. Corselet plane et cordiforme.

On ne connaît encore qu'une seule espèce de ce genre, et que Fabricius avait placée dans ses *Galerita.*

1. Z. OLENS.

Pl. 8. fig. 1.

Rufum; capite nigro; coleoptris fuscis, maculis tribus rufis.

DEJ. *Spec.* 1. p. 192. n° 1.
LATREILLE. *Genera Crust. et Insect.* 1. p. 198. n° 1.
FISCHER. *Entomographie de la Russie.* 1. p. 130. n° 1. T. 12. fig. 1.
Iconographie. 1re *édit.* II. p. 121. n° 1. T. 10. fig. 3.
DEJ. *Cat.* p. 2.
Galerita Olens. FABR. *Sys. El.* 1. p. 215. n° 4.
SCH. *Syn. Ins.* I. p. 229. n° 5.

TRONCATIPENNES.

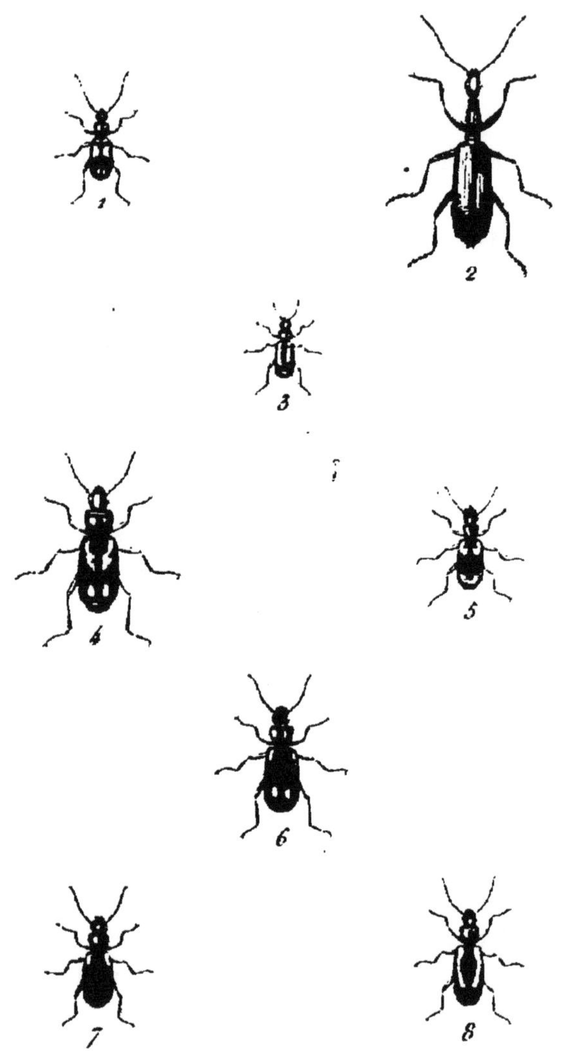

1. Zuphium Olens.
2. Agra Splendida.
3. Eüchevla Flavilabris.
4. Cymindis Cruciata.
5. Cymindis Discoidea.
6. ——— Lateralis.
7. ——— Humeralis.
8. ——— Dorsalis.

P. Duménil Pinxit et Direx.t

Carabus Olens. Oliv. iii. 35. p. 94. n° 129. t. 13. fig. 136.

Long. 4 lignes. Larg. 1 $\frac{1}{4}$ ligne.

Tête presque triangulaire, arrondie postérieurement, légèrement ponctuée, noire à sa partie antérieure, tenant au corselet par un col court, cylindrique, trois fois moins large que la tête.

Antennes ayant les trois quarts de la longueur de l'insecte, d'un rouge ferrugineux, avec une grande tache obscure sur le premier article.

Yeux noirs et saillans.

Corselet d'un rouge ferrugineux, en forme de cœur allongé et tronqué, un peu plus large que la tête à sa partie antérieure, aplati, très-finement ponctué, se rétrécissant vers sa base.

Élytres un peu plus larges que le corselet, allongées, presque parallèles, arrondies antérieurement, coupées presque carrément à l'extrémité, légèrement striées et finement ponctuées, d'une couleur obscure, ayant chacune une tache ferrugineuse, arrondie, peu distincte près de leur base, et une autre commune sur la suture près de l'extrémité.

Dessous du corps d'un rouge ferrugineux.

Pattes d'un rouge ferrugineux, avec les cuisses un peu renflées.

Cet insecte est fort rare; il se trouve sous les pierres et les écorces des arbres dans le midi de la France, l'Espagne, l'Italie, la Russie méridionale et aux Indes orientales.

VII. POLISTICHUS. *Bonelli.*

ZUPHIUM. *Latreille.* GALERITA. *Fabricius.*

Dernier article des palpes assez fortement sécuriforme dans les deux sexes. Antennes filiformes, presque moniliformes; le premier article plus court que la tête. Articles des tarses courts et presque bifides; ceux antérieurs très-légèrement dilatés dans les mâles, et ciliés également des deux côtés. Corps aplati. Tête presque triangulaire, rétrécie postérieurement. Corselet plane et cordiforme.

1. P. FASCIOLATUS.

Pl. 7. fig. 7.

Brunneus; elytrorum vitta abbreviata, pectore, abdomine pedibusque ferrugineis.

DEJ. *Spec.* 1. p. 194. n° 1.
Iconographie. 1re *édit.* II. p. 123. n° 1. T. 10. fig. 4.
DEJ. *Cat.* p. 2.
Zuphium Fasciolatum. LATREILLE. *Gen. Crust. et Ins.* I. p. 198. n° 2.
FISCHER. *Entomographie de la Russie.* I. p. 131. n° 2. T. 12. fig. 2.
Galerita Fasciolata. FABR. *Sys. El.* I. p. 216. n° 9.
SCH. *Syn. Ins.* I. p. 229. n° 9.
Lebia Fasciolata. DUFT. II. p. 238. n° 1.

Carabus Fasciolatus. Oliv. III. 35. p. 95. n° 130. T. 13. fig. 155. a. b.

Long. 3 $\frac{1}{4}$, 4 $\frac{1}{2}$ lignes. Larg. 1, 1 $\frac{1}{2}$ ligne.

Tête presque triangulaire, arrondie postérieurement, tenant au corselet par un col de la longueur de la moitié de la tête, qui n'en est pas séparé par un étranglement comme dans le genre *Zuphium*, profondément ponctuée, et d'un brun un peu ferrugineux, avec les palpes de la même couleur.

Antennes d'un rouge ferrugineux, un peu plus longues que la moitié de l'insecte.

Yeux bruns et peu saillans.

Corselet en forme de cœur, peu allongé, tronqué, un peu plus large que la tête à sa partie antérieure, se rétrécissant vers sa base, fortement ponctué et d'une couleur brune.

Élytres un peu plus larges que le corselet, allongées, parallèles, arrondies antérieurement et coupées presque carrément à l'extrémité, couvertes de poils courts, assez fortement striées, d'une couleur brune, ayant chacune une bande longitudinale ferrugineuse qui part de la base, et qui se prolonge plus ou moins un peu au-delà de leur moitié.

Dessous du corps d'un rouge ferrugineux.

Pattes de la même couleur.

On le trouve sous les pierres, dans les endroits humides, dans le midi de la France, en Espagne, en Italie, et dans les provinces méridionales de la Russie. Il a été pris assez souvent dans les environs de Paris.

2. P. Discoideus. Stéven.

Pl. 7. fig. 8.

Ferrugineus; capite, thorace, pectore, sutura abbreviata apicibusque elytrorum obscuris.

Dej. *Spec.* i. p. 196. n° 2.
Iconographie. 1re *édit.* ii. p. 125. n° 2. t. 10. fig. 5.
Carabus Fasciolatus. Rossi. *Fauna Etrusca.* i. p. 223. n° 553. t. 2. fig. 8.

Long. 3 $\frac{3}{4}$ lignes. Larg. 1 $\frac{1}{4}$ ligne.

De la taille et de la forme du précédent, avec lequel il paraît avoir été confondu par quelques entomologistes.

Tête et corselet d'un brun moins ferrugineux.

Élytres d'un rouge ferrugineux un peu plus vif que la bande longitudinale qui se trouve dans le *Fasciolatus*, ayant à leur base une tache obscure qui descend sur la suture jusqu'à leur moitié, terminées par une bordure de la même couleur, qui remonte en s'amincissant le long du bord extérieur jusqu'à la hauteur de l'endroit où finit la tache de la suture.

Dessous du corps d'un noir obscur, avec l'abdomen et les pattes d'un rouge ferrugineux assez vif.

Cet insecte a été trouvé par M. Stéven aux environs de Kislar, dans le gouvernement du Caucase sur les bords de la mer Caspienne; d'après Rossi, il se trouve aussi en Italie, puisque le *Carabus Fasciolatus* de sa *Fauna Etrusca* est évidemment le même que le *Discoideus*.

VIII. AGRA. *Fabricius.*

CARABUS. *Olivier.*

Crochets des tarses dentelés en dessous. Dernier article des palpes labiaux très-fortement sécuriforme. Les trois premiers articles des tarses plus ou moins larges, triangulaires ou cordiformes, le pénultième bilobé. Corps allongé et étroit. Tête ovale, très-rétrécie postérieurement, et tenant au corselet par un col court, dont elle est séparée par un étranglement très-marqué. Corselet allongé, plus ou moins cylindrique, et plus ou moins rétréci antérieurement.

Ce genre, formé par Fabricius, se distingue facilement de tous ceux de cette famille par une forme allongée qui lui donne quelque ressemblance avec certaines espèces de *Brentus*. Il diffère des précédens, ainsi que les neuf genres suivans, par les crochets des tarses, qui sont fortement dentelés en dessous et comme pectinés, caractère que Latreille a observé le premier.

M. Klug a donné une monographie de ce genre, dans laquelle il décrit vingt espèces. Dans l'état actuel de la science, il en existe au moins le même nombre dans les collections de Paris.

Les *Agra* habitent exclusivement l'Amérique équinoxiale, et c'est par erreur que M. Klug dit que l'*Agra attelaboides* de Fabricius se trouve aux Indes orientales. Ces insectes paraissent se trouver sur les feuilles des arbres; ils se tiennent de préférence dans celles qui sont roulées ou pliées par certaines chenilles ou araignées dont ils font sans doute leur nourriture. B. D.

A. Splendida. *Latreille.*

Pl 8. fig. 2.

Nigra; capite angusto-ovali, lævi; thorace lineato profunde punctato; elytris viridi-æneis, cupreo micantibus, striato-punctatis, apice truncatis, tridentatis.

Cette belle espèce provient de la collection de M. Latreille, où elle était notée comme venant du Pérou.

C. D.

IX. CYMINDIS. *Latreille.*

Tarus. *Clairville.* Anomœus. *Fischer.* Lebia. *Duftschmid.* Carabus. *Fabricius.*

Crochets des tarses dentelés en dessous. Dernier article des palpes labiaux plus ou moins sécuriforme, plus dilaté dans les mâles. Articles des tarses presque cylindriques; ceux antérieurs très-légèrement dilatés dans les mâles. Corps allongé et aplati. Tête ovale, peu rétrécie postérieurement. Corselet cordiforme.

Latreille avait d'abord placé les insectes qui forment ce genre parmi ses *Lebia;* il les en a ensuite séparés sous le nom de *Cymindis,* et presque dans le même temps Clairville leur avait donné le nom de *Tarus;* mais celui de Latreille a été généralement adopté. Plus tard Fischer, trompé par la dilatation du dernier article des palpes labiaux des mâles, avait établi un nouveau genre sous le nom d'*Anomœus*, auquel il donnait pour caractère le signe distinctif des mâles de ce genre.

Les *Cymindis* se trouvent sous les pierres, dans presque toute l'Europe, particulièrement dans les parties méridionales et dans les montagnes. On en trouve aussi plusieurs espèces en Sibérie, dans le nord de l'Afrique et dans l'Amérique septentrionale.

1. C. Cruciata.

Pl. 8. fig. 4.

Ferruginea, punctata; thorace cordato; elytris testaceis, striatis, interstitiis punctatis, sutura fasciaque media abbreviata nigris; pedibus testaceis.

Dej. *Spec.* 1. p. 203. n° 1.

Iconographie. 1re *édit.* II. p. 133. n° 1. T. 10. fig. 7.

Anomœus Cruciatus. Fischer. *Entomographie de la Russie.* 1. p. 128. n° 2. T. 12. fig. 2.

Carabus Pictus. Pallas. *Voyages.* 1. p. 724.

Long. 5 ½, 6 ½ lignes. Larg. 2, 2 ½ lignes.

De la même forme, mais beaucoup plus grande que la *Lineata*.

Tête d'un rouge ferrugineux, légèrement ponctuée.

Palpes et antennes d'une couleur presque testacée.

Corselet d'un rouge ferrugineux, avec quelques rides transversales peu marquées.

Élytres d'un jaune testacé, striées, légèrement ponctuées dans les intervalles, avec la suture noire, assez large, un peu dilatée à sa base, n'atteignant pas tout-à-fait l'extrémité, et une large bande transverse formant une croix un peu au-delà du milieu.

Cette belle espèce habite la Russie méridionale, principalement les environs d'Astracan et de Sarepta.

2. C. Discoidea. *Dejean.*

Pl. 8. fig. 5.

Ferruginea; elytris testaceis, striatis, striis subpunctatis, interstitiis obsolete punctatis, maculis duabus communis nigris, altera ad basin, altera media majori, sutura conjunctis; pedibus testaceis.

Iconographie. 1re *édit.* II. p. 134. n° 2. T. 5. fig. 8.

Long. 4 ½ lignes. Larg. 1 ¾ ligne.

De la forme et de la taille de la *Lineata.*

Tête et corselet légèrement ponctués.

Élytres testacées, avec des stries légèrement ponctuées, ayant à la base une grande tache d'un noir obscur presque triangulaire, et une autre sur le milieu, beaucoup plus grande, irrégulière, qui se prolonge un peu postérieurement, et qui se joint à celle de la base sur la suture.

Dessous du corps d'une couleur ferrugineuse, un peu plus obscure sur l'abdomen.

Pattes testacées.

Décrite d'après un individu unique provenant de la collection de M. Latreille, où il était noté comme venant de Catalogne.

3. C. Lateralis.

Pl. 8. fig. 6.

Rufa, punctata, subpubescens; elytris fuscis, confertissime punctatissimis, margine exteriori, macula humerali cum margine cohærente punctoque apicis ferrugineis.

Dej. *Spec.* 1. p. 204. n° 2.

Fisch. *Entomographie de la Russie.* 1. p. 120. n° 1. T. 12. fig. 1.

Iconographie. 1re *édit.* III. p. 135. n° 3. T. 2. fig. 1.

Long. 5, 5 ½ lignes. Larg. 1 ¾, 2 lignes.

A peu près de la forme de la *Cruciata*, mais un peu plus petite.

Tête et antennes d'un rouge ferrugineux.

Corselet d'un rouge ferrugineux, un peu plus large et moins rétréci postérieurement, plus convexe et plus ponctué que dans la *Cruciata*.

Élytres pubescentes, d'un brun noirâtre, couvertes de petits points très-rapprochés, ayant leur bord extérieur d'une couleur ferrugineuse, claire depuis la base jusqu'à la suture, et en outre une tache assez grande à l'angle de la base, qui se confond avec le bord extérieur, et un point de la même couleur vers l'extrémité, près de la suture.

Dessous du corps et pattes d'un rouge ferrugineux.

Elle se trouve dans la Russie méridionale, dans le gouvernement de Saratof, près de Sarepta.

4. C. Humeralis.

Pl. 8. fig. 7.

Nigra, punctata; elytris margine laterali maculaque humerali cum margine cohærente, ore, antennis pedibusque ferrugineis.

Dej. *Spec.* I. p. 204. n° 3.
Iconographie. 1re *édit.* III. p. 136. n° 4. T. 11. fig. 2.
Gyl. II. p. 172. n° 1.
Dej. *Cat.* p. 3.
Lebia Humeralis. Duft. II. p. 240. n° 3.
Carabus Humeralis. Fabr. *Sys. el.* I. p. 181. n° 63.
Oliv. III. 35. p. 95. n° 131. T. 13. fig. 154.
Carabus Humerosus. Sch. *Syn. Ins.* I. p. 184. n° 84.

Long. 3 $\frac{3}{4}$, 5 lignes. Larg. 1 $\frac{1}{2}$, 2 lignes.

Tête noirâtre, assez grande, oblongue et assez fortement ponctuée, avec la bouche et les palpes ferrugineux.

Corselet noirâtre, en cœur, plus large que la tête à sa partie antérieure, et rétrécie postérieurement, avec les bords latéraux déprimés, un peu relevés, et la base un peu arrondie.

Élytres oblongues, un peu ovales, planes, arrondies antérieurement, tronquées presque carrément à l'extrémité, striées, noirâtres, avec le bord extérieur d'une couleur ferrugineuse depuis la base jusque près de l'extrémité, et une tache de la même couleur, un peu oblongue, à l'angle de la base, qui se confond avec le bord extérieur.

Dessous du corps d'une couleur plus claire que le dessus.

Pattes d'une couleur ferrugineuse.

Elle se trouve sous les pierres, en Allemagne, en Suède, dans le nord et les parties montagneuses de la France; elle n'est pas rare dans les Pyrénées orientales. Elle habite aussi les provinces méridionales de la Russie.

5. C. Dorsalis.

Pl. 8. fig. 8.

Punctata; capite, antennis thoraceque rufis; elytris fuscis, leviter striatis; striis obsolete punctatis; interstitiis subtilissime punctatis; margine exteriori, vitta lata pedibusque ferrugineo-pallidis.

Dej. *Spec.* 1. p. 206. n° 5.

Anomœus Dorsalis. Fischer. *Entomographie de la Russie.* 1. p. 127. n° 1. T. 12. fig. 1.

Long. 5 lignes. Larg. 1 ¾ ligne.

Très-voisine de la *Lineata*, dont elle n'est peut-être qu'une variété un peu plus grande.

Tête et corselet d'une couleur rousse, celui-ci moins fortement ponctué que dans la *Lineata*.

Bande longitudinale des élytres un peu plus large, la partie brune qui se trouve entre cette bande et le bord extérieur ne remontant pas autant vers la base.

Stries des élytres moins profondes, plus légèrement ponctuées que dans la *Lineata*.

Dessous du corps et pattes comme dans l'espèce suivante.

Suivant Fischer, elle se trouve dans les steppes des Kirguises, au midi d'Orembourg, dans la Russie orientale.

6. C. Lineata.

Pl. 9. fig. 1.

Fusca, punctata; thorace, ore antennisque rufis; elytris profunde striatis; striis interstitiisque punctatis; margine exteriori, vitta pedibusque ferrugineo-pallidis.

Dej. *Spec.* I. p. 207. n° 6.

Iconographie. 1re *édit.* III. p. 13. n° 5. T. 2. fig. 3.

Dej. *Cat.* p. 3.

Carabus Lineatus. Sch. *Syn. Ins.* I. p. 179. n° 61. T. 3. fig. 5.

Lebia Lineola. Dufour. *Annales gén. des Sciences physiques.* VI. 18e cahier. p. 322. n° 11.

Long. 3 $\frac{1}{2}$, 4 $\frac{1}{2}$ lignes. Larg. 1 $\frac{1}{4}$, 1 $\frac{3}{4}$ ligne.

De la taille de l'*Humeralis*.

Tête un peu plus ponctuée et d'un brun plus ou moins ferrugineux.

Corselet d'un rouge ferrugineux, un peu plus court, plus fortement ponctué et plus rugueux surtout sur les côtés.

Élytres un peu plus planes, avec les stries et les intervalles plus ponctués, d'un brun noirâtre, avec tout le bord extérieur, depuis la base jusqu'à la suture, d'un jaune-ferrugineux un peu pâle, et la tache humérale se prolongeant en forme de bande longitudinale un peu arquée jusqu'à l'extrémité.

Dessous du corps et pattes d'un brun ferrugineux.

Elle se trouve assez communément sous les pierres, dans le midi de la France, en Espagne, en Italie, dans la Russie méridionale et sur la côte de Barbarie.

On rencontre quelquefois des individus chez lesquels la bande longitudinale est très-peu distincte; il est alors assez difficile de les distinguer de la variété *Meridionalis* de l'*Homagrica*.

7. C. Homagrica.

Pl. 9. fig. 2.

Nigra, punctata; thorace, ore antennisque rufis; elytris margine exteriori lineolaque humerali pedibusque ferrugineo-pallidis.

Dej. *Spec.* I. p. 208. n° 7.
Dej. *Cat.* p. 3.
Iconographie. 1re *édit.* III. p. 139. n° 6. T. II. fig. 4.

Lebia Homagrica. Duft. ii. p. 240. n° 4.

Long. 5 ½, 4 ¼ lignes. Larg. 1 ½, 1 ¼ ligne.

Var. A. *C. Meridionalis*. Dej. *Cat*. p. 5.

Long. 4, 4 ½ lignes. Larg. 1 ¾, 2 lignes.

Var. B. *C. Lunaris*. Dej. *Cat*. p. 5.

Lebia Lunaris. Duft. ii. p. 241. n° 5.

Long. 3 lignes. Larg. 1 ¼ ligne.

Ordinairement un peu plus petite que la *Lineata*, à laquelle elle ressemble beaucoup.

Corselet un peu plus élargi et un peu plus rouge.

Tête et élytres d'une couleur un peu plus foncée, celles-ci ayant la bande longitudinale remplacée par une tache humérale un peu allongée, se détachant de suite du bord extérieur, tandis que dans l'*Humeralis* elle paraît presque confondue avec lui.

Cette espèce est la plus commune de toutes; on la trouve dans une grande partie de la France, mais particulièrement dans les départemens de l'ouest et du midi, en Allemagne, en Autriche et en Russie.

Elle offre deux variétés dont on avait fait des espèces particulières. Voici ce qu'en dit M. Dejean dans son *Species*:

« La variété A, que j'avais long-temps considérée comme une espèce particulière, mais qui ne me paraît pas assez caractérisée pour pouvoir en être séparée, est un peu plus grande et d'une couleur un peu moins foncée; son corselet est un peu moins rouge, et les stries des élytres sont un peu plus fortement ponctuées. Elle paraît former le passage entre cette espèce et la *Lineata* : plusieurs entomologistes l'ont même considérée comme l'un des sexes de cette dernière; mais j'ai en ma possession des mâles et des femelles de chaque espèce et de cette variété.

» Elle se trouve dans le midi de la France, en Espagne, en Italie, en Illyrie, et jusque dans la Russie méridionale.

» La variété B, *Lebia Lunaris* de Duftschmid, dont je possède un des trois individus trouvés par M. Dahl dans les montagnes de la Carinthie, ne me paraît non plus qu'une variété de cette espèce. Je n'ai pu y apercevoir aucune différence sensible; elle est seulement plus petite, ce qui est un effet naturel du climat, et les pattes sont un peu plus pâles. »

8. C. Cingulata. *Ziegler.*

Pl. 9. fig. 3.

Nigra, punctata; elytris basi profunde punctatis, margine exteriori maculaque humerali cum margine cohærente, ore, antennis pedibusque ferrugineis.

Dej. *Spec.* I. p. 209. n° 8.
Dej. *Cat.* p. 3.
Iconographie. 1re *édit.* III. p. 140. n° 7. T. 2. fig. 5.

Long. 3 $\frac{3}{4}$ lignes. Larg. 1 $\frac{1}{2}$ ligne.

De la taille de l'*Humeralis*, à laquelle elle ressemble beaucoup.

Tête un peu moins ponctuée, et dont les points sont plus fortement marqués.

Corselet noirâtre, un peu plus court, plus large antérieurement, plus rétréci postérieurement, plus convexe, moins ponctué et moins ridé sur les côtés que dans l'*Humeralis*.

Élytres plus ovales, moins allongées, moins planes, avec les intervalles assez fortement ponctués à la base et presque pas vers l'extrémité, dont le bord extérieur ferrugineux, se prolonge jusqu'à la suture, et dont la tache humérale est plus large et moins séparée du bord extérieur que dans l'*Humeralis*.

Décrite sur un individu unique trouvé par M. Dejean près de Sulzbach, dans les Alpes de Styrie.

9. C. COADUNATA.

Pl. 9. fig. 4.

Nigra, punctata; thorace rufo; elytris basi profunde punctatis, margine laterali maculaque humerali cum margine cohærente, ore antennisque ferrugineis; pedibus pallidioribus.

DEJ. *Spec.* I. p. 210. n° 9.
Iconographie. 1re *édit.* III. p. 141. n° 8. T. 2. fig. 6.

Long. 3 ½, 4 lignes. Larg. 1 ¼, 1 ½ ligne.

De la taille de l'*Homagrica*, à laquelle elle ressemble beaucoup.

Corselet d'un rouge ferrugineux, un peu plus large, plus convexe et un peu plus ponctué antérieurement.

Élytres un peu moins planes, avec les intervalles assez fortement ponctués à la base, et très-légèrement vers l'extrémité, et dont le bord extérieur, d'une couleur un peu plus foncée, ne va pas tout-à-fait jusqu'à l'extrémité, et dont la tache humérale n'est pas séparée du bord extérieur et se confond avec lui.

Dessous du corps et pattes comme dans l'*Homagrica*.

Elle se trouve dans les montagnes du Languedoc, de la Provence, aux environs de Lyon et dans les Pyrénées.

On distingue au premier coup d'œil cette espèce de la *Cingulata*, par son corselet rouge.

10. C. Melanocephala.

Pl. 9. fig. 5.

Nigra, subpubescens, confertissime punctata; thorace rufo; elytris margine laterali maculaque humerali cum margine cohærente, sæpe obsoleta, ore antennisque ferrugineis; pedibus pallidioribus.

Dej. *Spec.* I. p. 210. n° 10.
Iconographie. 1re *édit.* III. p. 142. n° 9. T. 2. fig. 7.

Long. 3 ½, 4 lignes. Larg. 1 ¼, 1 ½ ligne.

De la taille de l'*Homagrica*, à laquelle elle ressemble beaucoup, mais dont elle est bien distincte par la ponctuation, beaucoup plus nombreuse et plus serrée, qui couvre entièrement la tête, le corselet et les élytres.

Corselet un peu plus en cœur et plus rétréci postérieurement.

Bord extérieur des élytres n'atteignant pas tout-à-fait l'extrémité, d'une couleur plus foncée, ainsi que la tache humérale, qui y est réunie comme dans la *Cingulata*; l'un et l'autre quelquefois peu distincts et presque entièrement effacés.

Pattes d'une couleur ferrugineuse plus pâle.

Cette espèce est commune dans les Pyrénées orientales, principalement dans les environs de Pratz-de-Mollo.

11. C. Axillaris.

Pl. 9. fig. 6.

Fusca, subpubescens, confertissime punctata; thorace rufo; elytris margine laterali lineolaque humerali, ore antennisque ferrugineis; pedibus pallidioribus.

Dej. *Spec.* I. p. 211. n° 11.
Iconographie. 1re *édit.* III. p. 143. n° 10. T. 2. fig. 8.
Dej. *Cat.* p. 3.
Lebia Axillaris. Duft. II. p. 239. n° 2.
Carabus Axillaris. Fab. *Syst. El.* p. 182. n° 66.
Sch. *Syn. Ins.* I. p. 185. n° 86.

Long. 4, 4 ½ lignes. Larg. 1 ½, 1 ¾ ligne.

Un peu plus grande que la *Lineata*, à laquelle elle ressemble beaucoup pour la forme; mais elle est légèrement pubescente, et tout le dessus du corps est couvert de petits points enfoncés, encore plus serrés que dans la *Melanocephala*, surtout sur la tête et sur le corselet.

Corselet plus court et plus arrondi.

Bord extérieur des élytres n'atteignant pas tout-à-fait l'extrémité, d'une couleur ferrugineuse un peu plus foncée, ainsi que la tache humérale, qui est séparée.

Pattes d'une couleur ferrugineuse plus pâle.

Elle se trouve en Autriche, en Espagne, dans le midi de la France et dans les Pyrénées orientales, particulièrement aux environs de Pratz-de-Mollo, où l'on rencontre quelquefois une variété qui est entièrement d'un brun obscur.

12. C. Angularis.

Pl. 9. fig. 7.

Fusca, subpubescens, confertissime punctatissima; thorace rufo; elytris margine laterali maculaque humerali cum margine cohærente, ore antennisque ferrugineis; pedibus pallidioribus.

Dej. *Spec.* I. p. 212. n° 12.
Iconographie. 1re *édit.* III. p. 145. n° 11. T. 12.
Gyllenhal. II, p. 173. n° 2.
Dej. *Cat.* p. 3.

Long. 3, 3 ½ lignes. Larg. 1 ¼, 1 ½ ligne.

Un peu plus petite et proportionnellement plus courte et plus large que l'*Homagrica*.

Dessus du corps légèrement pubescent et entièrement couvert de points comme dans l'*Axillaris*, mais plus gros et plus marqués sur la tête et le corselet, plus serrés et plus nombreux sur les élytres.

Bord extérieur n'atteignant pas l'extrémité, d'une couleur ferrugineuse assez foncée, ainsi que la tache humérale qui y est réunie.

Pattes d'une couleur ferrugineuse plus pâle que dans l'*Humeralis*.

Elle habite la Suède, la Finlande et le nord de la Russie.

13. C. Macularis. *Mannerheim.*

Pl. 9. fig. 8.

Fusca, subpubescens, confertissime punctatissima; elytris margine laterali, macula humerali cum margine cohærente, punctoque apicis sæpe obsoleto, ore antennisque ferrugineis; pedibus pallidioribus.

Dej. *Spec.* I. p. 212. n° 13.
Iconographie. 1re *édit.* III. p. 145. n° 12.

Long. 3 ½, 4 lignes. Larg. 1 ½, 1 ¾ ligne.

Très-voisine de la précédente, mais ordinairement un peu plus grande, proportionnellement un peu plus large et d'une couleur plus claire.

Tête et corselet ponctués de la même manière; celui-ci plus large, plus court, plus convexe, plus arrondi et d'une couleur ferrugineuse plus obscure et presque brune.

Élytres plus larges, ponctuées de la même manière, ayant la tache humérale un peu plus grande, et, à l'extrémité près de la suture, une petite tache de la même couleur, peu distincte, et qui disparaît souvent entièrement.

Dessous du corps et pattes comme dans l'*Axillaris*.

Elle se trouve en Suède, en Finlande, dans le nord de la Russie et en Sibérie; on l'a quelquefois trouvée aux environs de Berlin. B. D.

CYMINDIS.

1. C. Rufipes.
2. C. Binotata.
3. C. Punctata.
4. C. Immaculata.
5. C. Pilosa.
6. C. Miliaris.
7. C. Onychina.
8. C. Faminii.

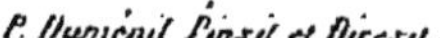
P. Duménil Pinxit et Direxit.

14. C. Rufipes. *Gebler.*

Pl. 10. fig. 1.

Nigro-picea, subpubescens, punctata; elytris subtilissime striatis, striis obsolete punctatis, interstitiis punctatis; ore, antennis pedibusque rufis.

Long. 5 $\frac{1}{4}$ lignes. Larg. 2 $\frac{1}{3}$ lignes.

Plus grande que l'*Humeralis*, légèrement pubescente et entièrement d'un brun noirâtre en dessus.

Tête plus fortement ponctuée.

Corselet plus allongé et couvert de points enfoncés assez éloignés les uns des autres.

Élytres finement striées, stries très-légèrement ponctuées, intervalles planes et couverts de petits points enfoncés peu rapprochés les uns des autres.

Antennes et pattes d'un rouge ferrugineux.

Elle se trouve en Sibérie, et elle m'a été envoyée par M. Gebler. C. D.

15. C. Binotata.

Pl. 10. fig. 2.

Rufa, punctata, subpubescens; elytris fuscis, confertissime punctatissimis, margine exteriori, macula humerali, punctoque apicis sæpe obsoleto, ore antennisque ferrugineis; pedibus pallidioribus.

Dej. *Spec.* 1. p. 213. n° 14.

Fischer. *Entomographie de la Russie.* 1. p. 121. n° 2. T. 12. fig. 2.

Long. 4, 4 ½ lignes. Larg. 1 ½, 1 ¾ ligne.

Plus large et plus aplatie que les autres espèces du même genre.

Tête d'un rouge ferrugineux, marquée de points enfoncés, assez gros et peu serrés.

Antennes d'une couleur un peu plus claire.

Corselet d'un rouge ferrugineux, plus large et plus arrondi que dans les espèces précédentes, avec une ligne longitudinale au milieu, et des points enfoncés assez gros et peu serrés.

Élytres d'un brun obscur, plus claires et presque ferrugineuses vers la base, légèrement pubescentes, striées, avec les intervalles finement ponctués, ayant le bord extérieur d'un jaune ferrugineux depuis la base jusqu'à la suture, et en outre une tache humérale un peu allongée qui se détache du bord extérieur, et un point allongé de la même couleur près de l'extrémité de la suture, peu distinct, quelquefois même entièrement effacé.

Dessous du corps d'un brun ferrugineux.

Pattes presque testacées.

Elle se trouve en Sibérie. Fischer dit qu'elle se trouve aussi dans la Russie méridionale.

16. C. PUNCTATA. *Bonnelli.*

Pl. 10. fig. 3.

Fusca, subpubescens, confertissime profunde punctata; elytrorum basi, ore antennisque ferrugineis; pedibus pallidioribus.

DEJ. *Spec.* I. p. 214. n° 15.

Iconographie. 1re *édit.* III. p. 146. n° 13. T. 12. fig. 2.

DEJ. *Cat.* p. 3.

C. Basalis. GYLLENHAL. II. p. 174. n° 3.

C. Scapularis. ANDERSCH. DAHL. *Coleoptera und Lepidoptera.* p. 2.

Carabus Humeralis. SCH. *Syn. Ins.* I. p. 185. n° 85.

Long. 3 $\frac{2}{3}$, 4 $\frac{1}{4}$ lignes. Larg. 1 $\frac{1}{4}$, 1 $\frac{1}{2}$ ligne.

Tête et corselet d'un brun obscur, couverts de points enfoncés beaucoup plus gros et plus marqués que dans l'*Axillaris*, avec la bouche, les palpes et les antennes d'une couleur ferrugineuse.

Élytres d'un brun obscur, striées, avec une ponctuation très-serrée dans les stries et sur les intervalles, ayant la base d'une couleur ferrugineuse, qui se confond insensiblement avec la couleur du reste des élytres.

Elle se trouve en Suède dans les plaines, et dans le reste de l'Europe sur les hautes montagnes. M. Dejean l'a trouvée dans les Alpes de la Haute Styrie, et dans les Pyrénées orientales, au Canigou et près des étangs de Carlitte. Il l'a reçue aussi de M. Bonelli, qui l'a trouvée dans les Alpes du Piémont. Cette espèce se trouve toujours beaucoup plus haut que les *Humeralis*, *Melanocephala* et *Axillaris*; l'*Homagrica* et la *Coadunata* se trouvent au contraire beaucoup plus bas. B. D.

17. C. IMMACULATA. *Eschscholtz.*

Pl. 10. fig. 4.

Fusca, subpubescens, capite thoraceque confertissime pro-

funde punctatis; elytris striato-punctatis, interstitiis punctulatis; ore antennisque ferrugineis; pedibus pallidioribus.

Long. 3 $\frac{3}{4}$ lignes. Larg. 1 $\frac{1}{3}$ ligne.

De la forme et de la grandeur de la *Punctata*, à laquelle elle ressemble beaucoup.

Tête et corselet comme la *Punctata*.

Élytres entièrement d'un brun obscur; stries très-distinctement ponctuées; intervalles couverts de points enfoncés, peu marqués, et assez éloignés les uns des autres.

Antennes et pattes comme dans la *Punctata*.

Elle m'a été envoyée par M. Eschscholtz, comme venant du Kamtschatka.

18. C. Pilosa. *Gebler.*

Pl. 10. fig. 5.

Fusca, pubescens, profunde punctata; elytris antice rufo-violaceis, postice cyaneis; ore, antennis, tibiis tarsisque ferrugineis.

Long. 4 $\frac{1}{2}$ lignes. Larg. 1 $\frac{2}{3}$ ligne.

Un peu plus grande que la *Punctata*, et couverte de poils plus longs.

Tête et corselet plus fortement ponctués.

Corselet plus court, plus large antérieurement, plus convexe; angles postérieurs arrondis.

Élytres d'un rouge ferrugineux, un peu violet à la base, et d'un bleu violet vers l'extrémité; stries assez marquées et légèrement ponctuées; intervalles couverts de points assez marqués, et peu rapprochés les uns des autres.

Cuisses noirâtres.

Antennes, jambes et tarses d'un rouge ferrugineux un peu brunâtre.

Elle se trouve en Sibérie, et elle m'a été envoyée par M. Gebler. C. D.

19. C. Miliaris.

Pl. 10. fig. 6.

Fusca, subpubescens, profunde punctata; elytris cyaneis confertissime punctatissimis; antennis pedibusque ferrugineis.

Dej. *Spec.* i. p. 216. n° 17.
Iconographie. 1re *édit.* iii. p. 147. n° 14. t. 12. fig. 3.
Dej. *Cat.* p. 3.
Lebia Miliaris. Duft. ii. p. 242. n° 6.
Carabus Miliaris. Fabr. *Sys. El.* i. p. 182. n° 65.
Sch. *Syn. Ins.* i. p. 185. n° 87.

Long. 4 $\frac{1}{4}$, 4 $\frac{3}{4}$ lignes. Larg. 1 $\frac{1}{2}$, 1 $\frac{3}{4}$ ligne.

Tête d'un brun obscur, fortement ponctuée, avec la bouche, les palpes et les antennes d'un rouge ferrugineux.

Corselet d'un brun obscur, très-légèrement en cœur, presque arrondi, un peu convexe, entièrement couvert de points enfoncés.

Élytres d'une couleur bleue un peu violette et quelquefois un peu verdâtre, avec les stries légèrement ponctuées, et les intervalles couverts de petits points enfoncés très-serrés, mais peu marqués.

Dessous du corps d'un brun obscur.

Pattes d'un rouge ferrugineux.

Elle est assez commune en Autriche. Elle a été trouvée en France par M. de la Frenaye, dans le département de l'Eure. M. Dejean en a pris deux individus en Espagne, entre Burgos et Valladolid, et il l'a reçue aussi de la Russie méridionale; elle est maintenant assez commune à Fontainebleau.

20. Onychina. *Hoffmansegg.*

Pl. 10. fig. 7.

Fusca, subpubescens, profunde punctata; thorace postice attenuato; elytris brunneis, striato-punctatis, punctis profunde excavatis, interstitiis punctatis; ore, antennis pedibusque ferrugineis.

Dej. *Spec.* I. p. 217. n° 18.
Iconographie. 1re *édit.* III. p. 148. n° 15. T. 12. fig. 4.
Dej. *Cat.* p. 3.

Long. 3 $\frac{1}{4}$ lignes. Larg. 1 $\frac{1}{4}$ ligne.

Un peu plus petite que l'*Homagrica*, légèrement pubescente, et d'une couleur brune en dessus, un peu plus claire sur les élytres.

Tête profondément ponctuée, avec la bouche, les palpes et les antennes d'une couleur ferrugineuse obscure.

Corselet presque triangulaire, très-fortement en cœur, très-étroit postérieurement, légèrement convexe et profondément ponctué, avec les bords latéraux un peu relevés en carène.

Élytres planes, ovales, tronquées et presque échancrées à l'extrémité, avec des points assez gros dans les stries et très-fins sur les intervalles.

Dessous du corps d'un brun obscur.

Pattes d'un rouge ferrugineux.

Elle a été rapportée du Portugal par M. le comte de Hoffmansegg. M. Dejean l'a aussi trouvée dans ce pays, et en Espagne près de Ciudad-Rodrigo, dans les endroits secs et arides sous les pierres.

21. C. Faminii.

Pl. 10. fig. 8.

Obscuro-ferruginea; capite striolato; thorace plano, subtilissime granulato, linea longitudinali impressa; elytris obscurioribus, subsulcatis, subtilissime granulatis; antennis pedibusque rufis.

Dej. *Spec.* II. *Suppl.* p. 447. n° 23.

Long. 3 ½ lignes. Larg. 1 ¼ ligne.

Un peu plus aplatie que les autres espèces de ce genre.

Tête d'un brun obscur, un peu rougeâtre, assez plane et entièrement couverte de petites stries longitudinales un peu ondulées qui se confondent ensemble; la bouche, les palpes et les antennes d'un rouge ferrugineux.

Corselet d'un brun obscur, en forme de cœur trèsplane, paraissant légèrement granulé avec une forte loupe.

Élytres un peu plus obscures que la tête et le corselet, assez planes, assez allongées, tronquées et presque échancrées à l'extrémité, paraissant un peu chagrinées à l'aide de la loupe, ayant chacune sept stries peu marquées, et entre ces stries une ligne longitudinale élevée.

Dessous du corps d'un brun un peu rougeâtre, surtout sur l'abdomen.

Pattes d'un rouge ferrugineux.

Cette espèce est rare dans les collections; elle se trouve en Sicile et aux environs de Montpellier.

X. CALLEIDA. *Dejean.*

DROMIUS. *Dejean, Catalogue.* CARABUS. *Fabricius.*

Crochets des tarses dentelés en dessous. Dernier article des palpes labiaux fortement sécuriforme. Antennes beaucoup plus courtes que le corps. Les trois premiers articles des tarses presque triangulaires, le pénultième fortement bilobé. Corps allongé. Tête ovale, peu rétrécie postérieurement. Corselet presque cordiforme.

Les *Calleida* sont de jolis insectes à couleurs brillantes et métalliques, qui avaient été confondus jusqu'à présent avec les *Cymindis*, les *Dromius* et les *Lebia*; mais ils se distinguent facilement des premiers par leurs tarses, dont le pénultième article est fortement bilobé, et des deux derniers par leurs palpes labiaux, dont le dernier article est fortement sécuriforme.

TRONCATIPENNES.

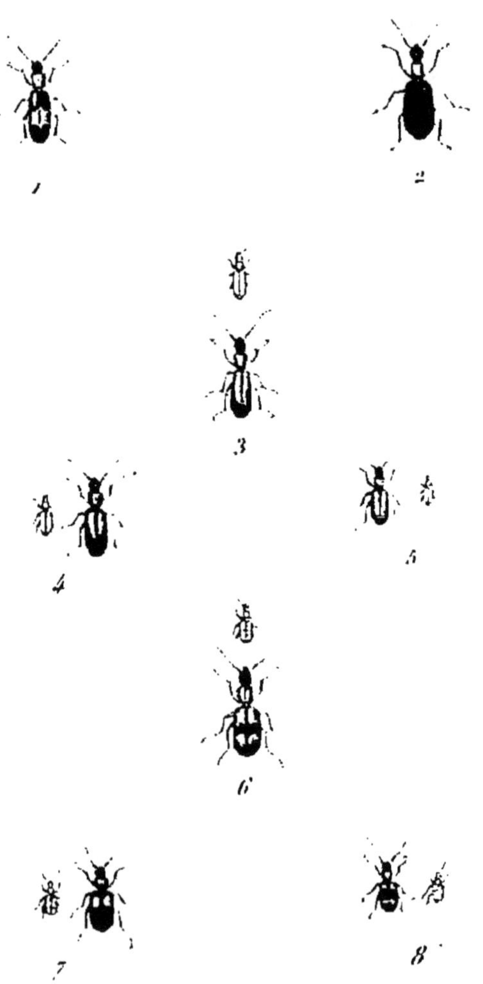

1. Calleida Fasciata.
2. Ctenodactyla Chevrolatii.
3. Dromius Longiceps.
4. ——— Linearis.
5. Dromius Melanocephalus.
6. ——— Sigma.
7. ——— Quadrisignatus.
8. ——— Bifasciatus.

P. Duménil Pinxit et Direxit

Les *Calleida* habitent les deux Amériques, le Sénégal, le cap de Bonne-Espérance et la Nouvelle-Hollande.

B. D.

C. Fasciata. *Dejean.*

Pl. 11. fig. 1.

Rufa; elytris viridibus, fascia media rufa; capite geniculisque nigricantibus.

Elle se trouve au Sénégal, d'où elle a été rapportée par M. Dumolin.

C. D.

XI. CTENODACTYLA. *Dejean.*

Crochets des tarses dentelés en dessous. Dernier article des palpes de forme ovalaire, et terminé presque en pointe. Antennes beaucoup plus courtes que le corps. Les trois premiers articles des tarses larges, triangulaires ou cordiformes; le pénultième très-fortement bilobé. Tête arrondie, rétrécie postérieurement. Corselet presque plane, plus long que large. Élytres allongées, presque arrondies à l'extrémité.

Ce genre a beaucoup de rapports avec l'*Odacantha Dorsalis*, mais il en diffère essentiellement par les crochets des tarses, qui sont dentelés. On ne connaît encore qu'une seule espèce de ce genre.

C. CHEVROLATII.

Pl. 11. fig. 2.

Supra nigro-cyanea, subtus brunnea; thorace rufo; antennis pedibusque testaceis.

DEJ. *Spec.* 1. p. 227. n° 1.

Ce bel insecte vient de Cayenne, mais il est fort rare jusqu'à présent dans les collections.

XII. DEMETRIAS. *Bonelli.*

DROMIUS. *Dejean, Catalogue.* LEBIA. *Dufstchmid.* CARABUS. *Fabricius.*

Crochets des tarses dentelés en dessous. Dernier article des palpes cylindrique. Les trois premiers articles des tarses presque triangulaires; le pénultième fortement bilobé. Corps allongé. Tête ovale, peu rétrécie postérieurement. Corselet presque cordiforme.

Ce genre, établi par Bonelli, a beaucoup de rapports avec les *Dromius;* il en diffère uniquement par la forme des articles des tarses, dont les trois premiers sont presque triangulaires, et dont le pénultième est très-fortement bilobé.

Les *Demetrias* sont de petits insectes allongés, d'une couleur jaunâtre, et que l'on trouve assez communément

TRONCATIPENNES.

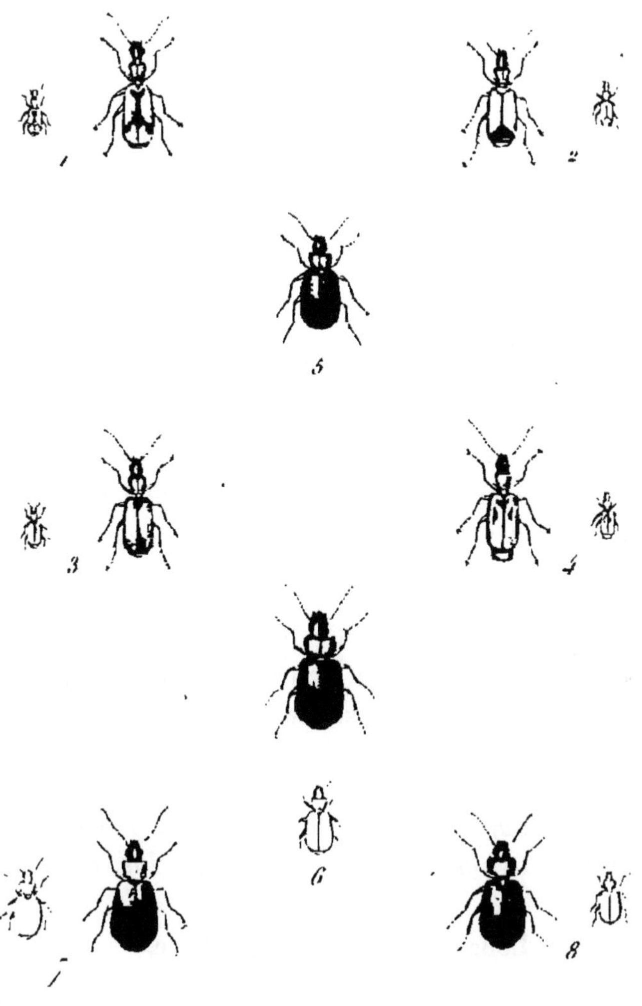

1. Demetrias Imperialis
2. ——— Unipunctatus.
3. ——— Atricapillus.
4. ——— Elongatulus.
5. Lebia Fulvicollis.
6. ——— Cyanocephala
7. ——— Chlorocephala.
8. ——— Rufipes.

P. Romand Pinxit et Direxit

au printemps sur les haies et les broussailles, ou que l'on prend au vol à l'approche de la nuit. Toutes les espèces connues jusqu'à présent sont européennes. Linné, Olivier, Illiger, Schœnherr, Gyllenhal, et beaucoup d'autres entomologistes, les avaient confondues ensemble, comme des variétés du *Carabus Atricapillus;* elles présentent cependant toutes des différences de forme assez faciles à saisir.

1. D. IMPERIALIS. *Megerle.*

Pl. 14. fig. 1.

Pallidus; capite pectoreque nigro-piceis; thorace rufo, postice angustato; elytris obsolete striato-punctatis, punctis quatuor impressis; sutura medio dilatata, macula marginali posteriore ramoque arcuato obliquo alterum alteri sæpius connectente, nigro-piceis.

DEJ. *Spec.* I. p. 229. n° 1.

Iconographie. 1re *édit.* III. p. 170. n° 1. T. 14. fig. 1.

Dromius Imperialis, GERMAR. *Coleopt. Species novæ.* p. 1. n° 1.

DEJ. *Cat.* p. 2.

Lebia Atricapilla. var. c. GYLLENHAL. II. p. 188. n° 9.

Carabus Atricapillus. var. e. SCH. *Syn. Ins.* I. p. 218. n° 277.

Long. 2 ¼ lignes. Larg. ¾ ligne.

Tête grande, aplatie, avancée en pointe, rétrécie et arrondie postérieurement, ordinairement d'un noir obscur quelquefois brunâtre.

Antennes un peu plus pâles et plus longues que la moitié du corps.

Corselet d'un jaune ferrugineux, allongé, un peu plus étroit que la tête antérieurement, rétréci postérieurement et presque cordiforme.

Élytres allongées, un peu plus larges que la tête, planes, arrondies à la base, presque parallèles, un peu élargies et coupées carrément à l'extrémité, très-minces, presque transparentes et d'un jaune pâle, avec des stries peu marquées et faiblement ponctuées, ayant en outre quatre points enfoncés sur la même ligne, et une suture d'un brun-noirâtre depuis la base jusqu'au milieu, où elle se dilate pour former une tache en losange; on voit en outre une tache arrondie de la même couleur, plus ou moins grande, sur le bord extérieur près de l'extrémité, se réunissant quelquefois à celle de la suture par une ligne oblique.

Dessous du corps et pattes d'un jaune pâle, avec la poitrine d'un brun noirâtre.

Il se trouve, mais assez rarement, en Autriche, en Dalmatie et en Suède; on le trouve aussi quelquefois dans l'ouest et le centre de la France.

2. D. Unipunctatus. *Creutzer.*

Pl. 14. fig. 2.

Pallidus; capite nigro; thorace rufo, postice subangustato; elytris obsolete striato-punctatis, punctis quatuor impressis; sutura nigro-picea, ante apicem in maculam rotundam dilatata.

DEJ. *Spec.* I. p. 230. n° 2.

Iconographie. 1re *édit.* III. p. 172. n° 2. T. 14. fig. 2.

Dromius unipunctatus. GERMAR. *Coleopterorum Species novæ.* p. 1. n° 2.

DEJ. *Cat.* p. 2.

Lebia Atricapilla. var. d. DUFT. II. p. 256. n° 25.

Idem. var. b? GYLLENHAL. II. p. 198. n° 9.

Carabus Atricapillus. var. d. SCH. *Syn. Ins.* I. p. 218. n° 277.

Long. 2 lignes. Larg. ¾ ligne.

Un peu moins allongé que le précédent.

Tête presque entièrement noire, avec la bouche moins avancée antérieurement et d'une couleur ferrugineuse.

Corselet moins cordiforme, moins allongé et moins rétréci que dans l'*Imperialis*, avec les angles postérieurs un peu relevés, sans être saillans.

Élytres plus larges, striées de la même manière, plus faiblement ponctuées, ayant les mêmes points enfoncés, et une suture d'un brun noirâtre, s'élargissant vers l'extrémité pour former une grande tache arrondie.

Pattes et dessous du corps entièrement d'un jaune pâle.

Il se trouve en Autriche, en Allemagne et quelquefois en France, même aux environs de Paris.

3. D. ATRICAPILLUS.

Pl. 14. fig. 3.

Pallidus; capite nigro; thorace rufo, postice subangustato; elytris obsolete striatis, interstitiis punctatis; pectore abdomineque basi nigro-piceis.

DEJ. *Spec.* I. p. 231. n° 3.

Iconographie. 1re *édit.* III. p. 173. n°. 3. T. 14. fig. 3.

Dromius Atricapillus. DEJ. *Cat.* p. 2.

Lebia Atricapilla. DUFT. II. p. 256. n° 25.

GYLLENHAL. II. p. 288. n° 9.

Carabus Atricapillus? LINNÉ. *Syst. Nat.* II. p. 673. n° 42.

SCH. *Syn. Ins.* I. p. 218. n° 277.

Long. 2 lignes. Larg. ¾ ligne.

De la forme et de la grandeur du précédent.

Tête noire, avec la partie antérieure d'un jaune ferrugineux.

Corselet comme dans l'espèce précédente.

Élytres d'un jaune pâle, légèrement striées, avec les intervalles ponctués, ayant quelquefois une tache obscure triangulaire à la base, et une autre vers l'extrémité de chaque élytre.

Pattes et dessous du corps un peu ferrugineux, avec la poitrine et le milieu de la base de l'abdomen d'un brun noirâtre.

Il se trouve en France, en Allemagne et en Suède, mais il n'est pas très-commun.

4. D. ELONGATULUS. *Zenker.*

Pl. 14. fig. 4.

Pallidus; capite nigro; thorace rufo, postice subangustato, angulis posticis prominulis; elytris obsolete striatis, interstitiis punctatis; pectore abdomineque basi nigro-piceis.

DEJ. *Spec.* I. p. 232. n° 4.

Iconographie. 1re *édit.* III. p. 174. n° 4. T. 14. fig. 4.

Dromius Elongatulus. DEJ. *Cat.* p. 2.

Lebia Elongatula. DUFT. p. 257. n° 26.

Carabus Atricapillus. OLIVIER. III. 35. p. 111. n° 155. T. 9. p. 106. a. b.

Le Bupreste fauve à tête noire. GEOFF. I. p. 153. n° 25.

Long. 2 $\frac{1}{2}$ lignes. Larg. $\frac{3}{4}$ ligne.

Il ressemble entièrement à l'*Atricapillus*, mais il est un peu plus grand.

Corselet avec les angles postérieurs relevés et un peu saillans.

Élytres de la même couleur que dans le précédent, avec les intervalles entre les stries moins fortement ponctués et ayant quelquefois de même une tache triangulaire, obscure à la base des élytres, et une autre vers l'extrémité, mais très-peu distinctes et presque toujours effacées.

Dessous du corps et pattes comme dans l'espèce précédente.

Cette espèce est la plus commune du genre; elle se trouve assez fréquemment en France et en Allemagne.

XIII. DROMIUS. *Bonelli.*

LEBIA. *Latreille. Duftschmid.* CARABUS. *Fabricius.*

Crochets des tarses dentelés en dessous. Dernier article des palpes cylindrique. Articles des tarses presque cylindri-

ques. Corps plus ou moins allongé. Tête ovale, peu rétrécie postérieurement. Corselet plus ou moins cordiforme.

Les insectes qui forment ce genre avaient d'abord été placés par Latreille parmi ses *Lebia*; mais Bonelli les en a séparés sous le nom qu'ils portent maintenant. Ils se distinguent facilement de tous les genres voisins par les caractères suivans : le dernier article des palpes est cylindrique; les antennes sont filiformes et plus courtes que le corps; celui-ci est plus ou moins allongé et un peu aplati; la tête est ovale et peu rétrécie postérieurement; le corselet est plus ou moins allongé et plus ou moins cordiforme; les élytres sont planes et plus ou moins allongées; tous les articles des tarses sont plus ou moins cylindriques, et les crochets des tarses sont dentelés en dessous.

Les *Dromius* sont de petits insectes, presque tous européens, que l'on trouve communément sous les écorces et sous les pierres. Les uns sont d'une couleur brune ou jaunâtre, et ils se rapprochent des *Demetrias*; les autres sont d'un noir un peu métallique; quelques-uns de ces derniers, tels que *Truncatellus*, *Punctatellus*, *Quadrillum* et *Albonotatus*, ont une forme moins allongée et plus raccourcie.

1. D. Longiceps.

Pl. 11. fig. 3.

Elongatus; capite elongato-oblongo, nigro-ferrugineo; thorace elongato, subquadrato, rufo; elytris pallidis, obsolete striatis, sutura infuscata; antennis pedibusque pallidis.

Dej. *Spec.* II. *Suppl.* p. 450. n°. 21.

Long. 2 $\frac{1}{2}$ lignes. Larg. $\frac{2}{3}$ ligne.

Tête oblongue, lisse, d'une couleur ferrugineuse obscure, avec la partie antérieure d'un rouge ferrugineux.

Antennes et palpes d'une couleur plus claire.

Corselet d'un rouge ferrugineux, allongé, presque carré, un peu rétréci postérieurement et presque plane, avec des rides transverses peu marquées; le bord antérieur assez fortement échancré, les bords latéraux relevés et rebordés, et les angles antérieurs et postérieurs un peu arrondis.

Élytres allongées, assez étroites, minces, presque parallèles, d'un jaune testacé assez pâle, avec les stries peu marquées et la suture d'une couleur obscure.

Pattes d'un jaune testacé assez pâle.

Dessous du corps d'un brun ferrugineux.

Il a été trouvé en Volhynie par M. Besser.

2. D. Linearis.

Pl. 11. fig. 4.

Elongatus, ferrugineus; elytris punctato-striatis, pallidioribus, postice infuscatis; antennis pedibusque pallidis.

Dej. *Spec.* I. p. 233. n° 1.
Dej. *Cat.* p. 2.
Iconographie. 1re *édit.* III. p. 176. n° 1. T. 14. fig. 5.
Lebia Linearis. Gyllenhal. II. p. 187. n° 8.

Carabus Linearis. OLIV. III. 35. p. 111. n° 156. T. 14. fig. 167. a. b.

SCH. *Syn. Ins.* I. p. 218. n° 276.

Lebia Punctato-striata. DUFT. II. p. 258. n° 27.

Odacantha Præusta. STEVEN. *Mém. de la Société imp. des nat. de Moscou.* II. p. 34. n° 4.

Long. 2 lignes. Larg. ½ ligne.

Un peu plus étroit, plus cylindrique que le *Demetrias Elongatulus.*

Tête assez fortement striée entre les yeux, d'une couleur ferrugineuse plus ou moins foncée, et quelquefois même presque noirâtre, avec la partie antérieure et la bouche plus pâles.

Antennes d'un jaune pâle, au plus de la longueur de la moitié du corps.

Corselet ferrugineux, un peu plus long que large, presque cordiforme, de la largeur de la tête antérieurement, et un peu rétréci postérieurement, avec les bords latéraux un peu relevés.

Élytres très-allongées, un peu plus larges que le corselet, parallèles, un peu arrondies à la base, coupées carrément à l'extrémité, fortement striées, plus pâles que le corselet, avec une teinte plus ou moins foncée, et plus ou moins grande vers l'extrémité.

Pattes d'un jaune pâle.

Dessous du corps d'une couleur ferrugineuse, devenant plus foncée et presque brune sur l'abdomen.

Il est assez commun en France et en Allemagne; on le trouve aussi en Suède, en Dalmatie et dans la Russie méridionale. On le prend ordinairement en fauchant sur les haies, ou au vol dans les soirées des jours chauds. On le trouve aussi sous les écorces des arbres.

3. D. Melanocephalus.

Pl. 11. fig. 5.

Capite nigro; thorace quadrato rufo; elytris substriatis, antennis pedibusque pallidis; subtus ferrugineus.

Dej. *Spec.* 1. p. 234. n° 2.

Dej. *Cat.* p. 3.

Iconographie. 1re *édit.* iii. p. 177. n° 177. n° 2. t. 14. fig. 6.

D. Pallidus. Sturm.

D. Venustulus. Spence.

Long. 1 ½ ligne. Larg. ½ ligne.

De la forme du *Sigma*, mais plus petit.

Tête noire.

Corselet d'un rouge ferrugineux, un peu plus clair sur ses côtés, presque carré, un peu rétréci postérieurement, avec une ligne longitudinale enfoncée, bien marquée.

Élytres entièrement d'un jaune pâle, avec les stries très-peu marquées.

Antennes et pattes d'un jaune pâle.

Dessous du corps d'une couleur ferrugineuse obscure.

On le trouve en France, en Allemagne, en Angleterre, sous les écorces d'arbres.

4. D. Sigma.

Pl. 11. fig. 6.

Pallidus; capite nigro; thorace quadrato rufo; elytris substriatis; sutura fasciaque postica dentata fuscis.

Dej. *Spec.* I. p. 235. n° 3.
Iconographie. 1re *édit.* 3. p. 178. n° 3. T. 14. fig. 7.
Carabus Sigma? Rossi. *Fauna Etrusca.* I. p. 226. n° 564.
Sch. *Syn. Ins.* I. p. 226. n° 338.
D. Fasciatus. Dej. *Cat.* p. 3.
Lebia Fasciata. Duft. II. p. 255. n° 24.

Long. 1 $\frac{3}{4}$ ligne. Larg. $\frac{2}{3}$ ligne.

Beaucoup plus petit et moins allongé que le *Quadrimaculatus*, auquel il ressemble un peu.

Tête noire, lisse, avec un petit enfoncement de chaque côté près des yeux.

Corselet d'un jaune ferrugineux, presque carré, un peu rétréci postérieurement, avec les bords latéraux un peu relevés, et une petite impression de chaque côté de la base près des angles postérieurs.

Élytres très legèrement striées, d'un jaune testacé pâle, avec la suture étroite, d'un brun obscur, n'atteignant pas tout-à-fait la base ni l'extrémité, ayant en outre, un peu au-delà du milieu, une large bande de la même couleur, un peu dilatée à la suture, dentée au milieu antérieurement et dilatée postérieurement le long du bord extérieur, se joignant quelquefois avec l'extrémité de la suture pour former une tache arrondie pâle à la partie postérieure de chaque élytre.

Dessous du corps d'un jaune testacé pâle, ainsi que les pattes.

Il se trouve en Autriche, en Allemagne, en Finlande, et probablement en France et en Italie.

5. D. Quadrisignatus.

Pl. 11. fig. 7.

Capite nigro; thorace quadrato rufo; elytris substriatis, fuscis, maculis magnis duabus, altera humerali, altera terminali, antennis pedibusque pallidis; subtus piceus.

Dej. *Spec.* 1. p. 236. n° 4.
Iconographie. 1re *édit.* 3. p. 180. n° 4. T. 14. fig. 8.
Dej. *Cat.* p. 3.

Long. 1 $\frac{3}{4}$ ligne. Larg. $\frac{2}{3}$ ligne.

De la forme et de la taille du précédent.

Corselet un peu plus rouge, et quelquefois d'une couleur un peu plus foncée dans son milieu.

Élytres à stries moins marquées, ayant la bande plus large, moins fortement dentée antérieurement, et une grande tache triangulaire à la base, qui se joint à la bande par la suture, et qui, en suivant la base, se dilate un peu, et forme une tache allongée de chaque côté.

Dessous du corps d'un brun noirâtre.

Il est en outre suffisamment distinct du *Bifasciatus*, par sa taille plus grande, par son corselet plus obscur, et par la bande plus large, qui ne se dilate pas vers la base le long du bord extérieur.

Il est assez commun, sous les écorces d'arbres, dans le midi de la France et aux environs de Paris.

6. D. Bifasciatus. *Perroud.*

Pl. 11. fig. 8.

Capite nigro; thorace quadrato rufo; elytris substriatis, fuscis, maculis magnis duabus, altera humerali, altera postica lunata, antennis pedibusque pallidis; subtus piceus.

Dej. *Spec.* 1. p. 237. n° 5.
Iconographie. 1re *édit.* 1. p. 181. 5.

Long. 1 $\frac{1}{2}$ ligne. Larg $\frac{1}{2}$ ligne.

Très-voisin du *Quadrisignatus*, mais beaucoup plus petit.

Corselet un peu plus rouge que dans le *Quadrisignatus*.

Élytres striées de la même manière, avec la bande dentée dans son milieu, tant en dessus qu'en dessous, un peu plus étroite et plus droite, se dilatant des deux côtés le long du bord extérieur, pour se réunir en dessus presque à la tache de la base, et en dessous pour suivre le bord extérieur et se joindre à la suture qui se prolonge jusqu'à l'extrémité, ce qui forme sur chaque élytre une grande lunule pâle.

DROMIUS.

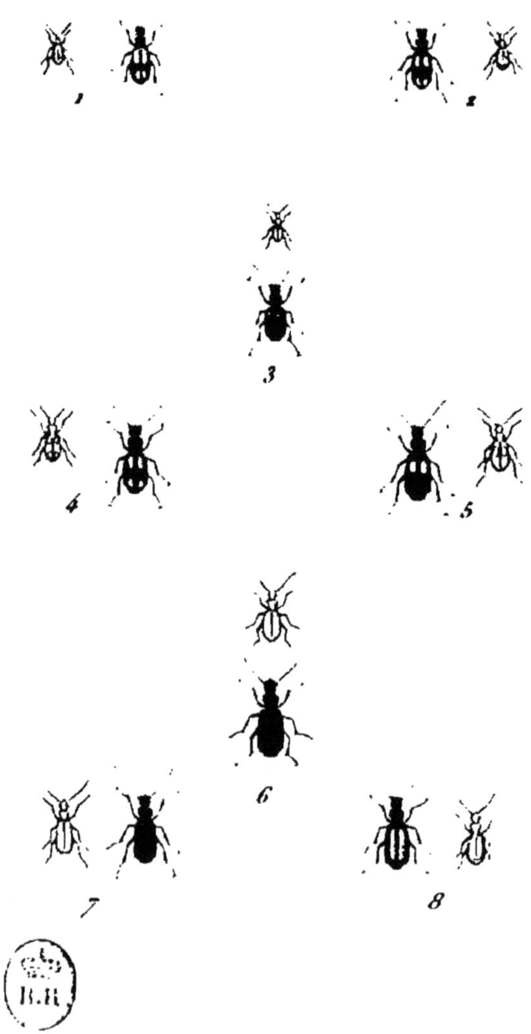

1. D. Fasciatus.
2. D. Quadrinotatus.
3. D. Scapularis.
4. D. Quadrimaculatus.
5. D. Fenestratus.
6. D. Agilis.
7. D. Meridionalis.
8. D. Marginellus.

P. Dumenil Pinxit et Direxit

Dessous du corps d'un brun obscur.

Pattes et antennes d'un jaune testacé.

Il se trouve, avec le précédent, dans le midi de la France et aux environs de Paris.

17. D. FASCIATUS.

Pl. 12. fig. 1.

Subelongatus; capite nigro; thorace quadrato, subelongato, ferrugineo; elytris substriatis, antice pallidis, postice fuscis, macula pallida; antennis pedibusque pallidis : subtus piceus.

DEJ. *Spec.* I. p. 238. n° 6.
Iconographie. 1re *édit.* III. p. 182. n° 6.
Lebia Fasciata. GYLLENHAL. II. p. 189. n° 10.
Carabus Fasciatus. FABR. *Sys. El.* I. p. 186. n° 85.
SCH. *Syn. Ins.* I. p. 189. n° 112.

Long. 1 ½ ligne. Larg. ½ ligne.

Plus allongé que les précédens.

Corselet d'un brun ferrugineux et un peu plus allongé.

Élytres plus allongées, plus étroites, ayant toute la partie antérieure d'un jaune testacé pâle, et la partie postérieure d'un brun-obscur assez clair, sur laquelle on voit une assez grande tache à l'extrémité près de la suture, de la couleur de sa base.

Dessous du corps d'un brun noirâtre.

Pattes et antennes comme dans le précédent.

Il habite la Suède, l'Allemagne, la Dalmatie, la Russie méridionale, et probablement la partie septentrionale de la France.

8. D. Quadrinotatus.

Pl. 12. fig. 2.

Elongatus; capite nigro; thorace piceo, subelongato, postice attenuato, angulis posticis prominulis; elytris fuscis, substriatis, maculis duabus; antennis pedibusque pallidis; subtus piceus.

Dej. *Spec.* I. p. 238. n° 7.
Iconographie. 1re *édit.* III. p. 183. n° 7. T. 14. fig. 9.
Dej. *Cat.* p. 3.
Lebia Quadrinotata. Duft. II. p. 253. n° 23.
Carabus Quadrinotatus. Panzer. *Fauna German.* 73. n° 5.
Sch. *Syn. Ins.* I. p. 221. n° 292.
Lebia Fasciata. var. b. Gyllenhal. II. p. 190.

Long. 1 ¾ ligne. Larg. ½ ligne.

Plus allongé que tous les précédens.

Tête d'un noir obscur, presque lisse, avec un enfoncement de chaque côté près des yeux, et la bouche et les antennes d'un jaune assez pâle.

Corselet d'un brun noirâtre, ferrugineux près des angles postérieurs, plus allongé que dans les précédens, avec les angles postérieurs un peu relevés et légèrement saillans.

Élytres d'un brun noirâtre, légèrement striées, ayant deux taches d'un jaune pâle, l'une grande et ovale à la base, l'autre plus petite à l'extrémité près de la suture.

Dessous du corps d'un brun obscur.

Pattes d'un jaune pâle.

Il se trouve, sous les écorces d'arbres, en France, en Angleterre, en Allemagne et en Suède; il n'est pas très-rare dans l'ouest de la France.

9. D. Quadrimaculatus.

Pl. 12. fig. 4.

Oblongus; capite nigro; thorace rufo subquadrato, angulis posticis rotundatis; elytris substriatis, fuscis, maculis duabus; antennis pedibusque pallidis; subtus piceus.

Dej. *Spec.* I. p. 239. n° 8.

Iconographie. 1re *édit.* III. p. 184. n° 8. T. 14. fig. 10.

Dej. *Cat.* p. 3.

Lebia Quadrimaculata. Gyllenhal. II. p. 186. n° 7.

Duft. II. p. 250. n° 19.

Carabus Quadrimaculatus. Fabr. *Sys. El.* I. p. 207. n° 203.

Oliv. III. 35. p. 107. n° 150. T. 8. fig. 89. a. b. c. d.

Sch. *Syn. Ins.* I. p. 217. n° 275.

Le Bupreste Quadrille à corcelet plat et étuis lisses. Geoff. I. p. 152. n° 21.

Long. 2 ½ lignes. Larg. 1 ligne.

Plus grand que tous les précédens, et d'une forme assez allongée.

Tête d'un noir obscur, arrondie, presque lisse, avec sa partie antérieure, la bouche et les palpes d'un jaune ferrugineux.

Antennes plus pâles, et de la longueur de la tête et du corselet.

Corselet d'un rouge ferrugineux, un peu plus obscur au milieu, presque carré, un peu rétréci postérieurement, ayant les angles antérieurs et postérieurs très-arrondis, et les bords latéraux un peu relevés, surtout postérieurement.

Élytres plus larges que le corselet, planes, allongées, presque parallèles, arrondies à la base et coupées presque carrément à l'extrémité, très-légèrement striées, d'un brun noirâtre, ayant chacune deux taches d'un blanc jaunâtre : la première, grande et oblongue, placée à la base, et descendant à moitié de l'élytre; la seconde, arrondie, tout-à-fait à l'extrémité.

Dessous du corps d'un brun noirâtre, avec la poitrine d'une couleur ferrugineuse obscure.

Il se trouve communément sous les écorces des vieux arbres, dans presque toute l'Europe. B. D.

10. D. Fenestratus.

Pl. 12. fig. 5.

Oblongus; capite nigro-piceo; thorace obscure-rufo, subquadrato, angulis posticis subrotundatis; elytris fuscis, striatis lineisque duabus è punctis parvis impressis, macula media, antennis pedibusque ferrugineo-pallidis.

Carabus Fenestratus. FABR. *Sys. El.* I. p. 209. n° 210.

Lebia Agilis. var. e. GYLLENHAL. II. p. 184. n° 6. et IV. p. 458. n° 6.

SAHLBERG. *Dissert. entom. ins. Fennica.* p. 271. n° 7. *var. d.*

DUFTSCHMID. II. p. 251. n° 20. *var. c. d.*

Carabus Quadrimaculatus. var. c. SCH. *Syn. Ins.* I. p. 217. n° 275.

Carabus Arcticus? OLIV. III. 35. p. 97. n° 133. T. 12. fig. 145.

Long. 2 $\frac{1}{2}$ lignes. Larg. 1 ligne.

De la forme et de la grandeur du *Quadrimaculatus*.

Tête d'un brun noirâtre.

Corselet d'un rouge-ferrugineux obscur, à peu près de la forme de celui du *Quadrimaculatus*, mais avec les angles postérieurs un peu plus relevés.

Élytres d'un brun noirâtre, striées et ponctuées, à peu près comme celles de l'*Agilis*, et ayant à peu près dans leur milieu une tache arrondie, un peu oblongue d'un jaune pâle un peu noirâtre.

Antennes et pattes à peu près comme dans l'*Agilis*.

Il se trouve en Suède et en Finlande.

Lors de l'impression du 1er volume de mon *Species*, je ne connaissais pas cette espèce, et c'est à tort que je l'ai rapportée à la variété A de l'*Agilis*.

C. D.

11. D. Agilis.

Pl. 12. fig. 6.

Oblongus; capite thoraceque subquadrato ferrugineis; elytris fuscis, striatis lineisque duabus è punctis parvis impressis; antennis pedibusque ferrugineo-pallidis.

Dej. *Spec.* i. p. 240. n° 9.
Iconographie. 1re *édit.* p. 186. n° 9. t. 15. fig. 1.
Dej. *Cat.* p. 3.
Lebia Agilis. Gyllenhal. ii. p. 184. n° 6.
Duft. ii. p. 251. n° 20.
Carabus Agilis. Fab. *Sys. El.* 1. p. 185. n° 83.
Carabus Quadrimaculatus. var. d. e. g. Sch. *Syn. Ins.* 1. p. 218. n° 275.
Var. A.
Dromius Fenestratus. Dej. *Cat.* p. 3.
Var. B.
D. Bimaculatus. Beaudet-Lafarge. Dej. *Cat.* p. 3.

Long. 2 $\frac{3}{4}$ lignes. Larg. 1 ligne.

De la taille du *Quadrimaculatus*, auquel il ressemble assez pour que quelques entomologistes l'aient pris pour une variété de cette espèce.

Tête moins arrondie et plus avancée antérieurement, avec l'intervalle entre les yeux presque lisse, d'une couleur ferrugineuse plus ou moins obscure.

Corselet un peu plus étroit et plus allongé, avec les

angles postérieurs beaucoup moins arrondis et plus relevés, d'un rouge ferrugineux plus ou moins obscur.

Élytres d'un brun ferrugineux, avec des stries plus fortement marquées et deux lignes de points, la première entre la seconde et la troisième stries, la seconde entre la sixième et la septième.

Antennes et pattes d'un jaune-ferrugineux pâle.

Aussi commun que le *Quadrimaculatus* sous les écorces d'arbres dans presque toute l'Europe.

La variété A n'en diffère que par une tache plus ou moins claire, quelquefois à peine apparente, placée au milieu de l'élytre comme dans le *Quadrimaculatus*, mais qui se prolonge antérieurement jusqu'à la base, et par une petite tache à peine apparente et souvent presque effacée, placée vers l'extrémité.

La variété B, qui habite l'Auvergne et les environs de Lyon, ne diffère de la première que parce que les élytres sont d'une couleur un peu plus foncée et les taches plus marquées et plus apparentes.

12. D. Meridionalis.

Pl. 12. fig. 7.

Oblongus; capite thoraceque ferrugineis; thorace subquadrato, angulis posticis rotundatis; elytris fuscis, striatis lineaque è punctis parvis impressis; antennis pedibusque pallidis.

Dej. *Spec.* 1. p. 242. n° 10.

Iconographie. 1re *édit.* p. 188. n° 10. T. 15. fig. 3.

Long. 2 ½ lignes. Larg. 1 ligne.

Très-voisin de l'*Agilis*, et de la même couleur en dessus.

Tête plus arrondie, moins avancée et ressemblant à celle du *Quadrimaculatus*, mais plus lisse entre les yeux.

Corselet ressemblant à celui du *Quadrimaculatus*, paraissant moins rétréci postérieurement.

Élytres comme dans le précédent, ayant seulement une rangée de points entre la sixième et la septième stries.

Antennes et pattes d'un jaune pâle.

Il habite les provinces méridionales de la France.

13. D. MARGINELLUS.

Pl. 12. fig. 8.

Oblongus, ferrugineo-pallidus; capite elytrorumque limbo, præsertim postico, fuscis.

DEJ. *Spec.* 1. p. 243. n° 11.

Iconographie. 1re *édit.* p. 189. n° 11. T. 15. fig. 2.

DEJ. *Cat.* p. 3.

Carabus Marginellus. FABR. *Sys. El.* 1. p. 186. n° 87.

Lebia Agilis. var. d. GYLLENHAL. II. p. 184. n° 6.

Carabus Quadrimaculatus. var. f. SCH. *Syn. Ins.* 1. p. 218. n° 275.

Long. 2 ½ lignes. Larg. 1 ligne.

Tête d'un brun noirâtre, ressemblant à celle du *Quadrimaculatus*, mais plus fortement ridée entre les yeux.

Corselet à peu près comme dans l'*Agilis*, un tant soit peu plus allongé et moins large.

DROMIUS.

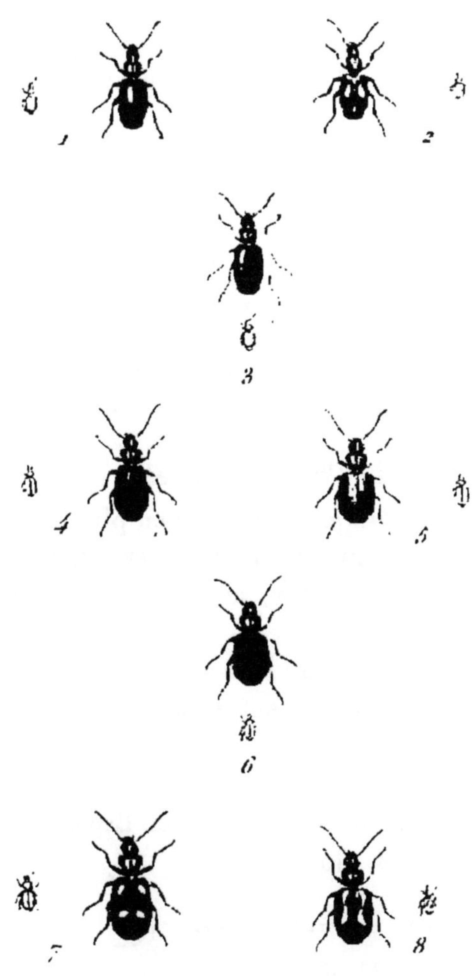

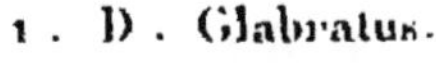

1. D. Glabratus.	5. D. Punctatellus.
2. D. Corticalis.	6. D. Truncatellus.
3. D. Pallipes.	7. D. Quadrillum.
4. D. Spilotus.	8. D. Albonotatus.

P. Dumenil Pinxit et Direxit

Élytres striées comme dans l'*Agilis*, sans aucune ligne de points entre les stries, d'une couleur ferrugineuse un peu claire, avec les bords latéraux et postérieurs d'un brun noirâtre.

Dessous du corps et pattes comme dans l'*Agilis*.

Il habite la Suède et l'Allemagne. B. D.

14. D. Scapularis. *Dejean.*

Pl. 12. fig. 3.

Subelongatus, nigro-piceus; elytris macula sinuata humerali, antennarum basi pedibusque pallidis.

Long. 1 $\frac{1}{4}$ ligne. Larg. $\frac{1}{2}$ ligne.

De la forme du *Glabratus*, mais un peu plus petit, un peu moins allongé et d'un brun noirâtre en dessus.

Antennes d'un brun noirâtre, avec la base d'un jaune pâle.

Élytres avec une tache d'un jaune pâle, assez grande, placée obliquement et fortement sinuée à l'angle de la base.

Pattes d'un jaune pâle.

Décrit et figuré sur un individu pris en Espagne, près du Guadarama, par M. Goudot. C. D.

15. D. Glabratus.

Pl. 13. fig. 1.

Elongatus, nigro-æneus; elytris sublævibus.

Dej. *Spec.* 1. p. 244. n° 13.

Iconographie. 1re *édit.* 1. 190. n° 12. T. 15. fig. 5.
DEJ. *Cat.* p. 3.
Lebia Glabrata. DUFT. II. p. 248. n° 16.

Long. 1 $\frac{1}{4}$, 1 $\frac{1}{2}$ ligne. Larg. $\frac{1}{3}$, $\frac{1}{2}$ ligne.

D'une forme analogue au *Demetrias elongatulus*, mais beaucoup plus petit, et entièrement d'un noir luisant un peu bronzé.

Tête un peu oblongue, plane et lisse en dessus.

Antennes de la longueur de la tête et du corselet.

Corselet presque carré, lisse, peu convexe, un peu rétréci postérieurement, avec les angles postérieurs coupés carrément et presque pas saillans.

Élytres allongées, tronquées à l'extrémité, avec des traces de stries à peine visibles.

Pattes d'un noir moins foncé, et plus brun que le reste de l'insecte.

On le trouve assez ordinairement courant par terre ou sous les pierres, plus rarement sous les écorces, en France, en Allemagne, en Espagne, en Dalmatie et dans la Russie méridionale.

16. D. CORTICALIS.

Pl. 13. fig. 2.

Elongatus, nigro-æneus; elytris sublævibus, macula media pallida.

DEJ. *Spec.* I. p. 245. n° 14.
Iconographie. 1re *édit.* 3. p. 191. n° 13. T. 15. fig. 4.

Lebia Corticalis. Dufour. *Annales générales des Sciences Physiques.* VI. 18e *cahier.* p. 322. n° 10.

D. Lineellus. Stéven.

Lebia Plagiata? Duft. II. p. 249. n° 18.

Long. 1 $\frac{1}{2}$ ligne. Larg. $\frac{1}{2}$ ligne.

Très-voisin du précédent par la forme, la taille et la couleur, mais il en est bien distinct par les antennes, dont les deux premiers articles sont d'un brun un peu roussâtre, par le corselet un peu plus rétréci postérieurement et dont les angles postérieurs sont un peu saillans, et par les élytres qui ont chacune, dans leur milieu, une grande tache oblongue, d'un blanc jaunâtre.

Il n'est pas très-rare dans le midi de la France, M. Stéven l'a trouvé dans la Russie méridionale, et M. Dufour dans la Navarre, sous les écorces des oliviers.

17. D. Pallipes. *Ziegler.*

Pl. 13. fig. 3.

Oblongus, obscuro-æneus; elytris substriatis; pedibus pallidis.

Dej. *Spec.* I. p. 246. n° 15.

Iconographie. 1re *édit.* 3. p. 192. n° 14. T. 15. fig. 5.

Dej. *Cat.* p. 3.

Long. 1 $\frac{1}{2}$ ligne. Larg. $\frac{2}{3}$ ligne.

Un peu moins allongé que le *Glabratus*, un peu plus large et d'un noir moins foncé et plus bronzé.

Tête un peu moins allongée, avec les antennes brunâtres.

Corselet un peu plus large, plus court et plus convexe.

Élytres un peu moins allongées, un peu plus convexes, tronquées un peu obliquement, avec des stries à peine marquées et deux très-petits points enfoncés, peu apparens vers la troisième strie.

Dessous du corps d'un noir obscur.

Pattes d'un jaune pâle.

Il se trouve en Autriche.

18. Spilotus. *Ziegler.*

Pl. 13. fig. 4.

Oblongus, nigro-subæneus; elytris obscuris, substriatis, punctis duobus impressis, sæpe obsoletis, maculis duabus, altera humerali, altera apicali lineaque sutura pallidis, plerumque obsoletis; tibiis obscuro-pallidis.

Dej. *Spec.* i. p. 246. n° 16.
Iconographie. 1re *édit.* 3. p. 192. n° 15. fig. 6.
Dej. *Cat.* p. 3.
D. Signatus. Sturm.
Lebia obscuro-guttata? Dupt. ii. p. 249. n° 17.
Var. A. *D. Obsoletus.* Dej. *Cat.* p. 3.
Var. B. *D. Impressus.* Dej. *Cat.* p. 3.
Var. C. *D. Atratus.* Dej. *Cat.* p. 3.

Long. 1 ¼, 1 ½ ligne. Larg. ½, ⅔ ligne.

De la forme et de la taille du *Pallipes.*

Tête et corselet d'un noir très-légèrement bronzé.

Élytres d'une couleur plus obscure, minces, presque transparentes, avec des stries peu marquées, et deux points enfoncés peu apparens, entre la seconde et la troisième stries, ayant en outre une tache ronde d'une couleur jaunâtre pâle, peu apparente, à l'angle de la base, une seconde vers l'extrémité, et une ligne de la même couleur le long de la suture, ces deux dernières quelquefois presque effacées.

Dessous du corps d'un noir obscur.

Pattes d'un brun-jaunâtre assez pâle, avec les cuisses d'un noir obscur.

Il se trouve sous les pierres, dans le midi de la France, en Allemagne, en Autriche et en Dalmatie.

La variété A, qui a été trouvée en Espagne par M. Dejean, n'en diffère que parce qu'elle est un peu plus grande, et que les stries des élytres sont un peu plus marquées.

La variété B a les élytres d'un noir bronzé; les deux points enfoncés sont bien marqués, et la tache humérale est seule visible. M. Dejean l'a prise en Dalmatie. On peut rapporter à cette variété un individu que M. Schüppel lui a envoyé comme venant d'Égypte, qui est d'une couleur un peu plus bronzée, et dont les deux points enfoncés sont encore plus marqués.

Enfin la variété C a les élytres d'un noir bronzé; les deux points enfoncés sont assez bien marqués, et les taches des élytres ne sont nullement apparentes. Elle a été prise aux environs de Vienne.

19. D. PUNCTATELLUS.

Pl. 13. fig. 5.

Supra subæneus; elytris substriatis, punctis duobus impressis.

DEJ. *Spec.* I. p. 247. n° 17.
Iconographie. 1re *édit.* 3. p. 194. n° 16. T. 15. fig. 7.
DEJ. *Cat.* p. 3.
Lebia Punctatella. DUFT. II. p. 248. n° 15.
Lebia Foveola. GYLLENHALL. II. p. 183, n° 5.

Long. 1 $\frac{1}{2}$ ligne. Larg. $\frac{3}{4}$ ligne.

De la taille des précédens, mais un peu plus court et plus large.

Tête lisse, assez large, peu avancée et plane en dessus.

Corselet de la largeur de la tête, aussi long que large, un peu rétréci postérieurement, ayant la base un peu arrondie, et une ligne longitudinale enfoncée bien marquée et ses bords latéraux un peu relevés.

Élytres plus larges et moins allongées que dans les espèces précédentes, ayant l'extrémité tronquée un peu obliquement, avec des stries peu marquées et deux points enfoncés, ordinairement bien distincts, vers la troisième strie.

Dessous du corps et pattes d'un noir brillant.

Il se trouve communément sous les pierres, en France et en Allemagne.

20. D. TRUNCATELLUS.

Pl. 13. fig. 6.

Supra nigro-subæneus; elytris substriatis.

DEJ. *Spec.* I. p. 248. n° 18.
Iconographie. 1re *édit.* 3. p. 295. n° 17. T. 15. fig. 8.
DEJ. *Cat.* p. 3.
Lebia Truncatella. GYLLENHAL. II. p. 182. n° 4.
DUFT. II. p. 247. n° 14.
Carabus Truncatellus. FABR. *Sys. El.* 1. p. 210. n° 222.
SCH. *Syn. Ins.* 1. 196. n° 161.
OLIV. III. 35. p. 113. n° 160. T. 13. fig. 159. a. b.

Long. 1 $\frac{1}{4}$ ligne. Larg. $\frac{2}{3}$ ligne.

Un peu plus petit que le *Punctatellus*, auquel il ressemble beaucoup.

D'une couleur plus noire et moins bronzée en dessus.

Élytres un peu plus convexes, striées de même, mais n'ayant pas de points enfoncés.

Il se trouve communément sous les pierres, en Suède et en Finlande. On le trouve aussi en Autriche et dans les Pyrénées orientales.

21. D. QUADRILLUM.

Pl. 13. fig. 7.

Nigro-subæneus; elytris striatis, interstitiis punctatis, maculis duabus pallidis.

DEJ. *Spec.* I. p. 249. n° 19.

Iconographie. 1re *édit.* 3. p. 196. n° 18. T. 15. fig. 9.
DEJ. *Cat.* p. 3.
Lebia Quadrillum. DUFT. II. p. 246. n° 12.

Long. 1 ½ ligne. Larg. 1 ¾ ligne.

D'un noir un peu bronzé en dessus, un peu plus grand et un peu plus large que le *Punctatellus.*

Tête assez large, plane, avec quelques points enfoncés entre les yeux, et les deux premiers articles des antennes jaunâtres.

Corselet court, plus large que la tête à sa partie antérieure, rétréci postérieurement et presque en cœur, un peu échancré antérieurement, ayant les côtés un peu relevés et une ligne longitudinale enfoncée bien marquée.

Élytres assez larges, planes, presque ovales, tronquées à l'extrémité, visiblement striées, avec de petits points enfoncés, ayant en outre, deux taches arrondies assez grandes, d'un blanc jaunâtre, la première près de l'angle de la base, et la seconde un peu au-delà du milieu.

Dessous du corps et pattes noires.

Il se trouve sous les pierres, en France, surtout dans les parties méridionales, en Autriche, en Espagne, en Italie et en Dalmatie.

22. D. ALBONOTATUS. *Hoffmansegg.*

Pl. 13. fig. 8.

Nigro-subæneus; elytris striatis, interstitiis punctatis, vitta sinuata, abbreviata alba, interdum interrupta.

DEJ. *Spec.* I. p. 249. n° 20.

Iconographie. 1re *édit.* 3. p. 197. n° 19. T. 13. fig. 10.
Dej. *Cat.* p. 3.

Long. 1 ¼ ligne. Larg. ⅓ ligne.

Un peu plus petit que le *Quadrillum*, auquel il ressemble beaucoup.

Tête et corselet comme dans le *Quadrillum*.

Élytres striées et plus ponctuées, ayant une bande longitudinale d'un blanc un peu jaunâtre, qui part de l'angle de la base et qui va, en obliquant un peu, vers la suture jusqu'au-delà de la moitié des élytres.

Il a été trouvé par MM. Dejean et Hoffmansegg sous les écorces des pins en Portugal.

XIV. PLOCHIONUS. *Dejean.*

Lebia. *Latreille.* Carabus. *Fabricius.*

Crochets des tarses dentelés en dessous. Le dernier article des palpes labiaux assez fortement sécuriforme. Antennes plus courtes que le corps, plus ou moins moniliformes. Articles des tarses courts, en cœur et profondément échancrés. Corps court et aplati. Tête ovale, presque triangulaire, peu rétrécie postérieurement. Corselet plus large que la tête, coupé carrément postérieurement. Élytres planes, en carré allongé.

M. Dejean a donné à ce nouveau genre le nom de *Plochionus*, tiré du mot grec πλοκιον, collier, d'après la forme de ses antennes, qui sont assez courtes, et dont les sept derniers articles sont un peu plus gros que les précédens, courts, égaux, presque carrés, ou arrondis comme des perles formant un collier, en un mot ce que l'on appelle moniliforme. A la première vue, les *Plochionus* se rapprochent beaucoup des *Lebia* et de quelques genres voisins, mais il est facile de les distinguer.

Ces insectes sont peu connus, on ne les rencontre que très-rarement; ils paraissent vivre sous les écorces des arbres, à la manière des *Dromius*.

1. P. BONFILSII.

Pl. 16. fig. 1.

Testaceus, immaculatus; elytris striatis.

DEJ. *Spec.* I. p. 251. n° 1.
Iconographie. 1re *édit.* III. p. 153. n° 1. T. 12. fig. 5.
DEJ. *Cat.* p. 5.

Long. 4 lignes. Larg. 1 ½ ligne.

Entièrement d'un jaune testacé.

Tête presque triangulaire, avancée, lisse, avec deux enfoncemens entre les yeux.

Antennes plus courtes que la tête et le corselet réunis.

Corselet un peu plus large que la tête, presque carré, ses angles antérieurs arrondis et sa base coupée presque carrément, ses bords latéraux déprimés surtout vers les angles postérieurs.

Écusson petit et triangulaire.

TRONCATIPENNES.

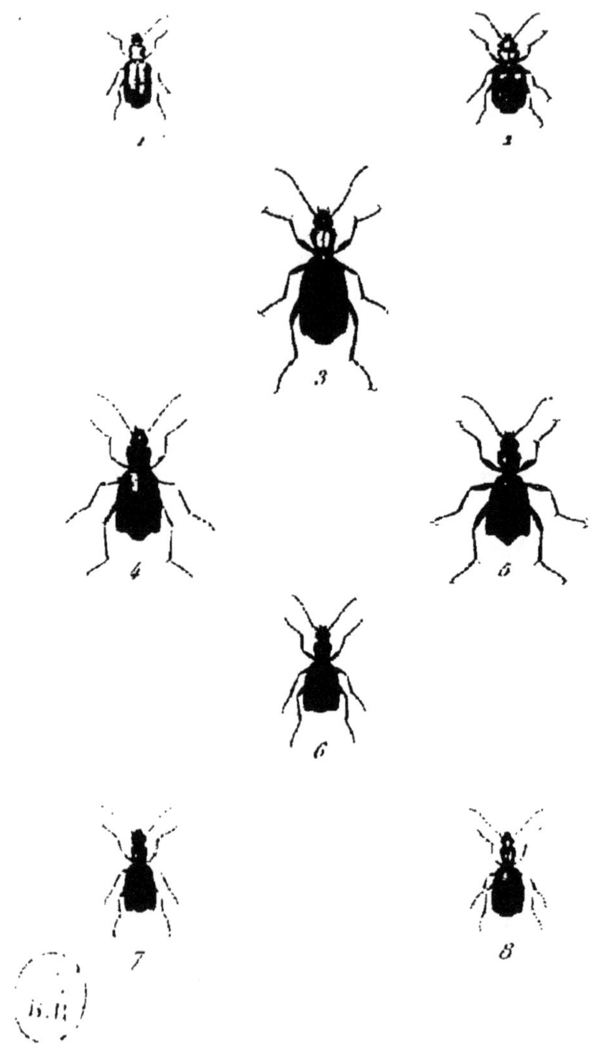

1. Plochionus Bonfilsii.
2. Coptodera Depressa.
3. Aptinus Ballista.
4. ——— Mutilatus.
5. Aptinus Atratus.
6. ——— Alpinus.
7. ——— Pyrenæus.
8. ——— Jaculans.

P. Dumenil Pinxit et Direxit

Élytres plus larges que le corselet, peu allongées, presque parallèles, tronquées et un peu sinuées à l'extrémité, assez fortement striées; deux points enfoncés peu marqués entre la seconde et la troisième strie.

Cet insecte est fort rare; il a été découvert par M. Bonfils, aux environs de Bordeaux, sous les écorces des pins. Il est possible qu'il ait été transporté en Europe. Au reste, feu Palissot de Beauvois en a pris un individu parfaitement semblable dans l'Amérique septentrionale, et M. Dejean possède un individu d'une teinte un peu plus foncée provenant de la collection de M. Latreille, et qui a été recueilli à l'Ile-de-France.

XV. LEBIA. *Latreille. Bonelli.*

LAMPRIAS. *Bonelli.* CARABUS. *Fabricius.*

Crochets des tarses dentelés en dessous. Le dernier article des palpes filiforme ou presque ovalaire, tronqué à son extrémité, mais jamais sécuriforme. Antennes filiformes. Articles des tarses presque triangulaires ou cordiformes, le pénultième bifide ou bilobé. Corps court et aplati. Tête ovale, peu rétrécie postérieurement. Corselet court, transversal, plus large que la tête, prolongé postérieurement dans son milieu. Élytres larges, presque carrées.

Ce genre, formé d'abord par Latreille, comprenait les insectes que M. Dejean a placés dans ses genres *Plochionus* et *Coptodera* et les genres *Demetrias* et *Dromius.*

Bonelli, en séparant les *Lebia* proprement dites, les avait divisées en deux genres sous les noms de *Lamprias* et de *Lebia*. Il donnait pour caractère au premier, dont le type était la *Lebia Cyanocephala*, d'avoir le pénultième article des tarses simple, les antennes linéaires et le dernier article des palpes tronqué; et au second, dont le type était la *Lebia Crux minor*, d'avoir le pénultième article des tarses bifide, les antennes plus minces à leur base, et le dernier article des palpes moins tronqué que dans les *Lamprias*. En examinant bien attentivement toutes les *Lebia*, il lui a été impossible de conserver le genre *Lamprias*, car, même dans la *Lebia Cyanocephala*, type du genre, le pénultième article des tarses n'est point simple comme le dit Bonelli, mais il est distinctement bifide, et il y a des espèces où il est difficile de décider s'il est bifide ou bilobé, mais il n'est simple dans aucune; et quant aux deux autres caractères, ils sont si peu sensibles, que M. Dejean ne croit pas qu'il soit possible de s'en servir pour fonder un genre. Il a donc réuni, sous le nom de *Lebia*, les *Lamprias* et les *Lebia* de Bonelli; et il sera facile de les reconnaître aux caractères suivans : le dernier article des palpes est filiforme ou presque ovalaire, plus ou moins tronqué à l'extrémité, mais jamais sécuriforme; les antennes sont filiformes et plus courtes que le corps; le corps est large et aplati; la tête est ovale et peu rétrécie postérieurement; le corselet est court, transversal, plus large que la tête, et prolongé postérieurement dans son milieu. Ce caractère est tout-à-fait particulier à ce genre, et il le distingue de tous ceux avec lesquels il a quelques rapports. Les élytres sont larges, légèrement convexes, tronquées à l'extrémité et en forme de carré peu allongé. Les trois premiers articles des tarses sont presque triangulaires ou cordiformes, le pénultième est bifide ou bilobé. Les crochets des tarses sont dentelés en dessous.

Les *Lebia* sont de jolis insectes, parés ordinairement de couleurs tranchantes. On les trouve sous les écorces et quelquefois sous les pierres; presque toutes les espèces connues sont d'Europe, d'Amérique ou du Sénégal.

1. L. Fulvicollis.

Nigro-cyanea; thorace, pectore femoribusque rubris; elytris cyaneis, profunde striato-punctatis, interstitiis confertissime profunde punctatis.

Pl. 14. fig. 5.

Dej. *Spec.* I. p. 255. n° 2.
Iconographie. 1re *édit.* III. p. 157. n° 1. pl. 12. fig. 6.
Dej. *Cat.* p. 3.
Carabus Fulvicollis. Fabr. *Sys. El.* I. p. 193. n° 127.
Sch. *Syn. Ins.* I. p. 198. n° 177.
Lebia Pubipennis. Dufour. *Annales gén. des Sciences physiques.* VI. 18° *cahier.* p. 321. n° 6.

Long. 4 ½ lignes. Larg. 2 lignes.

Plus grande que la *Cyanocephala*, à laquelle elle ressemble beaucoup.

Tête fortement ponctuée et d'un noir bleuâtre.

Palpes et premier article des antennes ferrugineux, les autres d'un brun obscur.

Corselet d'un rouge presque sanguin.

Élytres subpubescentes, d'un beau bleu tirant quelquefois sur le violet, avec des stries ponctuées et fortement marquées, les intervalles couverts de points enfoncés, fortement marqués et assez serrés.

Dessous du corps d'un noir bleuâtre, avec la poitrine d'un rouge presque sanguin.

Pattes noirâtres, avec les cuisses d'un rouge presque sanguin.

Elle est assez rare; on la trouve sous les écorces et sous les pierres, dans le midi de la France, en Portugal, en Espagne, en Italie et en Dalmatie.

2. L. Cyanocephala.

Pl. 14. fig. 6.

Cyanea, vel viridis; thorace pedibusque rufis, femoribus apice nigris; elytris punctato-striatis, interstitiis punctatis.

Dej. *Spec.* I. p. 256. n° 3.

Iconographie. 1re *édit.* III. p. 158. n° 2. pl. 12. fig. 7.

Gyl. II. p. 179. n° 1.

Duft. II. p. 243. n° 8.

Dej. *Cat.* p. 3.

Carabus Cyanocephalus. Fab. *Syst. El.* I. p. 200. n° 167.

OLIV. III. 35. p. 92. n° 125. T. 3. fig. 24. a. b. c.

SCH. *Syn. Ins.* I. p. 208. n° 227.

Le Bupreste bleu à corcelet rouge. GEOFF. I. p. 149. n° 16.

Long. 2 $\frac{1}{4}$, 3 $\frac{1}{4}$ lignes. Larg. 1, 1 $\frac{1}{2}$ ligne.

Tête d'un bleu un peu verdâtre, presque triangulaire, plane et fortement ponctuée.

Palpes d'un brun noirâtre.

Antennes d'un brun obscur, avec le premier article ferrugineux.

Corselet ferrugineux, plus large que long, un peu convexe, fortement ponctué, presque carré, légèrement rebordé, avec les angles antérieurs arrondis, et les postérieurs coupés carrément et un peu relevés.

Élytres un peu plus larges que le corselet, bleues ou vertes, presque en carré long, un peu sinuées à l'extrémité, glabres, assez brillantes, avec des stries peu enfoncées et finement ponctuées; les intervalles couverts de points plus ou moins profonds, plus nombreux dans les individus à élytres bleues.

Dessous de l'abdomen et de la poitrine d'un bleu verdâtre.

Pattes d'un rouge ferrugineux, avec l'extrémité des cuisses noirâtre.

Elle est commune dans presque toute l'Europe; on la trouve sous les écorces et quelquefois sous les pierres; elle habite aussi la Sibérie. On rencontre quelquefois dans les Pyrénées une variété dont les cuisses postérieures et toutes les jambes sont noirâtres.

3. L. Chlorocephala.

Pl. 14. fig. 7.

Cyaneo-virescens; thorace, pectore pedibusque rufis; elytris smaragdinis, nitidis, punctato-striatis, interstitiis subtilissime punctulatis.

Dej. *Spec.* I. p. 257. n° 4.
Iconographie. 1re *édit.* III. p. 159. n° 3. pl. 12. fig. 8.
Gyl. II. p. 180. n° 2.
Duft. II. p. 244. n° 9.
Dej. *Cat.* p. 3.
Carabus Chlorocephalus. Sch. *Syn. Ins.* I. p. 209. n° 228.

Long. 2 $\frac{1}{2}$, 3 lignes. Larg. 1 $\frac{1}{4}$, 1 $\frac{1}{2}$ ligne.

De la taille de la précédente, à laquelle elle ressemble beaucoup.

Tête plus verte et un peu moins fortement ponctuée.

Antennes d'un brun obscur, avec les deux premiers articles et la base du troisième d'un rouge ferrugineux.

Corselet un peu moins ponctué, un peu plus long et un peu plus convexe.

Cuisses de la couleur du corselet.

Élytres plus larges, plus courtes, avec l'extrémité coupée un peu plus carrément; d'une belle couleur verte brillante, avec les stries moins marquées et plus finement ponctuées, les intervalles très-légèrement ponctués.

Dessous du corps d'un vert bleuâtre, avec la poitrine d'un rouge ferrugineux.

On la trouve dans les bois, sous les mousses et sous les pierres, dans le nord de la France, en Suède, en Autriche et en Allemagne.

4. L. Rufipes.

Pl. 14. fig. 8.

Nigro-cyanea; thorace, pectore pedibusque rufis; elytris cyaneis, striatis, striis interstitiisque obsolete punctatis.

Dej. *Spec.* 1. p. 258. n° 5.
Iconographie. 1re *édit.* III. p. 161. n° 4. pl. 13. fig. 1.

Long. 2 $\frac{1}{2}$ lignes. Larg. 1 $\frac{1}{4}$ ligne.

De la taille des deux précédentes, auxquelles elle ressemble beaucoup.

Tête comme dans la *Chlorocephala.*

Antennes d'un jaune ferrugineux à la base, un peu plus obscures vers l'extrémité.

Corselet légèrement ridé transversalement.

Écusson de la couleur du corselet.

Élytres bleues, striées, avec des points dans les stries et dans les intervalles, visibles seulement à une forte loupe, ayant, en outre, comme l'espèce précédente, deux points enfoncés bien distincts près la troisième strie.

Dessous du corps d'un noir bleuâtre, avec la poitrine et les pattes d'une couleur ferrugineuse.

Cette espèce a été découverte par M. le comte Dejean, sous les pierres, entre Narbonne et Perpignan. B. D.

5. L. Trimaculata. *Gebler.*

Pl. 15. fig. 1.

Rufa; coleoptris maculis posticis tribus, pectore, abdomine femoribusque nigris.

Long. 2 $\frac{3}{4}$ lignes. Larg. 1 $\frac{1}{2}$ ligne.

Très-voisine de la *Cyathigera.*

Tête et antennes entièrement d'un rouge ferrugineux.

Tache commune des élytres oblongue, et ne paraissant pas formée de deux taches réunies.

Cuisses noires.

Elle se trouve en Sibérie, et elle m'a été envoyée par M. Gebler. C. D.

6. L. Cyathigera.

Pl. 15. fig. 2.

Nigra; thorace, elytris pedibusque rufis; coleoptris maculis posticis tribus nigris, media didyma communi.

Dej. *Spec.* 1. p. 260. n° 8.

Iconographie. 1re *édit.* III. p. 161. pl. 13. fig. 2.

Dej. *Cat.* p. 3.

Carabus Cyathiger. Rossi. *Fauna Etrusca.* 1. p. 222. n° 549. T. 7. fig. 3.

Sch. *Syn. Ins.* 1. p. 210. n° 240.

Lebia Anthophora. Dufour. *Annales gén. des Sciences physiques.* VI. 18e cahier. p. 321. n° 8.

LEBIA.

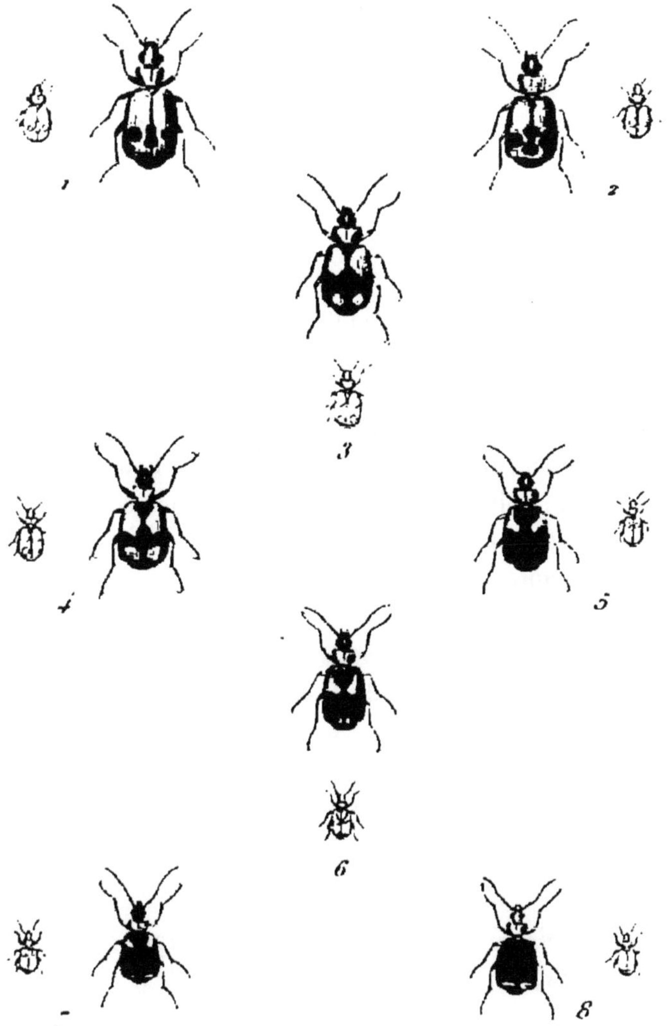

1 . L . Trimaculata .
2 . L . Cyathigera .
3 . L . Cruxminor .
4 . L . Nigripes .
5 . L . Turcica .
6 . L . Quadrimaculata .
7 . L . Humeralis .
8 . L . Hæmorrhoidalis .

F. Dumenil Pinxit et Direxit

Long. 2 ¼, 2 ¾ lignes. Larg. 1 ¼, 1 ½ ligne.

De la taille et de la forme de la *Crux minor*, à laquelle elle ressemble un peu.

Tête noire et ponctuée.

Antennes obscures, avec les deux ou trois premiers articles ferrugineux.

Corselet d'un rouge ferrugineux.

Écusson noirâtre.

Élytres un peu plus claires que le corselet, avec des stries finement ponctuées et quelques points enfoncés dans les intervalles, et deux points enfoncés distincts, près de la troisième strie, ayant, en outre, chacune une assez grande tache noire, arrondie, placée vers l'extrémité près du bord extérieur, et sur la suture, à la même hauteur, une autre tache noire commune, qui paraît formée par deux taches jointes ensemble.

Dessous du corps noir.

Pattes d'un rouge ferrugineux.

Elle est assez rare; on la trouve sous les pierres, dans le midi de la France, en Espagne, en Italie, en Dalmatie et dans la Russie méridionale.

7. L. Crux minor.

Pl. 15. fig. 3.

Nigra; thorace elytrisque rufis; coleoptris cruce nigra; pedibus rufis, geniculis tarsisque nigris.

Dej. *Spec.* 1. p. 261. n° 9.

Iconographie. 1re *édit.* III. p. 163. n° 6. pl. 13. fig. 3.
Gyl. II. p. 181. n° 3.
Duft. II. p. 242. n° 7.
Dej. *Cat.* p. 3.
Carabus Crux minor. Fabr. *Syst. El.* I. p. 202. n° 177.
Sch. *Syn. Ins.* I. p. 210. n° 259.
Carabus Crux major. Oliv. III. 35. p. 96. n° 132, t. 4. fig. 41. a. b.
Le Chevalier rouge. Geoff. I. p. 150. n° 18.

Long. 2 $\frac{1}{4}$, 2 $\frac{3}{4}$ lignes. Larg. 1 $\frac{1}{4}$, 1 $\frac{1}{2}$ ligne.

Un peu plus petite et un peu plus large que la *Cyanocephala*.

Tête noire et assez fortement ponctuée.

Antennes d'un noir obscur, avec les trois premiers articles et la base du quatrième d'un rouge ferrugineux.

Corselet d'un rouge ferrugineux à peine ponctué.

Écusson noirâtre.

Élytres courtes, presque carrées, à angles arrondis, avec des stries et les intervalles légèrement ponctués, et deux points enfoncés, distincts, près de la troisième strie du côté de la suture, d'un rouge ferrugineux, ayant un peu au-delà du milieu une large bande noire transversale un peu sinuée, qui se dilate des deux côtés sur la suture, et à la base une grande tache triangulaire, noire, qui entoure l'écusson et qui se joint ordinairement sur la suture à la bande du milieu; le bord extérieur d'une couleur noire, et se joignant à la bande par la suture.

Dessous du corps noir.

Pattes d'un rouge ferrugineux.

Elle n'est pas très-commune, mais on la trouve presque par toute l'Europe, sous les pierres, sur les arbres et les tiges des graminées; elle habite aussi la Sibérie.

8. L. Nigripes.

Pl. 15. fig. 4.

Nigra; thorace elytrisque rufis; coleoptris cruce nigra; pedibus nigris.

Dej. *Spec.* I. p. 262. n° 10.
Iconographie. 1re *édit.* III. p. 184. n° 7. pl. 13. fig. 4.
Dej. *Cat.* p. 3.

Long. 2 $\frac{3}{4}$ lignes. Larg. 1 $\frac{1}{2}$ ligne.

Très-voisine de la précédente, dont elle n'est peut-être qu'une variété.

Elle en diffère par les pattes, entièrement noirâtres; par les antennes, dont seulement le premier article et une partie du second sont d'un rouge ferrugineux; et par la tache de la base des élytres, qui est un peu plus petite, moins triangulaire, et qui ne se joint pas à la bande du milieu; elle est aussi un peu plus grande, et les points enfoncés entre les stries sont un peu moins marqués.

Trouvée par M. le comte Dejean en Dalmatie, près de Raguse, et dans les environs de Fiume; elle se trouve aussi en Provence.

9. L. Turcica.

Pl. 15. fig. 5.

Nigra; thorace rufo; elytris striatis, nigris, macula magna humerali pedibusque testaceis.

Dej. *Spec.* i. p. 263. n° 11.
Iconographie. 1re *édit.* iii. p. 165. n° 8. pl. 13. fig. 5.
Dej. *Cat.* p. 3.
Carabus Turcicus. Fabr. *Sys. El.* i. p. 203. n° 181.
Oliv. iii. 35. p. 98. n° 135. t. 6. fig. 68. a. b.
Sch. *Syn. Ins.* i. p. 211. n° 244.

Long. 2 lignes. Larg. 1 ligne.

Plus petite que la *Crux minor*, à laquelle elle ressemble pour la forme.

Tête noire, assez fortement ponctuée et un peu ridée entre les yeux.

Antennes, palpes et bouche d'un rouge ferrugineux.

Corselet d'un rouge ferrugineux, avec quelques rides transversales peu marquées.

Écusson ferrugineux.

Élytres fortement striées, avec des petits points visibles seulement à une forte loupe, et deux points enfoncés distincts, près de la troisième strie du côté de la suture, noires, ayant une grande tache d'un jaune testacé à l'angle de la base, qui va presque jusqu'au milieu en se rapprochant de la suture, de manière à faire paraître la base de l'élytre jaune avec une grande tache triangulaire noire, autour de l'écusson.

Dessous du corps noir, avec une tache ferrugineuse sur l'abdomen, et la poitrine d'un rouge ferrugineux.

Pattes d'un jaune testacé.

On la trouve sous les pierres et sous les écorces, dans le midi de la France et en Italie.

10. L. Quadrimaculata.

Pl. 15. fig. 6.

Nigra; thorace rufo; elytris striatis, nigris, macula magna humerali parvaque apicali pedibusque testaceis.

Dej. *Spec.* I. p. 264. n° 12.
Iconographie. 1re *édit.* III. p. 166. n° 9. pl. 13. fig. 6.
Dej. *Cat.* p. 3.

Long. 2 lignes. Larg. 1 ligne.

Elle est extrêmement voisine de la précédente, dont elle n'est peut-être qu'une variété; elle en diffère par une tache arrondie d'un jaune testacé, placée à l'extrémité des élytres près de la suture. Cette tache, ainsi que celle de la base, varient pour la grandeur, et, dans quelques individus, les élytres présentent presque le même dessin que celles de la *Crux minor*.

Découverte en Espagne, sous les écorces, par M. le comte Dejean, et retrouvée depuis en Italie et dans le midi de la France.

11. L. Humeralis. *Sturm.*

Pl 15. fig. 7.

Nigra; thorace rufo; elytris nigris, punctato-striatis, macula humerali parvaque apicali, pedibus anoque rufis.

Dej. *Spec.* i. p. 264. n° 13.
Iconographie. 1re *édit.* iii. p. 167. n° 10. pl. 13. fig. 7.
Dej. *Cat.* p. 3.
L. Turcica. Duft. ii. p. 245. n° 11.

Long. 1 $\frac{1}{4}$ ligne. Larg. $\frac{3}{4}$ ligne.

Un peu plus petite et plus allongée que la précédente, à laquelle elle ressemble beaucoup, mais dont elle diffère par les caractères suivans.

Stries des élytres moins profondes, visiblement ponctuées, avec des points enfoncés dans les intervalles. Taches des élytres plus foncées, de la couleur du corselet, et dont l'humérale, un peu moins grande, presque carrée, ne s'avance pas postérieurement vers la suture.

Dessous du corps noir, avec le milieu de l'abdomen et ses derniers anneaux d'un rouge ferrugineux.

Pattes d'un rouge ferrugineux.

Elle se trouve en Dalmatie et en Autriche.

12. L. HÆMORRHOIDALIS.

Pl. 15. fig. 8.

Rufa; elytris nigris, apice rufis.

DEJ. *Spec.* I. p. 266. n° 15.
Iconographie. 1re *édit.* III. p. 168. n° 11. pl. 13. fig. 8.
DUFT. II. p. 245. n° 10.
DEJ. *Cat.* p. 3.
Carabus Hæmorrhoidalis. FABR. *Sys. El.* I. p. 203. n° 182.
OLIV. III. 35. p. 99. n° 136. T. 13. fig. 149. a. b.
SCH. *Syn. Ins.* I. p. 211. n° 245.

Long. 1 $\frac{3}{4}$, 2 $\frac{1}{4}$ lignes. Larg. $\frac{3}{4}$, 1 ligne.

De la taille de la *Turcica*.

Tête, antennes et écusson d'un rouge un peu ferrugineux.

Corselet d'un rouge ferrugineux, ressemblant à celui de la *Turcica*, mais nullement rétréci postérieurement.

Élytres avec des stries et les intervalles légèrement ponctués, et, en outre, deux points enfoncés, distincts, comme dans la *Turcica*; d'une couleur noire, ayant à leur extrémité une tache d'un rouge ferrugineux, un peu plus jaune que le corselet, qui en occupe toute la largeur, et qui est sinuée à sa partie supérieure.

Dessous du corps d'un rouge ferrugineux, avec la poitrine noirâtre.

Pattes d'un rouge ferrugineux.

On la trouve sous les écorces, sur les arbres et les plantes herbacées, en France, en Allemagne et en Italie.

XVI. COPTODERA. *Dejean.*

LEBIA. *Latreille.* CARABUS. *Fabricius.*

Crochets des tarses dentelés en dessous. Dernier article des palpes cylindrique. Antennes plus courtes que le corps, et plus ou moins moniliformes. Articles des tarses antérieurs, presque triangulaires ou cordiformes; ceux des quatre postérieurs, presque filiformes; le pénultième de tous en cœur ou bifide, mais non bilobé. Corps court et aplati. Tête ovale et peu rétrécie postérieurement. Corselet court, transversal, coupé carrément postérieurement. Élytres planes, en carré allongé.

Les insectes qui forment ce genre avaient été confondus jusqu'à présent avec les *Lebia*, auxquelles ils ressemblent beaucoup, ainsi qu'aux *Plochionus*; mais il est cependant facile de les distinguer.

Le dernier article des palpes est presque cylindrique. Les antennes sont plus courtes que le corps, et plus ou moins moniliformes. Le corselet est court, transversal, et coupé carrément postérieurement. Les élytres sont à peu près comme dans les *Lebia*, mais un peu plus allongées. Les trois premiers articles des tarses antérieurs sont assez courts, presque triangulaires ou cordiformes; les trois premiers des quatre postérieurs sont presque filiformes; le pénultième de tous est en cœur ou bifide, mais non bilobé.

Toutes les espèces de ce genre viennent d'Amérique et d'Afrique, et elles ont toutes des couleurs assez brillantes; leurs mœurs doivent être à peu près les mêmes que celles des *Lebia.* B. D.

C. Depressa. *Klug.*

Pl. 16. fig. 2.

Supra viridi-ænea; elytris profunde striatis, macula antica, sinuata fasciaque postica undata interrupta flavis; antennis pedibusque brunneis.

Elle se trouve au Brésil. C. D.

XVII. ORTHOGONIUS. *Dejean.*

Plochionus. *Wiedemann.* Carabus. *Schœnherr.*

Crochets des tarses dentelés en dessous. Dernier article des palpes cylindrique. Antennes plus courtes que le corps, et filiformes. Articles des tarses triangulaires ou en cœur, le pénultième fortement bilobé. Corps large. Tête ovale, peu rétrécie postérieurement. Corselet plus large que la tête, assez court, transversal, et coupé carrément postérieurement. Élytres larges, en carré assez allongé.

Les insectes qui composent ce genre paraissent, à la première vue, s'éloigner beaucoup des genres précédens, et se rapprocher des *Harpalus;* ils sont assez grands, et de couleur noire ou brune; mais, en les examinant attentivement, on voit qu'ils ne sont pas éloignés des *Lebia* et des genres voisins.

Le dernier article des palpes est cylindrique. Les antennes sont plus courtes que le corps et filiformes. Le corps est large et un peu aplati. La tête est ovale, presque pas rétrécie postérieurement. Le corselet est plus large que la tête, court, transversal, coupé carrément antérieurement et postérieurement, et arrondi sur les côtés. Les élytres sont un peu plus larges que le corselet, très-légèrement convexes, plus ou moins allongées, et en forme de rectangle ou de carré long. Les trois premiers articles des tarses sont larges et plus ou moins triangulaires, ou en cœur; le pénultième est très-fortement bilobé. Les crochets des tarses sont fortement dentelés en dessous.

Les espèces de ce genre viennent de Java, des Indes orientales et de la côte occidentale d'Afrique.

B. D.

O. Curvipes. *Dejean.*

Pl. 19. fig. 1.

Niger; elytris striato-punctatis, interstitiis punctulatis; tibiis incurvis.

Il se trouve au Sénégal, d'où il a été rapporté par M. Dumolin.

C. D.

TRONCATIPENNES.

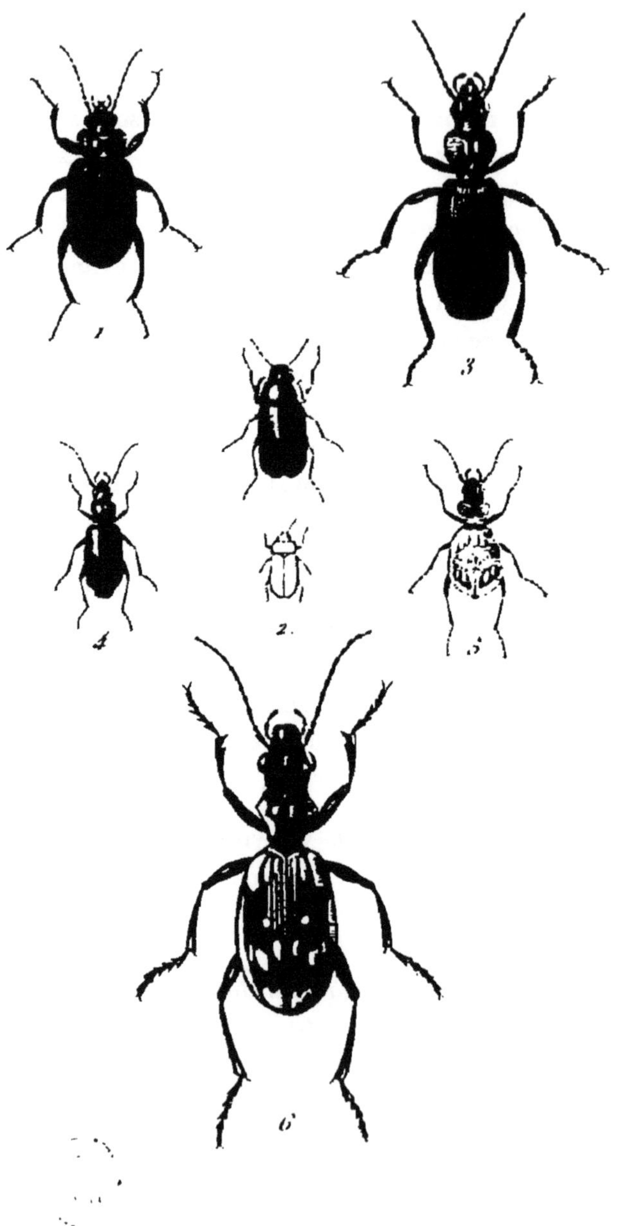

1. Orthogonius Curvipes.
2. Axinophorus Lecontei.
3. Helluo Grandis.
4. Catascopus Brasiliensis.
5. Graphipterus Barthelemyi.
6. Anthia Marginata.

P. Pamard Pinxit et Direxit

XVIII. HELLUO. *Bonelli.*

GALERITA. *Fabricius.*

Dernier article des palpes court, un peu plus gros que les précédens, et allant un peu en grossissant vers l'extrémité. Antennes moniliformes ou allant en grossissant vers le bout. Une très-forte dent au milieu de l'échancrure du menton. Tête ovale, plus ou moins rétrécie postérieurement. Corselet presque plane et cordiforme. Élytres en ovale ou en carré très-allongé.

Le genre *Helluo* a été formé par Bonelli sur un insecte de la Nouvelle-Hollande, que Latreille avait nommé *Anthia Truncata*, et il a été successivement augmenté de la *Galerita Hirta* de Fabricius, de quelques autres espèces des Indes orientales décrites par Wiedemann, et enfin de quelques nouvelles espèces d'Amérique et du Sénégal.

Le dernier article des palpes est court, un peu plus gros que les précédens, et il va un peu en grossissant vers l'extrémité. Les antennes sont moniliformes, ou renflées insensiblement vers l'extrémité, et plus ou moins longues, mais toujours beaucoup plus courtes que le corps. Le menton a une très-forte dent au milieu de son échancrure, et elle est aussi avancée que les deux latérales. La lèvre supérieure est tantôt courte et transverse, tantôt avancée et arrondie. Les mandibules sont courtes et peu saillantes. La tête est ovale, et plus ou moins rétrécie postérieurement. Le corselet est au moins aussi large que la tête, presque plane, et plus ou moins cordiforme. Les élytres sont en ovale ou en carré très-allongé, et tronquées à l'extrémité. Les pattes sont assez fortes et peu allongées. Les articles des tarses sont assez courts, plus ou moins bifides ou cordiformes; dans quelques espèces le pénultième est bilobé, les crochets des tarses ne sont point dentelés en dessous, comme dans les genres précédens. Le corps est allongé et plus ou moins déprimé; il est légèrement pubescent et plus ou moins ponctué, et les insectes qui composent ce genre paraissent se rapprocher beaucoup plus des *Polistichus* que des *Anthia*, près desquelles Bonelli et Latreille les ont placés.

B. D.

H. Grandis. *Dejean.*

Pl. 19. fig. 3.

Ater, pubescens; labro subporrecto, lævigato; elytris elongatis, sulcatis.

Il se trouve au Sénégal, d'où il a été rapporté par M. Dumolin.

C. D.

XIX. APTINUS. *Bonelli.*

Brachinus. *Fabricius.*

Dernier article des palpes un peu plus gros que les précédens, et allant un peu en grossissant vers l'extrémité. Antennes filiformes. Lèvre supérieure courte, et laissant les mandibules à découvert. Point de dent, ou une très-

petite au milieu de l'échancrure du menton. Les trois premiers articles des tarses antérieurs sensiblement dilatés dans les mâles. Point d'ailes. Corselet cordiforme. Élytres ovales, allant en s'élargissant vers l'extrémité.

Les *Aptinus* ont le plus grand rapport avec les *Brachinus*, et il est très-facile de les confondre. Cependant, indépendamment de l'absence des ailes, ils présentent toujours les caractères suivans : les trois premiers articles des tarses antérieurs sont toujours sensiblement dilatés dans les mâles, tandis que cette dilatation n'est presque pas sensible dans les *Brachinus*; les élytres sont tronquées obliquement à l'extrémité, de manièr eà former un angle rentrant dont l'extrémité de la suture est le sommet, tandis que dans les *Brachinus* les élytres sont tronquées carrément; les élytres sont aussi plus ovales, et elles vont en s'élargissant vers l'extrémité, tandis qu'elles sont ordinairement plus carrées et plus parallèles dans les *Brachinus*; mais cependant quelques espèces de ce dernier genre présentent aussi ce dernier caractère. Ainsi que le dit Bonelli, quelques *Aptinus* ont une petite dent bifide au milieu de l'échancrure du menton, mais d'autres espèces en sont dépourvues. Quant aux autres caractères cités par Bonelli, tels que lèvre supérieure échancrée dans les *Aptinus*, peu ou point échancrée dans les *Brachinus*, dernier article des palpes labiaux dilaté et comprimé dans les *Aptinus*, allongé et ovale dans les *Brachinus*, pattes allongées dans les *Aptinus*, médiocres dans les *Brachinus*, ils sont si peu sensibles qu'on ne peut les distinguer.

Toutes les espèces de ce genre connues jusqu'à présent appartiennent à l'Europe méridionale, au Cap de Bonne-Espérance et au Sénégal. On les trouve, comme les *Brachinus*, sous les pierres, mais plus particulièrement dans les montagnes.

1. A. Balista. *Illiger.*

Pl. 16. fig. 3.

Niger; elytris costatis, thorace rufo.

Dej. *Spec.* I. p. 292. n° 2.
Germar. *Coleopt. Sp. nov.* p. 2. n° 3.
Ahrens. *Fauna Ins. Europ.* viii. t. 5.
Iconographie. 1re *édit.* ii. p. 100. n° 1. t. 8. fig. 1.
Dej. *Cat.* p. 4.
Brachinus displosor. Dufour. *Annales du Muséum.* xviii. t. 5. fig. 1.
Dufour. *Annales gén. des Sciences physiques.* vi. 18e cahier. p. 320. n° 4.

Long. 5 ½, 7 lignes. Larg 2 ½, 3 lignes.

De la même forme que le *Mutilatus*, mais un peu plus grand.

Tête un peu plus grosse, noire, avec deux enfoncemens longitudinaux entre les yeux; la lèvre supérieure et les palpes d'un brun obscur.

Corselet d'un rouge sanguin, un peu ferrugineux, plane, assez allongé et presque en cœur.

Élytres noires, de la même forme que celles du *Mutilatus*, et sillonnées de même, avec l'extrémité tronquée un peu plus obliquement, et formant à la suture un angle rentrant un peu moins obtus.

Dessous du corps et pattes d'un brun-noirâtre.

Trouvé en Portugal par Hoffmansegg; dans la Navarre, la Catalogne et le royaume de Valence par M. Léon Dufour; il n'est pas rare dans les montagnes près de Collioure.

2. A. Mutilatus.

Pl. 16. fig. 4.

Ater; elytris costatis; antennis pedibusque ferrugineis; thorace postice transversim impresso.

Dej. *Spec.* I. p. 293. n° 3.
Iconographie. 1re *édit.* II. p. 101. n° 2. T. 8. fig. 2.
Dej. *Cat.* p. 4.
Brachinus Mutilatus. Fabr. *Sys. El.* I. p. 218. n° 7.
Sch. *Syn. Ins.* I. p. 230. n° 7.
Duft. II. p. 233. n° 1.

Long. 5 $\frac{1}{2}$ lignes. Larg. 2 $\frac{1}{4}$ lignes.

D'un brun noirâtre en dessus.

Tête avec deux enfoncemens longitudinaux entre les yeux, la lèvre supérieure et les mandibules d'un brun obscur, et les palpes d'un jaune ferrugineux.

Antennes d'un jaune ferrugineux, avec les derniers articles un peu plus obscurs.

Corselet presque en cœur, un peu rétréci postérieurement.

Élytres à peine plus larges que le corselet à leur base, s'élargissant ensuite, tronquées un peu obliquement à leur extrémité, et formant à la suture un angle rentrant très-obtus, ayant en outre chacune huit côtes élevées et la suture un peu saillante.

Dessous du corps moins foncé que le dessus.

Pattes d'un jaune ferrugineux.

Il se trouve communément en Autriche, sous les pierres, dans les montagnes.

3. A. Atratus. *Ziegler.*

Pl. 16. fig. 5.

Niger; elytris costatis; antennis pedibusque nigro-piceis: thorace postice transversim impresso.

Dej. *Spec.* I. p. 294. n° 4.

Long. 4 ½, 5 ½ lignes. Larg. 1 ¾, 2 ¼ lignes.

Il ressemble entièrement, pour la forme, au *Mutilatus*, et il n'en diffère que par sa couleur, un peu plus noire, et surtout par celle des antennes et des pattes, qui est d'un brun noirâtre très-foncé, au lieu d'être d'un jaune ferrugineux.

Il se trouve en Autriche. B. D.

4. A. Alpinus. *Dejean.*

Pl. 16. fig. 6.

Niger; elytris costatis; antennis apice tarsisque piceis.

Long. 4 $\frac{1}{2}$ lignes. Larg. 1 $\frac{3}{4}$ ligne.

Très-voisin de l'*Atratus*, auquel il ressemble beaucoup par la forme, la grandeur et la couleur.

Palpes d'un brun noirâtre obscur.

Les quatre premiers articles des antennes d'un brun noirâtre; les autres d'un brun obscur.

Corselet un peu moins fortement ponctué que celui de l'*Atratus*, et n'ayant pas d'impression transversale près de la base.

Cuisses et jambes d'un brun noirâtre.

Tarses d'un brun roussâtre.

Décrit et figuré sur un individu trouvé dans les montagnes du département des Basses-Alpes, par M. Yvan.

C. D.

5. A. Pyrenæus.

Pl. 16. fig. 7.

Ater; elytris costatis; antennis ferrugineis, pedibus testaceis.

Dej. *Spec.* I. p. 295. n° 5.
Iconographie. 1re *édit.* II. p. 102. n° 3. T. 8. fig. 5.

Long. 3, 4 lignes. Larg. 1 $\frac{1}{4}$, 1 $\frac{3}{4}$ ligne.

Il ressemble au *Mutilatus*, mais il est beaucoup plus petit; sa couleur est moins foncée et presque brune.

Tête un peu plus allongée, avec les palpes et les antennes à peu près de la même couleur.

Corselet plus étroit, plus rétréci postérieurement et moins ponctué, avec les bords latéraux plus relevés, surtout postérieurement, et sans impression transversale près le bord postérieur.

Élytres un peu plus convexes et proportionnellement un peu plus larges, surtout vers leur base.

Pattes d'un jaune testacé.

Il se trouve dans les Pyrénées orientales. M. le comte Dejean l'a pris abondamment sous les pierres, dans les montagnes, autour de Pratz-de-Mollo.

6. A. Jaculans. *Illiger.*

Pl. 16. fig. 8.

Fuscus; elytris subcostatis, pubescentibus; capite thoraceque rufis, pedibus testaceis.

Dej. *Spec.* I. p. 295. n° 6.

Iconographie. 1re *édit.* II. p. 103. n° 4. T. 8. fig. 4.

Dej. *Cat.* p. 4.

Brachinus bellicosus. Dufour. *Annales gén. des Sciences physiques.* VI. 18e cahier. p. 320. n° 5.

Long. 3 $\frac{1}{4}$, 4 $\frac{1}{2}$ lignes. Larg. 1 $\frac{1}{3}$, 1 $\frac{3}{4}$ ligne.

Il se rapproche un peu des *Brachinus* par la forme du corps.

Tête, antennes et corselet d'un rouge ferrugineux.

Élytres d'un brun obscur et légèrement pubescentes, striées et ponctuées comme celles du *Brachinus crepitans*, mais plus convexes, plus étroites et plus arrondies antérieurement, plus larges postérieurement, avec l'extrémité tronquée un peu plus obliquement.

Dessous du corps d'un brun obscur.

Pattes d'un jaune pâle.

Rapporté du Portugal par Hoffmansegg. M. le comte Dejean l'a trouvé communément en Espagne, aux environs de Ciudad-Rodrigo, et M. Léon Dufour l'a rapporté de la Navarre; il paraît qu'il se trouve aussi en Italie.

XX. BRACHINUS. *Weber. Fabricius.*

CARABUS. *Olivier.*

Dernier article des palpes un peu plus gros que les précédens, et allant un peu en grossissant vers l'extrémité. Antennes filiformes. Lèvre supérieure courte, et laissant les mandibules à découvert. Point de dent au milieu de l'échancrure du menton. Tarses antérieurs point sensiblement dilatés dans les mâles. Des ailes. Corselet cordiforme. Élytres ovales, presque aussi larges à la base qu'à l'extrémité.

Les *Brachinus* sont si connus par la singulière propriété, qu'ils partagent avec les *Aptinus*, de faire sortir par l'anus une matière vaporisable et détonante, qu'il est inutile de nous étendre beaucoup sur ce genre.

Le dernier article des palpes est un peu plus gros que les précédens, et il va un peu en grossissant vers l'extrémité; la lèvre supérieure est courte, transverse, et elle laisse les mandibules à découvert; celles-ci sont courtes et peu avancées; il n'y a point de dent au milieu de l'échancrure du menton; les antennes sont filiformes, assez fortes pour la grosseur de l'insecte, et plus courtes que le corps. Ces insectes sont tous ailés, et leur corps est assez épais et non aplati; la tête est ovale et peu rétrécie postérieurement; le corselet est assez allongé; il est à sa partie antérieure un peu plus large que la tête, rétréci postérieurement et plus ou moins cordiforme; les élytres sont le double plus larges que le corselet, en ovale presque carré, ordinairement presque aussi larges à la base qu'à l'extrémité, assez allongées, légèrement convexes et coupées carrément à l'extrémité; les pattes sont peu allongées; les articles des tarses sont presque cylindriques; les antérieurs ne sont pas sensiblement dilatés dans les mâles, et les crochets des tarses ne sont pas dentelés en dessous.

Toutes les espèces de ce genre se trouvent ordinairement sous les pierres, réunies plusieurs ensemble; il est rare qu'on les trouve isolées, comme la plupart des autres Troncatipennes.

1. B. Hispanicus. *Kollar.*

Pl. 17. fig. 1.

Capite thoraceque rufis, immaculatis; elytris costatis,

BRACHINUS.

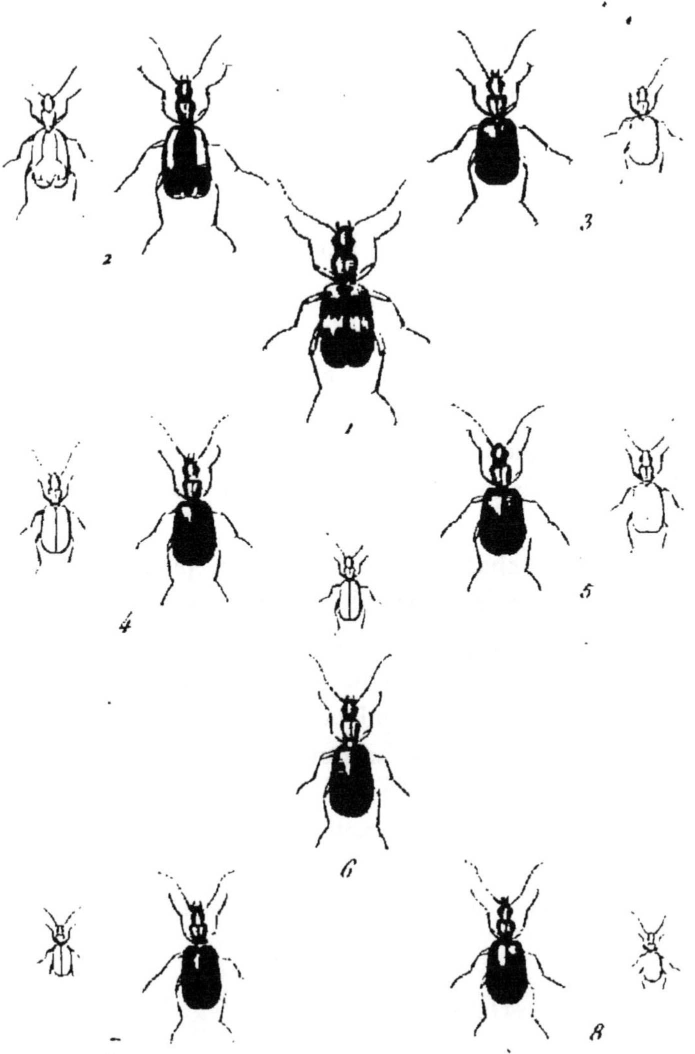

1. B. Hispanicus.
2. B. Causticus.
3. B. Nigricornis.
4. B. Crepitans.
5. B. Immaculicornis.
6. B. Etslans.
7. B. Explodens.
8. B. Glabratus.

P. Dumenil Pinxit et Direxit

nigris, macula humerali, fascia media dentata abbreviata pedibusque testaceis.

DEJ. *Spec.* I. p. 303. n° 8.
Iconographie. 1re *édit.* II. p. 104. n° 1. T. 8. fig. 5.

Long. 7 lignes. Larg. 2 ½ lignes.

Il ressemble au *Bimaculatus* et autres grandes espèces exotiques.

Tête d'un jaune roussâtre, avec la partie antérieure testacée.

Antennes d'un rouge jaunâtre.

Corselet d'un rouge jaunâtre, sans taches ni points enfoncés.

Élytres noires, ayant chacune une tache d'un jaune testacé à l'angle de la base, plus grande que dans les espèces exotiques voisines, un peu dentelée sur ses bords, et au milieu une bande de la même couleur, assez large, fortement dentelée sur ses bords, et qui va presque jusqu'à la suture; bord latéral entre la tache humérale et cette bande un peu jaunâtre.

Pattes d'un jaune testacé, avec une petite tache obscure à l'extrémité des cuisses.

Ce bel insecte se trouve assez communément aux environs de Cadix.

2. B. CAUSTICUS. *Latreille.*

Pl. 17. fig. 2.

Flavo-ferrugineus; elytris subcostatis, sutura lata maculaque magna postica fuscis.

DEJ. *Spec.* I. p. 313. n° 21.

Iconographie. 1re *édit.* II. p. 114. n° 12. T. 9. fig. 8.

DEJ. *Cat.* p. 3.

B. Humeralis. STURM. AHRENS. *Fauna Ins. Europ.* I. T. 9.

Long. 4, 5 lignes. Larg. 1 $\frac{3}{4}$, 2 $\frac{1}{4}$ lignes.

De la forme du *Crepitans*, mais ordinairement un peu plus grand.

Tête, antennes et corselet d'un jaune ferrugineux.

Élytres d'un jaune ferrugineux, légèrement pubescentes, finement granulées, avec des côtes plus marquées, et une large suture d'un brun noirâtre qui ne va pas tout-à-fait jusqu'à l'extrémité, et, en outre, une grande tache de la même couleur au-delà du milieu, qui se joint avec la suture, et qui ne touche pas tout-à-fait le bord extérieur.

Dessous du corps d'un jaune ferrugineux, un peu plus clair qu'en dessus, avec l'extrémité de l'abdomen presque noirâtre.

Il se trouve dans le midi de la France, surtout aux environs de Montpellier, où il est maintenant assez commun.

B. D.

3. B. NIGRICORNIS. *Gebler.*

Pl. 17. fig. 3.

Ferrugineus; elytris subcostatis, obscure cyaneis; antennis, tibiarum apice, tarsis, pectore abdomineque fuscis.

Long. 3, 3 $\frac{3}{4}$ lignes. Larg. 1 $\frac{1}{4}$ 1 $\frac{2}{3}$ ligne.

De la forme et de la grandeur du *Crepitans*.

Palpes d'un brun noirâtre.

Antennes également d'un brun noirâtre, à l'exception des deux premiers articles, qui sont, comme dans le *Crepitans*, d'un rouge ferrugineux.

Élytres d'un bleu noirâtre, avec les côtes élevées plus marquées que dans le *Crepitans*.

Poitrine et abdomen d'un brun noirâtre.

Extrémité des jambes et tarses d'un brun noirâtre.

Il se trouve en Sibérie, dans les provinces méridionales de la Russie et même dans le midi de la France.

C. D.

4. B. Crepitans.

Pl. 17. fig. 4.

Ferrugineus; elytris subcostatis, cyaneo-virescentibus; antennarum articulis tertio quartoque abdomineque obscuris.

Dej. *Spec.* I. p. 318. n° 30.
Fabr. *Syst. El.* I. p. 219. n° 12.
Sch. *Syn. Ins.* I. p. 230. n° 12.
Gyl. II. p. 176. n° 1.
Duft. II. p. 233. n° 2.
Iconographie. 1re *édit.* II. p. 105. n° 2. T. 8. fig. 6.
Dej. *Cat.* p. 3.
Carabus Crepitans. Oliv. III. 35. p. 64. n° 80. T. 4. fig. 35.
Le Bupreste à tête, corcelet et pattes rouges et étuis bleus. Geoff. I. p. 151. n° 19.

Long. 3, 4 $\frac{1}{2}$ lignes. Larg. 1 $\frac{1}{4}$, 1 $\frac{3}{4}$ ligne.

Il varie beaucoup pour la taille, ordinairement plus grande dans le Midi que dans le Nord.

Tête oblongue, d'un rouge ferrugineux, avec deux impressions peu marquées entre les antennes.

Celles-ci de la longueur de la moitié du corps, un peu pubescentes, d'un rouge ferrugineux, ayant une grande tache obscure sur les troisième et quatrième articles.

Corselet de la couleur de la tête, un peu plus large qu'elle à sa partie antérieure, rétréci postérieurement en forme de cœur.

Écusson de la couleur du corselet.

Élytres presque le double plus larges que le corselet, allongées, un peu en ovale, arrondies à la base, tronquées à l'extrémité, très-légèrement pubescentes, finement ponctuées, d'une couleur qui varie du bleu-noirâtre foncé au vert-bleuâtre clair, avec des côtes élevées peu marquées.

Dessous du corps d'un brun obscur, avec le milieu de la poitrine plus ou moins rougeâtre.

Il se trouve très-communément, au printemps, sous les pierres dans presque toute l'Europe.

5. B. Immaculicornis.

Pl. 17. fig. 5.

Ferrugineus, elytris subcostatis, virescentibus; abdomine obscuro.

Dej. *Spec.* II. *Suppl.* p. 466. n° 47.

DEJ. *Cat.* p. 3.
B. Crepitans. VAR. A. DEJ. *Spec.* I. p. 317. n° 30.
B. Pectoralis. ZIEGLER? DAHL.

Long. 4 ½ lignes. Larg. 1 ¾ ligne.

Extrêmement voisin du *Crepitans*, mais constamment plus grand.

Antennes sans taches sur le troisième et le quatrième article.

Élytres toujours d'une couleur verdâtre, paraissant légèrement granulées à la loupe.

Tarses antérieurs un peu dilatés dans les mâles.

Le reste comme dans le *Crepitans*.

Il se trouve dans le midi de la France; M. Dejean en a pris un individu en Espagne, et M. Dahl lui en a envoyé plusieurs autres pris en Italie, sous le nom de *Pectoralis*, de Ziegler. B. D.

6. B. ETSLANS. *Hoffmansegg.*

Pl. 17. fig. 6.

Angustior, ferrugineus; elytris subcostatis, cyaneo-violaceis; antennarum articulis tertio quartoque abdomineque obscuris.

Long. 3 ½ lignes. Larg. 1 ⅓ ligne.

Très-voisin du *Crepitans*, mais proportionnellement un peu plus étroit.

Corselet plus étroit antérieurement, et moins cordiforme.

Élytres d'un bleu violet, un peu plus allongées et un peu plus étroites, surtout antérieurement.

Il se trouve en Portugal. C. D.

7. B. Explodens.

Pl. 17. fig. 7.

Ferrugineus; elytris sublævibus, cyaneis; antennarum articulo tertio quartoque abdomineque obscuris.

Dej. *Spec.* I. p. 320. n° 31.
Duft. II. p. 234. n° 3.
Iconographie. 1re *édit.* II. p. 107. n° 3. T. 8. fig. 7.
Dej. *Cat.* p. 3.

Long. 2, 2 $\frac{1}{2}$ lignes. Larg. 1, 1 $\frac{1}{4}$ ligne.

Plus petit que le *Crepitans*, auquel il ressemble beaucoup.

Élytres plus bleues, avec les côtes élevées, presque pas apparentes.

Antennes avec une tache obscure sur les troisième et quatrième articles, ce qui, avec l'absence de la tache rouge à la base de la suture des élytres, le distingue suffisamment du *Sclopeta*.

Dessous du corps comme dans le *Crepitans*.

Très-commun aux environs de Paris.

8. B. Glabratus. *Bonelli.*

Pl. 17. fig. 8.

Ferrugineus; elytris sublævibus, cyaneis, abdomine obscuro.

Dej. *Spec.* I. p. 320. n° 32.
Iconographie. 1re *édit.* II. p. 108. n°. 4. T. 8. fig. 8.
Dej. *Cat.* p. 3.
B. Strepitans? Duft. II. p. 235. n° 5.

Long. 2 $\frac{1}{2}$, 3 lignes. Larg. 1 $\frac{1}{4}$, 1 $\frac{1}{2}$ ligne.

Var. A. *B. Pectoralis.* Ziegler? Stéven.

Long. 3 $\frac{1}{2}$, 4 lignes. Larg. 1 $\frac{1}{2}$, 1 $\frac{3}{4}$ ligne.

Très-voisin de l'*Explodens*; il en diffère seulement par les antennes, qui sont sans taches, et par les élytres, qui sont un peu plus bleues, et sur lesquelles on distingue des côtes élevées, mais cependant moins marquées que dans le *Crepitans*.

Il se trouve en Italie, en Espagne, en Portugal, dans le midi de la France et les provinces méridionales de la Russie.

Le *Pectoralis* de Ziegler paraît être, d'après Stéven, une variété qui n'en diffère que par sa taille, beaucoup plus grande, et par le milieu de la poitrine, un peu plus rougeâtre.

9. B. Psophia. *Sanvitale.*

Pl. 18. fig. 1.

Ferrugineus; elytris subcostatis, cyaneo-virescentibus.

Dej. *Spec.* I. p. 321. n° 34.
Iconographie. 1re *édit.* II. p. 108. n° 5. T. 9. fig. 1.
Dej. *Cat.* p. 3.

Long. 2 $\frac{1}{2}$, 3 $\frac{1}{2}$ lignes. Larg. 1, 1 $\frac{1}{2}$ ligne.

Un peu plus petit et un peu plus allongé que le *Crepitans,* auquel il ressemble beaucoup.

Antennes sans taches.

Corselet un peu plus étroit antérieurement.

Élytres constamment d'un bleu verdâtre, s'élargissant vers l'extrémité, avec les angles postérieurs, un peu moins arrondis.

Dessous du corps d'un rouge ferrugineux.

Il habite le midi de la France, l'Italie, la Dalmatie et les provinces méridionales de la Russie.

10. B. Bombarda. *Illiger.*

Pl. 18. fig. 2.

Ferrugineus; elytris subcostatis, virescentibus, macula scutellari ferruginea.

Dej. *Spec.* I. p. 322. n° 35.
Iconographie. 1re *édit.* II. p. 109. n° 6. T. 9. fig. 2.
Dej. *Cat.* p. 3.

TRONCATIPENNES.

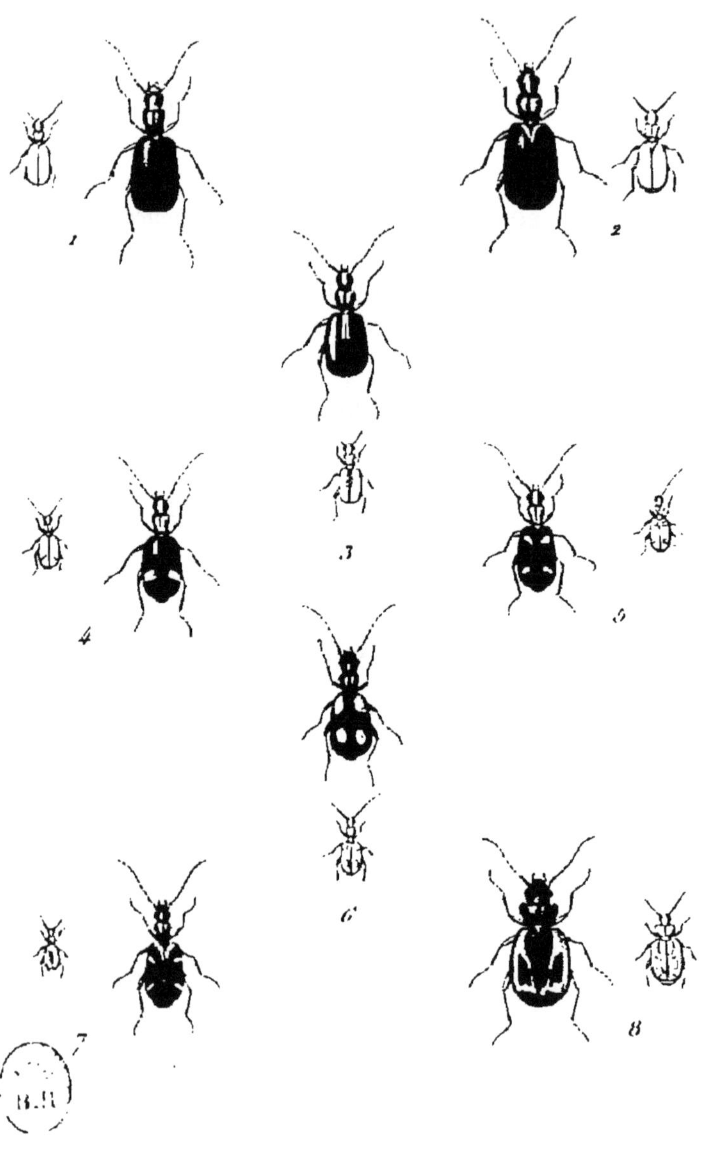

1. Brachinus Psophia. 5. Brachinus Exhalans.
2. ——— Bombarda. 6. ——— Cruciatus
3. ——— Sclopeta. 7. ——— Thermarum.
4 ——— Bipustulatus. 8. Corsyra Fusula.

P. Duménil Pinx.it et Direx.it

Long. 3, 4 lignes. Larg. 1 $\frac{1}{4}$, 1 $\frac{3}{4}$ ligne.

Très-voisin du *Psophia*, mais quelquefois un peu plus grand.

Élytres plus vertes, ayant à leur base, autour de l'écusson, une tache triangulaire d'un rouge ferrugineux, qui ne se prolonge pas sur la suture, comme dans le *Sclopeta*.

Il se trouve dans la France méridionale, en Espagne et en Portugal.

11. B. Sclopeta.

Pl. 18. fig. 3.

Ferrugineus; elytris sublævibus, cyaneis, sutura abbreviata ferruginea.

Dej. *Spec.* I. p. 322. n° 36.
Fabr. *Sys. El.* I. p. 220. n° 13.
Sch. *Syn. Ins.* I. 231. n° 13.
Duft. II. p. 235. n° 4.
Iconographie. 1re *édit.* II. p. 109. n° 7. T. 9. fig. 3.
Dej. *Cat.* p. 3.
Var. A. *B. Suturalis.* Dej. *Cat.* p. 3.

Long. 2, 3 lignes. Larg. 1, 1 $\frac{1}{2}$ ligne.

Plus petit et un peu moins allongé que le *Crepitans*.

Antennes sans taches.

Élytres plus courtes et un peu plus larges, d'une couleur plus bleue, avec les côtes presque pas apparentes, et leur suture d'un rouge ferrugineux depuis la base jusque près du milieu.

Dessous du corps entièrement d'un rouge ferrugineux.

Il se trouve en France, en Espagne, en Italie et en Dalmatie; il est très-commun aux environs de Paris.

La variété désignée dans le Catalogue de M. Dejean sous le nom de *Suturalis*, est un peu plus grande, ses élytres sont d'un bleu un peu verdâtre, avec les côtes élevées un peu marquées. Elle se trouve en Espagne.

12. B. Bipustulatus.

Pl. 18. fig. 4.

Ferrugineus; elytris subcostatis, virescentibus, macula postica testacea; abdomine obscuro.

Dej. *Spec.* 1. p. 323. n° 37.
Sch. *Syn. Ins.* 1. p. 231. n° 15. t. 3. fig. 7.
Iconographie. 1re *édit.* ii. p. 110. n° 8. t. 9. fig. 4.
Dej. *Cat.* p. 3.

Long. 3 lignes. Larg. 1 ¼ ligne.

De la même forme que le *Sclopeta*, mais un peu plus grand.

Tête, corselet et écusson d'un rouge ferrugineux.

Antennes d'un rouge ferrugineux, avec les troisième et quatrième articles noirâtres.

Élytres d'un vert un peu bleuâtre, avec les côtes peu marquées et une grande tache d'un jaune testacé, presque carrée, placée vers le bord extérieur, à peu près aux deux tiers des élytres.

Dessous du corps d'un brun obscur.

Pattes d'un rouge ferrugineux.

Trouvé par M. Stéven aux environs de Kislar, près de la mer Caspienne, dans le gouvernement du Caucase.

13. B. Exhalans.

Pl. 18. fig. 5.

Ferrugineus; elytris subcostatis, obscuro-cyaneis, maculis duabus flavescentibus; abdomine obscuro.

Dej. *Spec.* I. p. 324. n° 38.
Sch. *Syn. Ins.* 1. p. 231. n° 14.
Iconographie. 1re *édit.* II. p. 111. n° 9. T. 9. fig. 5.
Dej. *Cat.* p. 3.
Carabus Exhalans. Rossi. *Mant.* 1. p. 84. n° 192. T. 1. fig. B.

Long. 2, 2 $\frac{1}{2}$ lignes. Larg. 1, 1 $\frac{1}{4}$ ligne.

De la même forme que le *Sclopeta*, mais un peu plus petit.

Tête d'un rouge ferrugineux, un peu plus large.

Corselet un peu plus étroit antérieurement, d'un rouge ferrugineux.

Écusson d'un rouge ferrugineux.

Antennes de la même couleur, avec une tache obscure sur les troisième et quatrième articles.

Élytres d'un bleu obscur, avec les côtes très-peu marquées, ayant chacune deux taches jaunâtres; la première un peu au-dessous de l'angle de la base, la seconde près du bord extérieur, à peu près aux deux tiers des élytres.

Dessous du corps d'un brun obscur, avec le milieu de la poitrine un peu rougeâtre.

Pattes d'un rouge ferrugineux.

Il se trouve en Italie et dans le midi de la France.

M. Stéven a trouvé aux environs de Kislar une variété, dans laquelle les taches sont un peu plus grandes, et qui a, en outre, une troisième tache punctiforme un peu au-dessous de la seconde tache, près de la suture.

14. B. Cruciatus. *Stéven.*

Pl. 18. fig. 6.

Nigro-obscurus; elytrorum maculis duabus, antennis, tibiis tarsisque ferrugineis.

Dej. *Spec.* 1. p. 324. n° 39.
Sch. *Syn. Ins.* 1. p. 231. n° 16. t. 3. fig. 8.
Iconographie. 1re *édit.* II. p. 112. n° 10. t. 9. fig. 6.
Dej. *Cat.* p. 3.

Long. 2 $\frac{3}{4}$ lignes. Larg. 1 $\frac{1}{4}$ ligne.

De la taille du *Sclopeta*, mais un peu plus aplati.

Tête d'un noir obscur, fortement ponctuée, avec les palpes et les antennes d'un jaune ferrugineux.

Corselet de la couleur de la tête.

Élytres un peu plus planes que celles des espèces précédentes, d'un noir obscur légèrement bleuâtre, avec les côtes peu sensibles, ayant chacune deux grandes taches d'un rouge ferrugineux, la première à l'angle de la base, et la seconde, arrondie, au-delà du milieu.

Dessous du corps noirâtre, avec le milieu de la poitrine d'un jaune ferrugineux.

Pattes d'un jaune ferrugineux, avec une tache brunâtre sur les cuisses.

Cette jolie espèce a été trouvée par M. Stéven aux environs de Kislar, près de la mer Caspienne, dans le gouvernement du Caucase.

15. B. Thermarum.

Pl. 18. fig. 7.

Ferrugineus; elytris obscuris, basi suturaque ferrugineis, maculisque duabus transversis albidis.

Stéven. *Mémoires de la Société imp. des naturalistes de Moscou.* 1. p. 166. t. 10. fig. 7.

Dej. *Spec.* 1. p. 325. n° 40.

Iconographie. 1re *édit.* ii. p. 113. n° 11. t. 9. fig. 7.

Long. 2 $\frac{1}{3}$ lignes. Larg. 1 ligne.

Un peu plus petit que le *Sclopeta.*

Tête d'une couleur ferrugineuse, presque noirâtre en dessus, avec les antennes et les palpes d'un rouge ferrugineux.

Corselet d'une couleur ferrugineuse, plus claire que la tête, légèrement ponctué.

Élytres lisses, peu convexes, d'une couleur obscure, avec une grande tache ferrugineuse, triangulaire à la base, une autre tache oblongue de la même couleur, sur la suture, qui touche à celle de la base et qui ne va pas tout-à-fait jusqu'à l'extrémité, et deux taches transversales d'un blanc jaunâtre près du bord extérieur.

Dessous du corps d'un brun noirâtre, avec le milieu de la poitrine un peu rougeâtre.

Pattes d'un rouge ferrugineux, avec l'extrémité des jambes et des tarses un peu plus obscure.

Il a été trouvé par M. Stéven dans les montagnes du Caucase, près des bains de Constantin.

XXI. CORSYRA. *Stéven.*

CYMINDIS. *Fischer.*

Dernier article des palpes cylindrique. Antennes filiformes Lèvre supérieure courte, et laissant les mandibules à découvert. Une dent peu avancée au milieu de l'échancrure du menton. Articles des tarses presque cylindriques; ceux antérieurs très-légèrement dilatés dans les mâles. Corps large et aplati. Corselet plus large que la tête, convexe, arrondi. Élytres larges, en ovale peu allongé et presque suborbiculaire.

Ce genre a été établi par M. Stéven sur un insecte de Sibérie, la *Cymindis Fusula* de Fischer, et il ne renferme jusqu'à présent qu'une seule espèce, qu'il est très-facile de distinguer des *Cymindis* par sa forme large et par les crochets des tarses, qui ne sont pas dentelés en dessous. Elle présente, en outre, les caractères génériques suivans.

Le dernier article des palpes est cylindrique; la lèvre supérieure est courte, transverse, légèrement échancrée, et elle laisse les mandibules à découvert; le menton a une dent peu avancée au milieu de son échancrure; les mandibules sont courtes et peu saillantes; les antennes sont filiformes et plus courtes que le corps; le corps est court, large et aplati; la tête est presque triangulaire et non rétrécie postérieurement; le corselet est plus large que la tête, convexe et presque arrondi; les élytres sont larges, planes, en ovale peu allongé et presque suborbiculaire; les articles des tarses sont presque cylindriques, ceux antérieurs sont très-légèrement dilatés dans les mâles.

1. C. Fusula.

Pl. 18. fig. 8.

Brunnea, punctatissima; elytris subrotundatis, limbo, macula humerali fasciaque subapicali transversa confluentibus rufo testaceis; antennis pedibusque ferrugineis.

Dej. *Spec.* 1. p. 327. n° 1.

Cymindis Fusula. Fischer. *Entomographie de la Russie.* 1. p. 123. n° 4. t. 12. fig. 3.

Long. 3, 3 ½ lignes. Larg. 1 ½, 1 ¾ ligne.

Tête d'un brun un peu ferrugineux, entièrement couverte de points enfoncés, assez gros et très-serrés.

Antennes à peu près de la longueur de la moitié du corps.

Corselet d'un brun ferrugineux, plus large que la tête, un peu moins long que large, arrondi, convexe, et un peu rétréci postérieurement, ponctué comme la tête.

Écusson assez grand, lisse, presque triangulaire, sa pointe atteignant à peine la base des élytres.

Élytres plus larges que le corselet, légèrement pubescentes, planes, courtes, en ovale peu allongé et presque suborbiculaire, coupées presque carrément à l'extrémité, striées et ponctuées, de la couleur du corselet, avec une grande tache d'un jaune un peu roussâtre, presque en forme de lunule, qui descend à peu près jusqu'à la moitié de leur longueur, et une bordure de la même couleur, plus ou moins large, qui se confond avec la tache humérale, et qui quitte le bord extérieur près de l'extrémité, et forme une bande transversale qui ne va pas tout-à-fait jusqu'à la suture.

Dessous du corps d'un brun un peu ferrugineux, avec les pattes plus claires.

Elle se trouve dans la Russie méridionale et aux environs de Barnaoul en Sibérie. B. D.

XXII. AXINOPHORUS. *Dejean.*

Dernier article des palpes maxillaires presque cylindrique; celui des labiaux très-fortement sécuriforme. Antennes courtes et filiformes. Lèvre supérieure courte, et laissant les mandibules à découvert. Une forte dent simple au milieu de l'échancrure du menton. Articles des tarses presque cylindriques. Corps assez aplati, presque en carré allongé. Corselet presque transversal, un peu rétréci antérieurement. Élytres en carré allongé. Pattes très-courtes.

J'ai donné à ce nouveau genre le nom d'*Axinophorus*, tiré des deux mots grecs αξενη, hache, et φερω, je porte.

Je l'ai établi sur deux insectes, l'un de l'Amérique septentrionale et l'autre du Brésil, qui s'éloignent beaucoup de tous les autres Carabiques par leur *facies*, et qui semblent plutôt se rapprocher des *Peltis*, des *Ips* et des *Nitidula*. Comme ces derniers insectes, ils vivent sous les écorces. Leur taille est moyenne, leurs couleurs peu brillantes, et tous les deux présentent les caractères suivans.

La lèvre supérieure est courte, assez étroite et légèrement arrondie antérieurement. Les mandibules sont courtes, légèrement arquées et très-aiguës. Le menton est assez grand, légèrement concave, très-fortement échancré, et il a une forte dent simple au milieu de son échancrure. Les palpes sont courts; le dernier article des maxillaires est presque cylindrique; celui des labiaux est très-grand, très-fortement sécuriforme, et presque en triangle renversé. Les antennes sont filiformes, et plus courtes que la tête et le corselet réunis. La tête est assez grande, assez large et peu avancée. Le corselet est court, presque transversal et un peu rétréci antérieurement. Les élytres sont légèrement convexes, en carré allongé, et presque coupées carrément à l'extrémité. Les pattes sont très-courtes. Les articles des tarses sont courts et presque cylindriques; les crochets ne sont pas dentelés en-dessous.

1. A. Lecontei. *Dejean.*

Pl. 19. fig. 2.

Supra fusco-piceus; thorace rufo; palpis, antennis, pedibusque rufo-testaceis.

Il se trouve dans l'Amérique septentrionale, et il m'a été envoyé par M. Leconte.

2. A. Lacordairei. *Dejean.*

Supra nigro-piceus; palpis, antennis, pedibusque rufo-piceis.

Il m'a été donné par M. Lacordaire, qui l'a trouvé au Brésil, dans les environs de Rio-Janeiro.

XXIII. EUCHEYLA. *Dejean.*

Dernier article des palpes maxillaires cylindrique; celui des labiaux assez fortement sécuriforme. Antennes filiformes, beaucoup plus courtes que le corps. Lèvre supérieure très-grande, avancée, arrondie antérieurement, et recouvrant entièrement les mandibules. Point de dent au milieu de l'échancrure du menton. Tête allongée, presque triangulaire. Corselet court, très-légèrement cordiforme. Élytres en carré allongé, fortement échancrées à l'extrémité.

J'ai formé ce nouveau genre sur un insecte du Brésil qui, par la lèvre supérieure, a quelques rapports avec les *Therates*, mais qui me paraît devoir être placé près des *Catascopus*.

Je lui ai donné le nom d'*Eucheyla*, tiré des deux mots grecs εὖ, beau, grand, et χειλός, lèvre.

Voici les caractères génériques qu'il m'a présentés.

La lèvre supérieure est très-grande, avancée, presque ovale, arrondie antérieurement, et elle recouvre entièrement les mandibules. Celles-ci sont arquées et assez aiguës. Le menton est très-court; le milieu de l'échancrure, qui est très-grande, mais peu profonde, est coupé presque en ligne droite, et l'on n'aperçoit aucune dent sensible dans son milieu. Le dernier article des palpes maxillaires est cylindrique; celui des labiaux est assez fortement sécuriforme. Les antennes sont filiformes, et à peu près de la longueur de la moitié du corps; leur premier article est un peu plus long que les deux suivans réunis. La tête est assez allongée, presque triangulaire et un peu rétrécie postérieurement. Le corselet est court et très-légèrement cordiforme. Les élytres sont en carré allongé et fortement échancrées à l'extrémité. Les pattes sont assez courtes. Les articles des tarses sont presque cylindriques; les crochets ne sont pas dentelés en dessous.

E. Flavilabris. *Dejean.*

Pl. 8. fig. 5.

Supra viridi cupreo-aenea, punctata; elytris punctis duobus impressis; labro, palpis, antennis pedibusque flavis.

Elle m'a été donnée par M. Lacordaire, qui l'a trouvée au Brésil, dans les environs de Rio-Janeiro.

C. D.

XXIV. CATASCOPUS. *Kirby.*

Carabus. *Wiedemann.*

Dernier article des palpes cylindrique. Antennes filiformes, beaucoup plus courtes que le corps. Lèvre supérieure avancée, recouvrant presque entièrement les mandibules, et échancrée à sa partie antérieure. Une dent arrondie et peu avancée au milieu de l'échancrure du menton. Tête presque triangulaire. Corselet court et presque cordiforme. Élytres presque planes, en carré plus ou moins allongé, et fortement échancrées à l'extrémité.

Le genre *Catascopus* a été formé par Kirby sur un insecte qui paraît être le même que le *Carabus Facialis* de Wiedemann.

Ces insectes ont des couleurs métalliques assez brillantes, et présentent des caractères génériques qui les font distinguer facilement.

Le dernier article des palpes est cylindrique. La lèvre supérieure est avancée; elle recouvre une grande partie des mandibules, et elle a une échancrure assez profonde, mais étroite, à sa partie antérieure. Le menton a une dent arrondie, bien marquée, mais peu avancée, au milieu de son échancrure. Les antennes sont filiformes, et beaucoup plus courtes que le corps. Tout l'insecte est assez aplati. La tête est assez grosse, presque triangulaire, et peu rétrécie postérieurement. Les yeux sont assez gros et assez saillans. Le corselet est assez court; il est à sa partie antérieure un peu plus large que la tête, rétréci postérieurement et presque cordiforme. Les élytres sont le double plus larges que le corselet, presque planes, en carré plus ou moins allongé, et fortement échancrées à l'extrémité. Les articles des tarses sont presque cylindriques; les crochets ne sont pas dentelés en dessous.

Les insectes de ce genre se trouvent aux Indes orientales, dans l'île de Java, au Sénégal et au Brésil.

B. D.

C. Brasiliensis. *Dejean.*

Pl. 19. fig. 4.

Supra obscure viridi-æneus; elytris striatis, striis obsolete punctatis; subtus nigro-piceis; pedibus concoloribus; abdomine rufo-piceo.

Il m'a été donné par M. Lacordaire, qui l'a trouvé au Brésil, dans les environs de Rio-Janeiro.

C. D.

XXV. GRAPHIPTERUS. *Latreille.*

ANTHIA. *Fabricius.* CARABUS. *Olivier.*

Dernier article des palpes cylindrique. Antennes filiformes, beaucoup plus courtes que le corps. Lèvre supérieure avancée, arrondie et recouvrant presque entièrement les mandibules. Point de dent au milieu de l'échancrure du menton. Tarses antérieurs point sensiblement dilatés dans les mâles. Corps large et aplati. Corselet cordiforme. Élytres planes, larges, en ovale peu allongé et plus ou moins suborbiculaire.

Les *Graphipterus* avaient été confondus par Fabricius avec ses *Anthia*, et Latreille est le premier qui les ait séparés. Ce genre est cependant très-distinct, et il présente des caractères faciles à saisir.

Le dernier article des palpes est cylindrique. La lèvre supérieure est avancée, arrondie, presque plane, et elle recouvre presque entièrement les mandibules. Il n'y a point de dent au milieu de l'échancrure du menton. La languette est cornée longitudinalement dans son milieu, et membraneuse sur ses côtés. Les antennes sont plus courtes que celles des *Anthia*; leurs articles sont comprimés, et le troisième est plus long que les autres. Tout l'insecte est large, court et déprimé; la tête n'est pas très-grosse, et elle n'est pas rétrécie postérieurement. Les yeux sont assez grands, mais peu saillans. Le corselet est à sa partie antérieure beaucoup plus large que la tête;

il se rétrécit beaucoup postérieurement, et il est plus ou moins cordiforme. Les élytres sont planes, larges, en ovale peu allongé, et plus ou moins suborbiculaire, suivant les espèces; leur extrémité est beaucoup plus tronquée que dans les *Anthia*. Les pattes sont moins fortes que celles des *Anthia* ; les tarses antérieurs ne paraissent pas sensiblement dilatés dans les mâles.

Ces insectes sont aptères, et ils paraissent habiter exclusivement l'Afrique et les parties de l'Asie qui en sont les plus voisines. Ils sont noirs, tachetés ou rayés de blanc ou de cendré, et quelquefois entièrement d'un jaune grisâtre, tel que le *Cicindeloides*. Les espèces tachetées se trouvent en Égypte ou dans les contrées voisines; les autres sont du cap de Bonne-Espérance ou de la côte occidentale d'Afrique. B. D.

G. Barthelemyi. *Solier.*

Pl. 19. fig. 5.

Niger; supra albido-tomentosus; thoracis margine, elytris margine sinuato punctisque octo albidis plerumque obsoletis.

Il m'a été envoyé par M. Barthelemy, comme venant des environs de Tunis.

C. D.

XXVI. ANTHIA. *Weber. Fabricius.*

Carabus. *Olivier.*

Dernier article des palpes presque cylindrique, ou grossissant un peu vers l'extrémité. Antennes filiformes. Lèvre supérieure arrondie, avancée, et recouvrant presque entièrement les mandibules. Point de dent au milieu de l'échancrure du menton. Tarses antérieurs légèrement dilatés dans les mâles. Corps épais, et plus ou moins allongé. Corselet plus ou moins cordiforme. Élytres convexes, en ovale plus ou moins allongé, sinuées ou même presque arrondies à l'extrémité.

Les *Anthia* sont de grands carabiques noirs, ordinairement tachetés de blanc, qui habitent les sables de l'Afrique et la partie de l'Asie qui s'étend depuis la mer Rouge jusqu'au Bengale.

Le dernier article des palpes est cylindrique, ou il grossit un peu vers l'extrémité. Il n'y a point de dent sensible au milieu de l'échancrure du menton. La languette est grande, ovale, avancée entre les palpes labiaux et entièrement cornée. La lèvre supérieure est grande, avancée, arrondie, un peu convexe, et elle recouvre plus ou moins les mandibules. Celles-ci sont plus ou moins grandes, ordinairement cachées presque entièrement par la lèvre supérieure, et avancées dans quelques espèces, surtout dans les mâles. Les antennes sont filiformes, plus courtes que le corps; leurs articles ne paraissent pas comprimés, et le troisième n'est pas beaucoup plus long que les autres. Tout le corps est plus ou moins allongé, assez épais, et point aplati. La tête est grande, un peu allongée et un peu rétrécie derrière les yeux dans quelques espèces. Les yeux sont assez grands, et plus ou moins saillans. Le corselet est, à sa partie antérieure, plus large que la tête; il est rétréci postérieurement, plus ou moins allongé, plus ou moins cordiforme, et, dans quelques espèces, prolongé postérieurement dans les mâles. Les élytres sont assez convexes, et en ovale plus ou moins allongé; leur extrémité est très-légèrement tronquée, et même faiblement sinuée et presque arrondie dans quelques espèces. Les pattes sont grandes et fortes. Les tarses antérieurs sont légèrement dilatés dans les mâles.

A. Marginata. *Klug.*

Pl. 19. fig. 6.

Nigra; thoracis margine albo; elytris striatis, margine maculisque octo albo-tomentosis.

Dej. *spec.* 1. p. 347. n° 8.

Envoyée à M. le comte Dejean, par M. Schüppel, comme venant de la Nubie; elle a aussi été rapportée de ce même pays par M. Caillaud.

SCARITIDES.

Cette tribu comprend tous les genres que Latreille a réunis sous le nom de *Bipartis* dans la première édition de l'*Iconographie des Coléoptères d'Europe*, dans ses *familles naturelles du règne animal*, et, plus récemment, dans la seconde édition du *règne animal de Cuvier*. Presque tous faisaient partie du genre *Scarites* de Fabricius et d'Olivier; il faut en excepter les *Siagona*, les *Ozæna*, qui s'éloignent un peu des autres par leur forme, mais qui ont, au reste, presque tous les caractères propres aux genres de cette tribu. Nous dirons la même chose des *Enceladus*, qui, par leurs jambes antérieures, appartiennent aux *Simplicipèdes*, et du nouveau genre *Carterus*, qui par la dilatation des tarses antérieurs des mâles devrait être placé dans les *Harpaliens*, tandis que les autres caractères les rapprochent évidemment des *Scaritides*. Cette circonstance obligera à faire une petite modification dans le tableau des tribus, et nous prouve de plus en plus que ce n'est pas sur un seul caractère que l'on peut fonder une division naturelle, mais bien d'après l'ensemble de l'organisation. Tous ces genres offrent cependant des caractères communs qui peuvent suffire pour les distinguer : les palpes extérieurs ne sont pas terminés en alène; les élytres ne sont pas tronquées à l'extrémité; l'abdomen est séparé du corselet par un avancement assez marqué, rétréci et presque en forme de pédicule, à l'exception toutefois du genre *Ozæna*, dans lequel ce caractère n'est presque pas sensible; le premier article des antennes est toujours plus grand que les autres; les jambes antérieures sont souvent larges et palmées, et presque toujours fortement échancrées intérieurement; les tarses antérieurs sont semblables, ou sans différences sensibles dans les deux sexes. Ils sont dépourvus de brosses en dessous, et simplement garnis de poils ou de cils ordinaires.

Le tableau suivant présente les principaux caractères des quinze genres qui composent maintenant cette tribu.

B. D.

- Menton inarticulé, recouvrant presque tout le dessous de la tête.
  - Point d'échancrure au côté interne des jambes antérieures. . . . . 1 *Enceladus.*
  - Côté interne des jambes antérieures, fortement échancré. . . . . 2 *Siagona.*
- Menton articulé, laissant à découvert une grande partie de la bouche.
  - Jambes antérieures palmées.
    - Mandibules fortement dentées intérieurement.
      - Corselet convexe, arrondi postérieurement, et souvent un peu prolongé dans son milieu.
        - Jambes postérieures droites et presque simples. . . . . 3 *Scarites.*
        - Jambes postérieures courtes, larges, arquées et couvertes d'épines. . . . 4 *Acanthosc*
      - Corselet carré et presque cylindrique. . . . . 5 *Scapterus.*
      - Corselet large, plane, presque cordiforme, échancré postérieurement. . . 6 *Pasimachu*
    - Mandibules point ou très-légèrement dentelées intérieurement.
      - Mandibules avancées et très-saillantes.
        - Dernier article des palpes labiaux allongé et pointu. 7 *Oxystomus.*
        - Dernier article des palpes labiaux presque cylindrique.
          - Corselet presque carré et presque cylindrique. 8 *Oxygnathu*
          - Corselet presque cordiforme et assez plane. . . . . 9 *Camptodont*
      - Mandibules peu avancées. . . . . . . 10 *Clivina.*
  - Jambes antérieures non palmées.
    - Antennes courtes et grenues.
      - Articles des antennes distincts, et ne grossissant presque pas vers l'extrémité. . . . . 11 *Morio.*
      - Articles des antennes peu distincts, et grossissant sensiblement vers l'extrémité. . . . . 12 *Ozæna.*
    - Antennes filiformes, à articles allongés et presque cylindriques.
      - Palpes labiaux peu allongés.
        - Tarses antérieurs dilatés dans les mâles. . . . 13 *Carterus.*
        - Tarses antérieurs semblables dans les deux sexes. 14 *Ditomus.*
      - Palpes labiaux très-allongés. . . . . 15 *Apotomus.*

I. ENCELADUS. *Bonelli.*

Scarites. *Herbst.*

Menton inarticulé, soudé, recouvrant presque tout le dessous de la tête, très-fortement échancré et ayant dans son milieu une dent bifide. Dernier article des palpes labiaux très-fortement sécuriforme. Antennes filiformes; le premier article un peu plus long et plus gros que les autres. Corps assez aplati. Corselet rétréci postérieurement. Jambes antérieures non palmées, point échancrées intérieurement.

Le genre *Enceladus* a été établi par Bonelli sur un très-grand insecte que Latreille avait d'abord placé parmi les *Siagona*. Le *Scarites lævigatus* de Herbst et d'Olivier, *Carabus lævigatus* de l'*Entomologia systematica* de Fabricius, me paraît aussi appartenir à ce genre, quoiqu'il soit ailé et que la première espèce soit aptère.

Ces deux insectes sont noirs, allongés et assez aplatis. Le menton est inarticulé, soudé par sa base avec le restant de la tête, mais la suture est assez distincte; il est très-avancé, presque plane, et recouvre presque tout le dessous de la tête; il est très-fortement échancré, et il a au milieu de l'échancrure une dent bifide et peu avancée. La lèvre supérieure est peu avancée et légèrement échancrée antérieurement. Les mandibules sont fortes, courtes, très-arquées, très-aiguës, et elles ont à leur base une forte dent, entièrement cachée par la lèvre supérieure. Les palpes sont peu allongés; le dernier article des maxillaires est un peu plus gros que les autres, presque ovalaire et légèrement arrondi à l'extrémité; celui des labiaux est très-fortement sécuriforme et coupé obliquement à son extrémité. Les antennes sont filiformes et à peu près de la longueur de la moitié du corps; leur premier article est presque cylindrique et un peu plus long et plus gros que les autres. La tête est grande, plane et presque carrée; elle n'a pas de sillon transversal à sa partie postérieure. Le corselet est assez court, presque en cœur, peu échancré antérieurement, et rétréci postérieurement. Les élytres sont assez planes et en ovale allongé. Les pattes ne sont pas très-longues. Les jambes antérieures ne sont pas palmées; l'échancrure qui la termine en dessous est presque droite et ne remonte pas sur le côté interne; les intermédiaires et les postérieures sont simples.

E. Gigas. *Latreille.*

Pl. 20. fig. 1.

Apterus, niger; thorace subcordato, postice utrinque striato; elytris sulcatis.

Bonelli. *Observations entomologiques.* 2. p. 28. n° 1.

Cet insecte, qui provient de la collection de M. Latreille, est des régions équinoxiales de l'Afrique ou de l'île de Madagascar. C. D.

SCARITIDES.

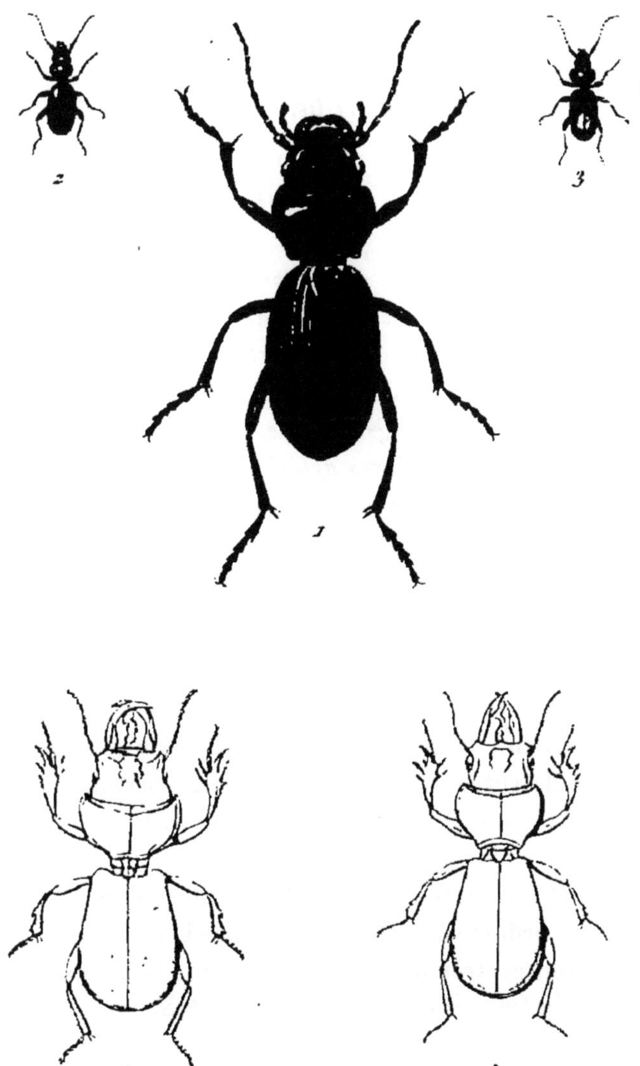

1. Enceladus Gigas.
2. Siagona Europæa.
3. Siagona Oberleitneri.
4. Scarites Pyracmon.
5. Scarites Bucida.

F. Dumenil Pinxit et Direxit

II. SIAGONA. *Latreille.*

CUCUJUS. GALERITA. *Fabricius.*

Menton inarticulé et sans suture, recouvrant presque tout le dessous de la tête, très-fortement échancré et ayant dans son milieu une dent bifide. Dernier article des palpes labiaux fortement sécuriforme. Antennes filiformes; le premier article beaucoup plus grand que les autres, et grossissant vers l'extrémité. Corps aplati. Corselet très-rétréci postérieurement. Jambes antérieures non palmées.

Ce genre, formé par Latreille sur quelques insectes que Fabricius avait placés parmi ses *Cucujus* et ses *Galerita*, se distingue facilement de presque tous ceux de cette famille par l'immobilité du menton, qui paraît soudé par sa base avec le restant de la tête, et qui ne laisse pas même apercevoir de suture, caractère qu'il ne partage qu'avec le genre *Enceladus;* mais dans ce dernier, la suture est visible.

Les *Siagona* sont des insectes de moyenne taille, d'une forme très-aplatie, ordinairement d'une couleur brune ou noirâtre. Le menton est très-avancé; il recouvre presque tout le dessous de la tête; il est très-fortement échancré, et il a au milieu de l'échancrure une dent peu avancée qui paraît bifide. La lèvre supérieure est peu avancée; elle est presque coupée carrément, et dentelée à sa partie antérieure. Les mandibules sont fortes, peu avancées, arquées, et elles ont à leur base une assez forte dent. Les palpes sont peu allongés; le dernier article des maxillaires va un peu en grossissant vers l'extrémité, et celui des labiaux est fortement sécuriforme. Les antennes sont à peu près de la longueur de la moitié du corps; elles sont filiformes; leur premier article est beaucoup plus grand que les autres, et il va en grossissant vers l'extrémité; tous les autres sont à peu près de la même longueur. La tête est assez grande, presque carrée et assez plane; elle est ponctuée, et elle a à sa partie postérieure un sillon transversal, derrière lequel elle paraît lisse. Le corselet est presque en cœur, échancré antérieurement, très-rétréci et un peu prolongé postérieurement. Les élytres sont très-planes, assez allongées, et plus ou moins ovales. Les pattes ne sont pas très-longues; les cuisses sont assez fortes et presque renflées; les jambes antérieures ne sont pas palmées; elles sont fortement échancrées intérieurement; les intermédiaires et les postérieures sont simples.

Bonelli a séparé les espèces de ce genre en deux divisions : il place dans la première celles qui sont aptères. Leurs élytres sont plus ovales, plus rétrécies à la base, et l'angle huméral n'est nullement saillant. La seconde division comprend celles qui sont ailées; leurs élytres sont moins ovales, plus larges à la base, et l'angle huméral est plus marqué.

Toutes les *Siagona* connues jusqu'à présent paraissent habiter exclusivement le nord de l'Afrique, le Sénégal, les Indes orientales, l'Espagne, la Sicile et la Grèce.

1. S. EUROPÆA.

Pl. 20. fig. 2.

Alata, nigro-picea; capite thoraceque sparse punctatis; elytris subplanis, subovatis, punctatis; antennis pedibusque rufo-piceis.

DEJ. *Spec.* II. *Suppl.* p. 468. n° 9.

Long. 4 $\frac{1}{2}$, 5 $\frac{1}{2}$ lignes. Larg. 1 $\frac{1}{4}$, 1 $\frac{3}{4}$ ligne.

De la taille de la *Depressa*, à laquelle elle ressemble beaucoup.

Tête et corselet assez fortement ponctués d'un noir brun, avec les antennes d'un rouge ferrugineux.

Élytres de la couleur du corselet, un peu plus larges que lui, presque parallèles, coupées presque carrément antérieurement, avec la ponctuation plus serrée que celle du corselet.

Pattes d'un rouge ferrugineux.

Elle se trouve assez communément en Sicile; c'est probablement aussi la même espèce qui se trouve dans l'Espagne méridionale. B. D.

2. S. OBERLEITNERI. *Parreyss.*

Pl. 20. fig. 3.

Alata, nigro-picea; capite thoraceque sparse punctatis; elytris subplanis, subovatis, punctatis, disco rufo-piceo; antennis pedibusque piceis.

De la forme et de la grandeur de l'*Europæa*, à laquelle elle ressemble beaucoup, et dont elle n'est peut-être qu'une variété.

Une grande tache oblongue, d'un brun rougeâtre, commune aux deux élytres, peu distincte, et qui se fond insensiblement avec la couleur noirâtre des bords.

Antennes et pattes d'un brun un peu moins rougeâtre.

Elle se trouve dans les îles Ioniennes, d'où elle a été rapportée par M. Parreyss. C. D.

III. SCARITES. Fabricius.

Menton articulé, concave et fortement trilobé. Lèvre supérieure très-courte et tridentée. Mandibules grandes, avancées, fortement dentées intérieurement. Dernier article des palpes labiaux presque cylindrique. Antennes presque moniliformes; le premier article très-grand, les autres beaucoup plus petits et grossissant insensiblement vers l'extrémité. Corps assez allongé, cylindrique ou peu aplati. Corselet convexe, presque en croissant, échancré antérieurement, arrondi postérieurement, et souvent un peu prolongé dans son milieu. Jambes antérieures fortement palmées. Jambes postérieures simples. Trocanters beaucoup plus courts que les cuisses postérieures.

Les *Scarites* sont des insectes d'assez grande taille, d'une couleur noire, ordinairement assez luisante, et que l'on reconnaîtra facilement aux caractères suivans.

Le menton est articulé avec la tête, comme dans presque tous les genres de cette famille; il est concave et fortement trilobé. La lèvre supérieure est très-courte et tridentée. Les mandibules sont grandes, très-avancées, un peu arquées à l'extrémité, surtout dans les mâles, et elles sont fortement dentées intérieurement à leur base. Les palpes maxillaires sont assez allongés; les labiaux sont plus courts, et le dernier article des uns et des autres est allongé, presque cylindrique, très-légèrement ovalaire et un peu arrondi à l'extrémité. Les antennes sont ordinairement à peu près de la longueur de la tête et des mandibules réunies; leur premier article est très-grand, et il va un peu en grossissant vers l'extrémité; tous les autres sont beaucoup plus courts, et presque égaux; le second, le troisième et le quatrième sont presque filiformes, et les autres sont un peu plus larges, presque carrés, avec les angles arrondis, et ils vont un peu en grossissant vers l'extrémité. La tête est très-grande et presque carrée. Le corselet est convexe, plus ou moins en croissant, échancré antérieurement, arrondi postérieurement, et souvent un peu prolongé dans son milieu. Les élytres sont assez allongées, souvent parallèles, et quelquefois elles s'élargissent un peu postérieurement. Les pattes sont assez fortes; les jambes antérieures sont larges, et garnies de fortes dents, qui les font paraître palmées; les intermédiaires sont simples, quelquefois un peu plus larges vers l'extrémité, et elles ont seulement une ou deux épines assez fortes sur le côté extérieur; les postérieures sont simples; les trocanters sont beaucoup plus courts que les cuisses postérieures.

On trouve ordinairement les *Scarites* dans les terrains sablonneux près de la mer, ou dans les contrées impréguées de substances salines, dans les parties méridionales de l'Europe et de l'Asie, en Afrique et en Amérique.

1. S. Pyracmon.

Pl. 20. fig. 4.

Niger; tibiis anticis tridentatis, postice denticulatis; elytris ovatis, subdepressis, postice latioribus, subtilissime punctato-striatis, punctisque duobus posticis impressis.

Dej. *Spec.* 1. p. 367. n° 1.
Bonelli. *Observations entomologiques.* 2. p. 33. n° 2.
Dej. *Cat.* p. 4.
S. Gigas. Oliv. iii. 36. p. 6. n° 3. t. 1. fig. 1. a. b. c.
Latreille. *Gen. Crust. et Ins.* 1. p. 209. n° 1.
Rossi. *Fauna Etrusca.* 1. p. 227. n° 567.

Long. 12 ½, 17 lignes. Larg. 4, 6 lignes.

Entièrement d'un beau noir luisant.

Tête plus grande dans le mâle que dans la femelle, large, presque carrée, assez plane, très-lisse à sa partie postérieure, légèrement sillonnée antérieurement, avec deux impressions obliques assez grandes et assez marquées, mandibules aussi longues que la tête, très-fortement arquées à leur extrémité, dans le mâle.

Antennes un peu moins longues que la tête et les mandibules réunies.

Corselet un peu plus large que la tête, très-court, presque en croissant, très échancré antérieurement, un peu prolongé au milieu de la base, légèrement convexe, très-lisse.

Élytres moins larges que le corselet à leur base, allant en s'élargissant, et aussi larges que lui vers l'extrémité, avec des stries très-peu marquées et légèrement ponctuées, et deux points distincts sur la troisième strie, près de l'extrémité.

Jambes antérieures larges, palmées, munies de deux épines au côté interne, et terminées extérieurement par trois fortes dents, offrant, en outre cinq ou six dentelures après la troisième dent.

Jambes intermédiaires ayant, près de l'extrémité, deux épines assez fortes, placées l'une au-dessus de l'autre.

On le trouve assez communément dans les endroits sablonneux près des bords de la mer, dans le midi de la France, en Italie et dans la partie orientale de l'Espagne. Il est très-rare de rencontrer cet insecte pendant le jour, parce qu'il s'enfonce assez profondément dans la terre, pour n'en sortir que la nuit.

2. S. Bucida.

Pl. 20. fig. 5.

Niger; tibiis anticis quadridentatis, postice denticulatis; elytris ovatis, subdepressis, antice angustatis, postice latioribus, striatis, striis subpunctatis, punctis impressis nullis.

Dej. *Spec.* I. p. 369. n° 2.
Carabus Bucida. Pallas. *Voyages.* v. p. 493. n° 50 *bis.*

Long. 15 $\frac{1}{2}$ lignes. Larg 5 $\frac{1}{4}$ lignes.

De la couleur et à peu près de la taille du *Pyracmon*, auquel il ressemble un peu à la première vue.

Mandibules un peu plus droites et moins arquées à l'extrémité.

Corselet un peu plus convexe; la partie de la base qui se prolonge ne paraissant presque pas échancrée.

Élytres un peu plus étroites à leur base, s'élargissant de même vers l'extrémité, avec des stries assez bien marquées qui paraissent légèrement ponctuées, sans points enfoncés vers l'extrémité.

Jambes antérieures ayant une quatrième dent aussi grande que la seconde, placée entre celle-ci et la première, et qui prend naissance au-dessous de la jambe, entre la seconde dent et la première épine intérieure.

Il se trouve dans la Russie méridionale. Pallas dit qu'il se trouve très-abondamment dans le désert de Naryn, entre le Volga et l'Oural ou Jaik, près de la mer Caspienne.

3. S. Polyphemus. *Hoffmansegg.*

Pl. 21. fig. 1.

Niger; tibiis anticis tridentatis; elytris ovatis, postice latioribus, striatis, striis subpunctatis, punctisque duobus impressis.

Dej. *Spec.* 1. p. 370. n° 3.
Bonelli. *Observations entomologiques.* 2. p. 33. n° 3.
Dej. *Cat.* p. 4.

SCARITES.

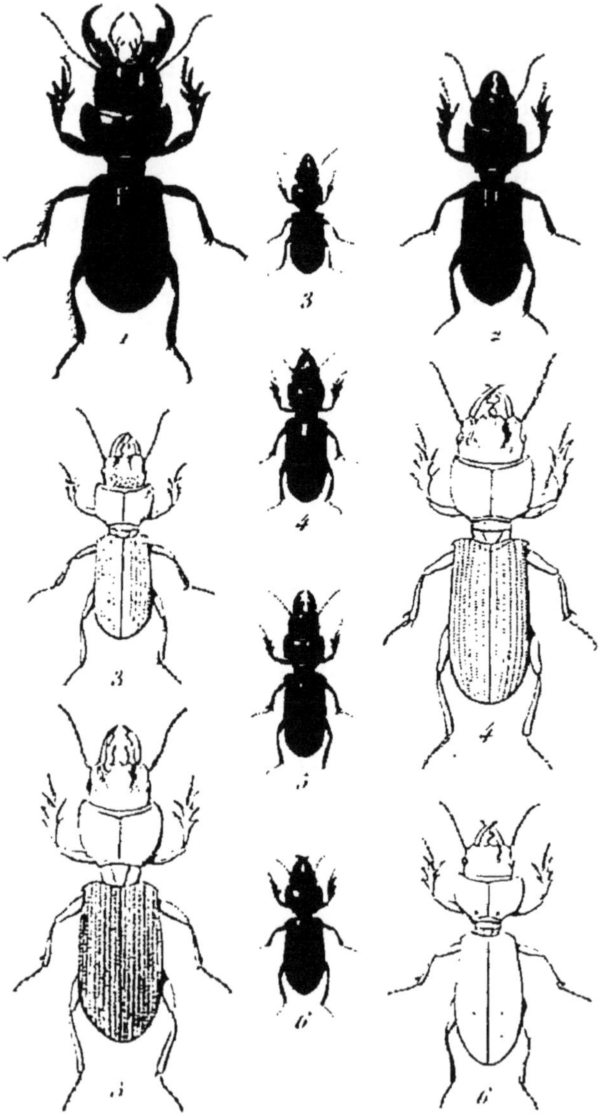

1. S. Polyphemus.
2. S. Salinus.
3. S. Planus.
4. S. Arenarius.
5. S. Terricola.
6. S. Lævigatus.

P. Duménil Pinxit et Direxit

Long. 14 $\frac{1}{2}$, 16 lignes. Larg. 4 $\frac{1}{2}$, 5 lignes.

Semblable au *Pyracmon*, mais un peu plus étroit.

Élytres un peu moins larges et un peu moins dilatées postérieurement, moins lisses et d'un noir moins brillant, avec des stries assez marquées, qui paraissent légèrement ponctuées; le premier des deux points enfoncés placés sur la troisième strie, beaucoup moins près de l'extrémité, et seulement un peu au-delà du milieu des élytres.

Jambes antérieures sans dentelures sur le côté extérieur, après la troisième dent.

Il se trouve en Portugal et en Andalousie. Si Bonelli n'a pas confondu cet insecte avec plusieurs autres, il se trouverait aussi en Égypte et en Syrie.

4. S. Salinus. *Pallas.*

Pl. 21. fig. 2.

Niger; tibiis anticis tridentatis, postice bidenticulatis; elytris elongatis, subparallelis, striatis, punctisque duobus posticis impressis.

Dej. *Spec.* I. p. 385. n° 19.

Long. 12 $\frac{3}{4}$ lignes. Larg. 3 $\frac{1}{4}$ lignes.

D'un noir assez brillant en dessus.

Tête assez grande, assez carrée et peu convexe, avec deux impressions longitudinales et quelques stries à sa partie antérieure; les mandibules plus courtes que la tête.

Corselet plus large que la tête, moins long que large, presque carré, peu échancré et un peu sinué antérieurement, coupé obliquement postérieurement, avec le milieu de la base un peu prolongé, lisse, très-peu convexe.

Élytres à peu près de la largeur du corselet, allongées, presque parallèles et très-peu convexes, avec des stries assez profondes; les intervalles, lisses, paraissent, avec une forte loupe, marqués de quelques rides transversales peu distinctes, et ont en outre, sur chaque, deux points enfoncés, distincts, entre la seconde et la troisième strie.

Jambes antérieures avec deux petites dentelures très-peu marquées après la troisième dent.

Il se trouve dans les déserts incultes et salins près de l'embouchure du Volga.

5. S. Planus.

Pl. 21. fig. 3.

Niger; tibiis anticis tridentatis, postice bidenticulatis; occipite punctato; elytris oblongis, subdepressis, striato punctatis, punctisque quatuor impressis.

Dej. *Spec.* 1. p. 395. n° 30.
Bonelli. *Observations entomologiques.* 2. p. 38. n° 13.

Long. 7 $\frac{1}{3}$ lignes. Larg. 2 lignes.

A peu près de la taille du précédent et d'un noir assez brillant.

Tête avec deux impressions longitudinales et quelques stries assez marquées à sa partie antérieure; les mandibules peu avancées.

Corselet un peu plus large que la tête, moins long que large, presque carré, peu échancré antérieurement, peu arrondi et coupé presque obliquement postérieurement, avec le milieu de la base un peu prolongé et ne paraissant pas échancré.

Élytres à peu près de la longueur du corselet, allongées, presque parallèles, presque planes, avec des stries bien marquées assez fortement ponctuées, et quatre points enfoncés assez gros et bien distincts sur la troisième strie.

Jambes antérieures avec deux petites dentelures près de la troisième dent.

Il a été rapporté d'Égypte et de Syrie par M. Savigny; il se trouve aussi en Espagne, en Italie et dans le midi de la France.

6. S. Arenarius.

Pl. 21. fig. 4.

Niger; tibiis anticis tridentatis, postice bidenticulatis; capite striolato; elytris elongatis, subparallelis, striato-punctatis, punctisque duobus posticis impressis.

Dej. *Spec.* 1. p. 396. n° 31.
Bonelli. *Observations entomologiques.* 2. p. 40. n° 15.
Dej. *Cat.* p. 4.
S. Volgensis. Stéven.

Long. 7 ½, 9 ¼ lignes. Larg. 2, 2 ½ lignes.

A peu près de la taille du précédent.

Tête avec deux impressions assez marquées à sa partie antérieure, et quelques stries longitudinales ondulées, assez serrées, qui se prolongent en s'affaiblissant sur le corselet; les mandibules ayant chacune deux dents assez distinctes.

Corselet avec des rides transversales peu marquées, et des stries longitudinales peu distinctes entre le bord antérieur et la ligne qui lui est parallèle.

Élytres allongées, parallèles, convexes, avec des stries assez marquées et distinctement ponctuées, ayant, en outre, deux points enfoncés, distincts, près de la troisième strie.

Jambes antérieures avec deux petites dentelures après la troisième dent.

Il se trouve sur les bords de la Méditerranée, dans le midi de la France, en Italie et dans la Russie méridionale.

7. S. Terricola.

Pl. 21. fig. 5.

Niger; tibiis anticis tridentatis, postice tridenticulatis: capite striolato; elytris elongatis, subrugosis, striatis, striis obsolete punctatis, punctisque duobus posticis impressis.

Dej. *Spec.* 1. p. 398. n° 32.

Bonelli. *Observations entomologiques.* 2. p. 59. n° 14.

Dej. *Cat.* p. 4.

Long. 8, 9 lignes. Larg. 2 $\frac{1}{4}$, 2 $\frac{1}{2}$ lignes.

Un peu moins allongé et un peu moins cylindrique que l'*Arenarius*, auquel il ressemble beaucoup.

Tête un peu plus fortement striée et un peu plus fortement ponctuée à sa partie postérieure, les mandibules un peu plus avancées.

Corselet avec les rides transversales un peu plus marquées.

Élytres un peu moins allongées, un peu moins parallèles, leurs stries moins fortement ponctuées, les intervalles ayant des rides transversales peu marquées, qui font paraître les élytres rugueuses et les stries légèrement crénelées; deux points enfoncés comme dans l'*Arenarius*.

Il se trouve au bord de la Méditerranée, dans les provinces méridionales de la France.

8. S. Lævigatus.

Pl. 21. fig. 6.

Niger; elytris anticis tridentatis, postice bidenticulatis, elytris oblongis, subdepressis, obsolete striato-punctatis, punctisque duobus posticis impressis.

Dej. *Spec.* I. p. 398. n° 33.
Fabr. *Sys. El.* I. p. 124. n° 9.
Sch. *Syn. Ins.* I. p. 127. n° 11.
Dej. *Cat.* p. 4.
S. Sabulosus. Oliv. III. 36. p. 11. n° 12. T. I. fig. 8.

Long. 6 ½, 7 lignes. Larg. 2, 2 ½ lignes.

Plus petit que les précédens et de la même couleur.

Tête avec deux impressions longitudinales et quelques stries peu marquées à sa partie antérieure; les mandibules peu avancées.

Corselet ayant une petite impression peu marquée de chaque côté de la base.

Élytres oblongues, légèrement déprimées, paraissant lisses à la vue simple, et très-finement ponctuées avec une forte loupe, ayant, en outre, deux points enfoncés distincts près de la troisième strie.

Il se trouve communément dans les provinces méridionales de la France, sur les bords de la Méditerranée; M. Savigny l'a aussi rapporté d'Égypte.

Le *Scarites Telonensis*, de Bonelli, n'est qu'une légère variété de cette espèce.

IV. ACANTHOSCELIS. *Latreille.*

SCARITES. *Fabricius.*

Menton articulé, presque plane, et fortement trilobé. Lèvre supérieure très-courte et tridentée. Mandibules grandes, avancées, fortement dentées intérieurement. Dernier article des palpes labiaux presque cylindrique. Antennes moniliformes; le premier article très-grand; les autres beaucoup plus petits, et grossissant insensiblement vers l'extrémité. Corps court et convexe. Corselet convexe, transversal et presque carré. Élytres courtes et très-convexes. Jambes antérieures très-fortement palmées. Jambes postérieures courtes, larges, arquées et couvertes d'épines. Trocanters presque aussi grands que les cuisses postérieures.

Ce nouveau genre a été formé par Latreille, sur le *Scarites Ruficornis* de Fabricius, et il est indiqué dans ses *familles naturelles du règne animal.* On ne connait jusqu'à présent que cette espèce, qui paraisse devoir appartenir à ce genre, et il est très-facile de la distinguer des *Scarites* par sa forme courte, épaisse et très-convexe, et par les caractères suivans : Le menton est plane, tandis qu'il est concave dans les *Scarites.* La tête est un peu plus courte, moins carrée et plus transversale. Le corselet est plus convexe, plus court, plus carré et plus transversal. Les élytres sont plus courtes, presque carrées et très-convexes. Les pattes sont plus courtes; les cuisses sont plus grosses, et les postérieures sont presque renflées; les jambes antérieures sont un peu moins larges, mais elles sont plus fortement palmées; les intermédiaires sont courtes, presque triangulaires, et couvertes extérieurement de petites épines qui les font paraître chagrinées; les postérieures sont légèrement arquées, larges et couvertes d'épines comme les intermédiaires; enfin, les trocanters sont renflés, très-gros et presque aussi grands que les cuisses postérieures.

A. Ruficornis.

Pl. 22. fig. 1.

Niger; antennis palpisque ferrugineis; tibiis anticis tridentatis, postice subdenticulatis; elytris subquadratis, convexis, profunde striatis, ad marginem posticeque rugosis.

Dej. *Spec.* 1. p. 403. n° 1.
Scarites Ruficornis. Fabr. *Sys. El.* 1. p. 124. n° 11.
Sch. *Syn. Ins.* 1. p. 127. n° 13.

Cet insecte, dont les mœurs doivent être les mêmes que celles des *Scarites*, se trouve au Cap de Bonne-Espérance.

V. SCAPTERUS. *Dejean.*

Menton articulé, légèrement concave et trilobé. Lèvre supérieure très-courte et tridentée. Mandibules peu avancées, assez fortement dentées à la base. Dernier article des palpes labiaux presque cylindrique. Antennes courtes et moniliformes; le premier article assez grand; les autres beaucoup plus petits, très-courts, presque carrés et grossissant un peu vers l'extrémité. Corps allongé et cylindrique. Corselet presque carré. Jambes antérieures fortement palmées.

M. Dejean a formé ce nouveau genre sur un insecte des Indes orientales qui lui a été donné par M. Guérin, et il

SCARITIDES.

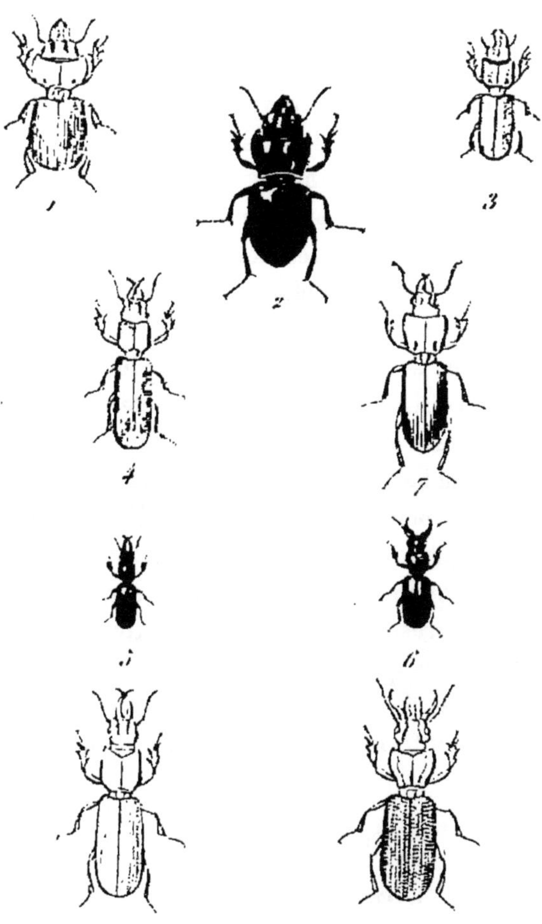

1. Acanthoscelis Ruficornis.
2. Pasimachus Subsulcatus.
3. Scapterus Guerini.
4. Oxystomus Cylindricus.
5. Oxygnathus elongatus.
6. Camptodontus Cayennensis.
7. Morio Simplex.

J. Duménil Pinxit et Direxit

lui a donné le nom de *Scapterus*, tiré du mot grec σκαπτήρ, qui fouille la terre. Il se rapproche beaucoup des *Oxystomus*, mais il en diffère par des caractères génériques bien distincts.

Le menton est légèrement concave, ridé transversalement et fortement trilobé. La lèvre supérieure est très-courte et tridentée. Les mandibules sont peu avancées, assez fortes, et elles ont une assez forte dent à leur base. Les palpes labiaux sont à peu près comme ceux des *Scarites*, et leur dernier article est allongé et presque cylindrique; les maxillaires manquent dans l'individu que je possède. Les antennes sont moniliformes et plus courtes que dans les genres voisins; leur premier article est à peu près aussi long que les trois suivans; le second est carré et un peu plus gros que les autres, qui sont courts, presque carrés, et qui vont un peu en grossissant vers l'extrémité. La tête est courte et presque carrée. Le corselet est carré, convexe et presque cylindrique. Les élytres sont parallèles, cylindriques, presque tronquées à l'extrémité et un peu moins allongées que celles des *Oxystomus*. Les pattes sont très-courtes. Les jambes antérieures sont fortement palmées; les intermédiaires ont deux dents près de l'extrémité.

S. Guerini.

Pl. 22. fig. 3.

Niger; capitis tuberculo elevato subcornuto; elytris profunde punctato-striatis.

Dej. *Spec.* II. p. 472. n° 1.

Ce rare insecte se trouve aux Indes orientales; le seul individu qui existe à Paris est dans la collection de M. Dejean, qui l'a eu de M. Guérin.

VI. PASIMACHUS. *Bonelli.*

Scarites. *Fabricius.*

Menton articulé, très-court; presque plane, et fortement trilobé. Lèvre supérieure courte et dentelée. Mandibules grandes, larges, aplaties, peu avancées, fortement dentées intérieurement. Dernier article des palpes labiaux grossissant un peu vers l'extrémité, et presque conique. Antennes presque filiformes; le premier article assez grand, les autres plus petits et presque égaux. Corps large et aplati. Corselet large, plane, presque cordiforme, échancré postérieurement. Élytres larges, courtes et rétrécies postérieurement. Jambes antérieures faiblement palmées.

Fabricius avait confondu les insectes qui forment ce genre avec ses *Scarites*. Bonelli les en a séparés le premier, et c'est avec beaucoup de raison, car ils leur ressemblent bien peu. Les *Pasimachus* sont des insectes de grande taille, d'une couleur noire, un peu bleue ou violette sur les côtés, et d'une forme large et aplatie, qui a quelques rapports avec celle de certaines espèces d'*Abax*. Le menton est trilobé comme celui des *Scarites;* mais il est plus large, plus court, et il est presque plane. La lèvre supérieure est un peu moins courte; elle est un peu plus large, et elle est dentelée à sa partie antérieure. Les mandibules sont grandes, larges, aplaties, courbées, peu avancées et fortement dentées intérieurement. Les palpes maxillaires sont à peu près comme dans les *Scarites*, mais ils sont un peu moins allongés; le dernier article dès labiaux va un peu en grossissant vers l'extrémité, et il est presque conique. Les antennes sont à peu près comme celles des *Scarites ;* mais elles sont plus filiformes, et elles ne grossissent pas vers l'extrémité. La tête est grande, large, plane et presque carrée. Le corselet est plus large que la tête, presque plane, plus ou moins rétréci postérieurement, et presquo cordiforme; ses angles antérieurs sont aigus et assez avancés, ce qui le fait paraître échancré antérieurement; sa base est un peu échancrée, et elle paraît former un angle rentrant dans son milieu. Les élytres sont larges, courtes, légèrement convexes, et plus ou moins rétrécies postérieurement. Les pattes sont un peu plus grandes que celles des *Scarites;* les jambes antérieures sont moins fortement palmées.

On ne connaît, jusqu'à présent, que quatre espèces de ce genre, qui toutes appartiennent à l'Amérique septentrionale.

P. Subsulcatus.

Pl. 22. fig. 2.

Niger, margine cyaneo; thorace subcordato; elytris ovatis, postice subacuminatis, obsolete sulcatis, sulcis obsolete punctulatis.

Dej. *Spec.* II. *Suppl.* p. 471. n° 4.

Say. *Transactions of the American phil. Society new series.* p. 19. n° 2.

Il a été trouvé dans l'Amérique septentrionale, par MM. Say et Leconte.

VII. OXYSTOMUS. *Latreille.*

Scarites. *Dejean, Catalogue.*

Menton articulé, très-concave et trilobé. Lèvre supérieure courte et tridentée. Mandibules grandes, très-avancées, aiguës, non dentées intérieurement. Dernier article des palpes labiaux allongé et pointu. Antennes moniliformes; le premier article très-grand; les autres beaucoup plus petits et presque égaux. Corps très-allongé et cylindrique. Corselet presque carré. Jambes antérieures palmées.

Ce nouveau genre a été formé par Latreille, sur le *Scarites Cylindricus.* Il est indiqué dans ses *familles naturelles du règne animal.* Il se distingue facilement des *Scarites* et de tous les genres voisins, par sa forme très-allongée et cylindrique, et par les caractères suivans.

Le menton est très-concave. Les mandibules sont grandes, très-avancées, un peu courbées et très-aiguës; elles se croisent, et elles n'ont aucune dent sensible intérieurement. Les palpes labiaux sont allongés et presque aussi longs que les maxillaires; leur pénultième article est allongé, cylindrique et un peu courbé; le dernier est presque aussi long, également cylindrique et un peu courbé, et il se termine en pointe assez aiguë. La tête est allongée, assez grande et presque ovale. Le corselet est presque carré. Les élytres sont très-allongées, parallèles, et arrondies à l'extrémité. Les pattes sont plus courtes que celles des *Scarites*; les jambes antérieures sont assez fortement palmées; les intermédiaires ont plusieurs dents ou épines sur leur côté extérieur, tandis qu'il n'y en a au plus que deux dans les *Scarites*.

On ne connaît encore que deux espèces de ce genre, toutes les deux du Brésil.

O. Cylindricus.

Pl. 22. fig. 4.

Niger, cylindricus; mandibulis exertis; tibiis anticis quadridentatis; elytris elongatis, parallelis, profunde sulcatis.

Dej. *Spec.* 1. p. 410. n° 1.
Scarites Cylindricus. Dej. *Cat.* p. 4.

Il se trouve au Brésil.

VIII. OXYGNATHUS. *Dejean.*

Scarites. *Wiedemann.*

Menton articulé, presque plane et trilobé. Lèvre supérieure très-courte et peu distincte. Mandibules avancées, arquées, très-aiguës et non dentées intérieurement. Dernier article des palpes labiaux presque cylindrique. Antennes moniliformes; le premier article assez long; les autres beaucoup plus petits, arrondis et grossissant vers l'extrémité. Corps allongé et cylindrique. Corselet presque carré. Jambes antérieures palmées.

Le menton est plane et légèrement trilobé. La lèvre supérieure est très-courte et peu distincte. Les mandibules sont grandes, avancées, courbées, tranchantes intérieurement et très-aiguës; elles se croisent vers l'extrémité, et elles n'ont point de dents sensibles intérieurement. Les palpes sont assez allongés; les labiaux sont un peu plus courts que les maxillaires, et le dernier article des uns et des autres est allongé, très-légèrement ovalaire et presque cylindrique. Les antennes sont moniliformes et plus courtes que la tête et les mandibules réunies; leur premier article est à peu près aussi long que les trois suivans réunis, et va un peu en grossissant vers l'extrémité; tous les autres sont presque égaux, assez courts et grossissent sensiblement vers l'extrémité; le second et le troisième sont presque coniques et un peu plus allongés que les autres, qui sont arrondis. La tête est assez grande, allongée et presque carrée. Le corselet est presque carré. Les élytres sont allongées, parallèles, cylindriques et arrondies à l'extrémité. Les jambes antérieures sont assez fortement palmées.

O. Elongatus.

Pl. 22. fig. 5.

Niger, cylindricus; mandibulis exertis; tibiis anticis tridentatis, postice unidenticulatis; elytris elongatis, paral-

telis, sulcatis, sulcis punctatis; antennis pedibusque piceis.

Dej. *Spec.* II. *Suppl.* p. 474. n° 1.
Scarites Elongatus. Wiedemann. *Zoologisches Magazin.* II. 1. p. 38. n° 52.

Il se trouve aux Indes orientales.

IX. CAMPTODONTUS. *Dejean.*

Menton articulé, plane, trilobé, et dont la dent du milieu est plus longue que les latérales. Lèvre supérieure très-courte et peu distincte. Mandibules avancées, arquées, très-aiguës et non dentées intérieurement. Dernier article des palpes labiaux presque cylindrique. Antennes presque filiformes; le premier article aussi long que les deux suivans réunis; les autres plus petits, assez allongés, et grossissant un peu vers l'extrémité. Corps allongé et un peu déprimé. Corselet presque cordiforme. Jambes antérieures palmées.

Ce genre paraît être intermédiaire entre les *Scarites* et les *Clivina;* mais il diffère de tous ceux de cette tribu par des caractères génériques bien distincts.

Le menton est plane, trilobé antérieurement; la dent du milieu est plus longue que les latérales, et cette dent paraît formée de deux côtes élevées qui se prolongent jusqu'à la base et qui laissent entre elles un sillon assez marqué. La lèvre supérieure est courte et peu distincte.

Les mandibules sont grandes, avancées, courbées, un peu concaves, tranchantes intérieurement, très-aiguës et sans dent sensible à la base. Les palpes sont allongés; les labiaux sont plus courts que les maxillaires, et le dernier article des uns et des autres est allongé, très-légèrement ovalaire et presque cylindrique. Les antennes sont presque filiformes et un peu plus longues que la tête et les mandibules réunies; leur premier article est un peu plus gros que les autres et à peu près aussi long que les deux suivans réunis; tous les autres sont assez allongés, presque cylindriques et grossissent un peu vers l'extrémité. La tête est assez grande, ovale, plane et un peu rétrécie postérieurement. Le corselet est assez plane et presque cordiforme. Les élytres sont un peu déprimées, allongées et presque parallèles. Les pattes sont à peu près comme celles des *Clivina*.

C. Cayennensis.

Pl. 22. fig. 6.

Niger; mandibulis exertis; capite punctato; thorace sublunato, quinquesulcato; elytris sulcatis, sulcis profunde punctatis.

Dej. *Spec.* II. p. 477. n° 1.

Il se trouve à Cayenne.

X. CLIVINA. *Latreille. Bonelli.*

DYSCHIRIUS. *Bonelli.* SCARITES. *Fabricius.*

Menton articulé, concave et trilobé. Lèvre supérieure peu avancée et coupée presque carrément. Mandibules peu avancées, non dentées intérieurement. Dernier article des palpes labiaux presque cylindrique. Antennes moniliformes; le premier article aussi long que les deux suivans réunis. Corps plus ou moins allongé. Corselet carré ou globuleux. Jambes antérieures presque toujours palmées.

Les *Clivina* sont de petits insectes, que Fabricius avait confondus avec ses *Scarites*, et qui en ont été séparés par Latreille. Plus tard, Bonelli les a divisés en deux genres : le premier, auquel il conservait le nom de *Clivina*, renfermait les espèces dont le corselet est carré et dont les jambes antérieures sont palmées extérieurement et à l'extrémité; et le second, qu'il appelait *Dyschirius*, renfermait celles dont le corselet est globuleux, et dont les jambes antérieures sont palmées seulement à l'extrémité, et simples extérieurement. A ces caractères apparens il en ajoutait d'autres, tirés des mandibules et de la langue, très-difficiles à saisir sur de petits insectes. Mais si on examine avec attention toutes les espèces connues, on ne tarde pas à se convaincre qu'il est impossible de conserver le genre *Dyschirius*, parce que quelques espèces offrent des caractères propres à l'un et à l'autre de ces deux genres. Par exemple, la *Crenata* et la *Rostrata* ont le corselet arrondi et les jambes palmées extérieurement. M. Dejean, dans son *Species*, a donc réuni ces insectes sous le nom de *Clivina*, et il sera facile de les reconnaître aux caractères suivans : le menton est à peu près comme celui des *Scarites*. La lèvre supérieure est peu avancée, et coupée presque carrément. Les mandibules sont courtes, arquées, peu avancées, et sans dents apparentes intérieurement. Les palpes sont peu saillans; le dernier article des labiaux est assez allongé et presque cylindrique. Les antennes sont à peu près comme celles des *Scarites*, mais leur premier article est proportionnellement moins long. La tête est assez petite, presque triangulaire, et un peu rétrécie derrière les yeux. Le corselet est carré ou globuleux, quelquefois un peu prolongé postérieurement. Les élytres sont plus ou moins allongées et parallèles, ou plus ou moins ovales et convexes. Les pattes sont assez courtes; les jambes antérieures sont plus ou moins palmées, et dans quelques espèces, les dents extérieures ne sont presque pas sensibles.

La *Clivina Rostrata* s'éloigne un peu des autres espèces par ses mandibules plus avancées et presque droites; et l'*Arctica* par ses jambes antérieures, qui sont simples et qui ne sont même pas palmées à l'extrémité; mais on trouve souvent de pareilles anomalies, et il faut regarder l'ensemble des caractères, et ne pas s'attacher exclusivement à quelques parties.

On trouve ordinairement ces insectes sous les pierres, aux bords des rivières et des étangs. Ils sont assez communs dans toute l'Europe, surtout dans les parties méridionales; on en trouve aussi plusieurs espèces en Amérique, aux Indes orientales et au Sénégal.

CLIVINA.

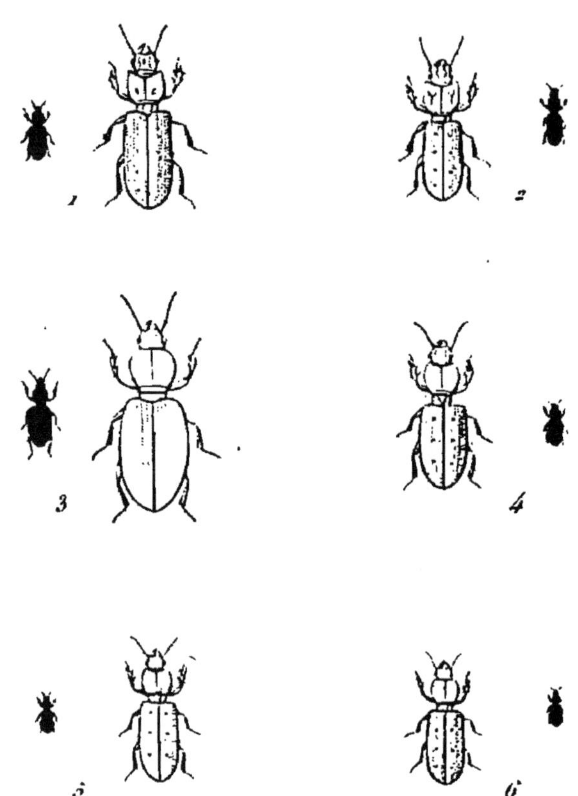

1. C. Arenaria.
2. C. Ypsilon.
3. C. Arctica.
4. C. Nitida.
5. C. Polita.
6. C. Cylindrica.

P. Duménil Pinxit et Direxit.

1. C. Arenaria.

Pl. 23. fig. 1.

Nigro-picea, vel testacea; thorace quadrato; elytris elongatis, parallelis, punctato-striatis, punctisque quatuor impressis; antennis pedibusque rufis.

Dej. *Spec.* I. p. 413. n° 1.
Dej. *Cat.* p. 4.
Scarites Arenarius. Fabr. *Syst. El.* I. p. 125. n° 15.
Oliv. III. 36. p. 13. n° 16. T. 1. fig. 6. a. b.
Sch. *Syn. Ins.* I. p. 128. n° 18.
Sturm. II. p. 188. n° 2.
Tenebrio Fossor. Linn. *Syst. Nat.* II. p. 675. n° 7.
Clivina Fossor. Gyl. II. p. 169. n° 2.
Scarites Fossor. Duft. II. p. 5. n° 1.
Var. A. *Carabus Collaris.* Herbst. Arch. V. p. 141. n° 56. T. 29. fig. 15.
Var. B. *C. Discipennis.* Megerle.
Var. C. *C. Sanguinea.* Leach.
Var. D. *C. Gibbicollis.* Megerle.

Long. 2 $\frac{1}{2}$, 3 $\frac{1}{4}$ lignes. Larg. $\frac{2}{3}$, 1 ligne.

Allongée et presque cylindrique, d'une couleur variable, depuis le brun très-foncé jusqu'au jaune testacé très-pâle.

Tête presque triangulaire, ayant de chaque côté une impression longitudinale très-marquée et un petit point enfoncé au milieu; les mandibules peu saillantes, les yeux noirâtres, assez saillans.

Antennes d'un rouge ferrugineux.

Corselet un peu plus large que la tête, à peu près aussi long que large, ayant quelques rides transversales peu marquées, et au milieu une ligne longitudinale assez enfoncée.

Élytres un peu plus larges que le corselet, allongées, parallèles, coupées carrément à la base, et assez arrondies à l'extrémité; les stries bien marquées et assez fortement ponctuées; quatre points enfoncés distincts placés sur la troisième strie, et une ligne de points enfoncés le long du bord extérieur.

Dessous du corps plus clair que le dessus.

Pattes d'un rouge ferrugineux, les jambes antérieures avec trois fortes dents bien distinctes.

Elle se trouve très-communément dans toute l'Europe, sous les pierres et les débris de végétaux, aux bords des rivières, des étangs et des fossés humides. On la trouve aussi en Sibérie.

Sa couleur variant beaucoup, plusieurs entomologistes ont fait des espèces particulières de ses différentes variétés.

Le *Carabus Collaris*, de Herbst, a la tête et le corselet d'un brun noirâtre, et les élytres d'une couleur plus pâle.

La *Clivina Discipennis* de Megerle est semblable à la précédente; mais les élytres ont au milieu une tache commune, plus ou moins grande, de la couleur du corselet.

La *Sanguinea* de Leach est entièrement d'un brun ferrugineux un peu rougeâtre.

La *Gibbicollis* de Megerle est entièrement d'un jaune testacé très-pâle.

Toutes ces variétés ne sont pas constantes, et l'on trouve tous les passages de l'une à l'autre. B. D.

2. C. Ypsilon. *Godet.*

Pl. 23. fig. 2.

Rufa; thorace quadrato, postice utrinque impresso; elytris elongatis, parallelis, punctato-striatis, punctisque quatuor impressis.

Long. 2 $\frac{2}{3}$ lignes. Larg. $\frac{3}{4}$ ligne.

De la forme et de la couleur de l'*Arenaria*, à laquelle elle ressemble beaucoup, mais toujours entièrement d'un rouge ferrugineux.

Corselet marqué de chaque côté, vers la base, d'une impression bien distincte en forme d'Y, dont le fond est ponctué et presque rugueux.

Elle a été trouvée, par M. Godet, dans les environs de Kislar, sur les bords de la mer Caspienne.

C. D.

3. C. Arctica.

Pl. 23. fig. 3.

Supra ænea, nitidissima; tibiis anticis inermibus; thorace subgloboso, postice coarctato; elytris ovatis, dorso obsolete striato-punctatis; antennis pedibusque rufis.

Dej. *Spec.* 1. p. 420. n° 8.

Gyl. II. p. 168. n° 1.
Dej. *Cat.* p. 4.
Scarites Arcticus. Paykull. I. p. 85. n° 2.
Sch. *Syn. Ins.* I. p. 128. n° 17.

Long. 3 lignes. Larg. 1 $\frac{1}{4}$ ligne.

D'une couleur bronzée en dessus, très-légèrement cuivreuse et assez brillante.

Tête peu convexe, avec deux impressions longitudinales peu marquées, la lèvre supérieure et les mandibules d'un brun un peu roussâtre.

Antennes d'un rouge ferrugineux.

Corselet plus large que la tête, lisse et légèrement convexe, avec la ligne longitudinale très-légèrement marquée.

Élytres lisses, ayant près de la suture quelques stries ponctuées peu marquées, très-peu distinctes à la base.

Dessous du corps d'un brun noirâtre.

Pattes d'un rouge ferrugineux. Les jambes antérieures coupées carrément à leur extrémité, ne se prolongeant pas en épine aiguë.

Elle se trouve, mais rarement, en Laponie, dans le nord de la Suède, en Finlande, et quelquefois même aux environs de Saint-Pétersbourg.

4. C. Nitida.

Pl. 23. fig. 4.

Supra ænea, nitida; tibiis anticis apice bispinosis, extrorsum obsolete bidenticulatis; elytris oblongo-ovatis, striato-punctatis; antennis pedibusque rufo-piceis.

Dej. *Spec.* i. p. 421. n° 9.

C. Thoracica. Dej. *Cat.* p. 4.

Scarites Thoracicus? Oliv. iii. 36. p. 14. n° 17. T. 2. fig. 14. a. b.

Clivina Strumosa? Hoffmansegg.

Long. 1 $\frac{3}{4}$, 2 $\frac{1}{4}$ lignes. Larg. $\frac{1}{2}$, $\frac{3}{4}$ ligne.

Plus petite que l'*Arenaria*, et d'une couleur bronzée ordinairement assez brillante en dessus.

Tête lisse, avec une ligne longitudinale enfoncée très-marquée de chaque côté. Les mandibules et les palpes d'un brun un peu ferrugineux.

Antennes d'un brun ferrugineux.

Corselet plus large que la tête, un peu plus long que large, très-convexe, presque globuleux, très-lisse, avec une ligne longitudinale enfoncée bien marquée, et une autre transversale près du bord antérieur.

Élytres un peu plus larges que le corselet, en ovale allongé, coupées presque carrément à la base, assez arrondies, assez convexes, les stries assez marquées et assez fortement ponctuées, et sur chaque trois points enfoncés peu distincts, près de la troisième strie du côté de la suture.

Dessous du corps d'un brun noirâtre, avec une légère teinte bronzée.

Pattes d'un brun un peu ferrugineux; les jambes antérieures terminées par deux fortes épines un peu courbées, à peu près de la même longueur, ayant, en outre, une troisième épine un peu moins longue en dedans de l'échancrure; deux petites dentelures très-peu marquées sur le côté extérieur, seulement visibles à une forte loupe.

Elle se trouve en France, en Espagne, en Italie, sous les pierres, au bord des rivières, particulièrement dans les contrées les plus méridionales; elle habite aussi la Volhynie et le midi de la Russie.

Cette espèce est la plus commune en France; elle varie un peu pour la couleur, qui est quelquefois d'un noir bronzé très-obscur.

5. C. Polita.

Pl. 25. fig. 5.

Supra ænea, nitida; tibiis anticis apice bispinosis, extrorsum obsolete bidenticulatis; elytris elongato-ovatis, tenuiter striato-punctatis; antennis pedibusque rufo-piceis.

Dej. *Spec.* 1. p. 422. n° 10.

Long. 1 $\frac{3}{4}$ ligne. Larg. $\frac{1}{2}$ ligne.

Ressemble beaucoup à la *Nitida*, dont elle n'est peut-être qu'une variété plus petite, un peu plus étroite et plus cylindrique.

Corselet un peu moins globuleux, un peu plus allongé, ayant la ligne longitudinale moins enfoncée.

Élytres plus étroites, plus allongées et moins convexes, leurs stries moins marquées, et leurs points enfoncés un peu moins distincts.

On la trouve aux environs de Paris et dans plusieurs autres localités de la France; elle habite aussi plusieurs parties de l'Allemagne.

CLIVINA.

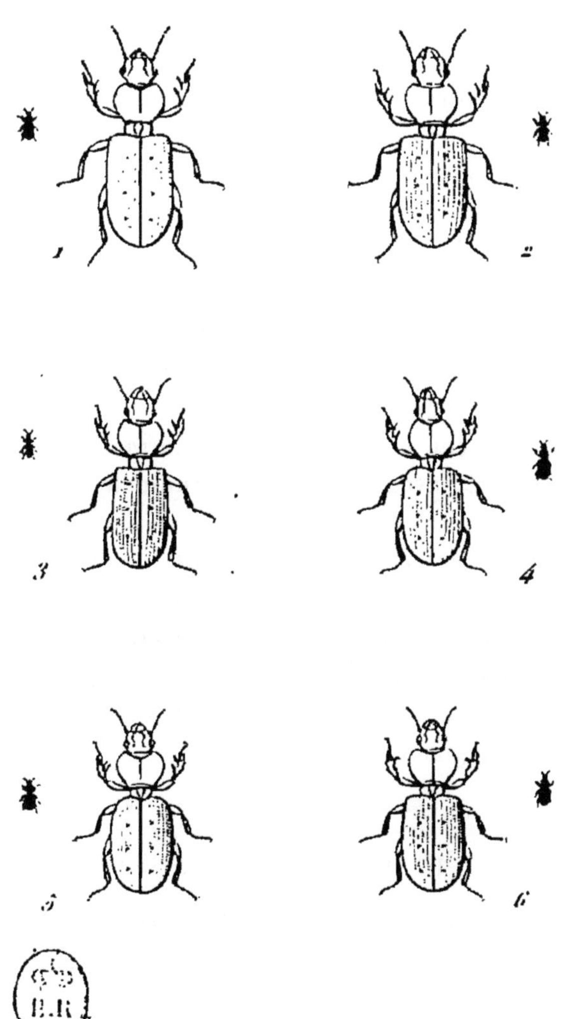

1. C. Ænea.
2. C. Punctata.
3. C. Pusilla.
4. C. Fulvipes.
5. C. Thoracica.
6. C. Digitata.

P. Duménil Pinxit et Direxit.

6. C. Cylindrica.

Pl. 23. fig. 6.

Supra ænea; tibiis anticis apice bispinosis, extrorsum bidenticulatis; elytris elongatis, parallelis, striato-punctatis; antennis pedibusque rufo-piceis.

Dej. *Spec.* 1. p. 423. n° 11.

Long. 2 lignes. Larg. $\frac{1}{2}$ ligne.

Ressemble beaucoup aussi à la *Nitida*, mais encore plus étroite et plus cylindrique que la *Polita*.

D'une couleur bronzée moins brillante.

Corselet comme celui de la *Polita*, un peu moins globuleux, plus allongé, avec sa ligne longitudinale moins marquée.

Élytres plus allongées, presque parallèles, leurs stries bien marquées et assez fortement ponctuées.

Jambes antérieures ayant sur le côté extérieur deux petites dents beaucoup plus saillantes que dans la *Nitida*.

M. le comte Dejean l'a trouvée communément dans les environs de Perpignan.

7. C. Ænea. *Ziegler.*

Pl. 24. fig. 1.

Supra ænea; tibiis anticis apice bispinosis, extrorsum bidenticulatis; elytris oblongo-ovatis, striato-punctatis; antennis pedibusque rufo-piceis.

Dej. *Spec.* 1. p. 423. n° 12.

C. Obscura? SAHLBERG.
C. Striata? SCHŒNHERR.

Long. 1 $\frac{1}{2}$, 1 $\frac{3}{4}$ ligne. Larg. $\frac{1}{3}$, $\frac{2}{3}$ ligne.

Plus petite que la *Nitida*, à laquelle elle ressemble beaucoup.

D'une couleur bronzée, plus foncée et moins brillante.

Corselet avec la ligne longitudinale moins marquée.

Jambes antérieures ayant sur le côté extérieur deux petites dents beaucoup plus saillantes.

Elle se trouve communément en France, en Allemagne et en Dalmatie. M. Dejean a reçu de Suède, de M. Schœnherr, sous le nom de *Striata*, et de Finlande, de M. Sahlberg, sous le nom d'*Obscura*, deux individus qu'il regarde comme appartenant à cette espèce.

8. C. PUNCTATA.

Pl. 24. fig. 2.

Supra ænea; tibiis anticis apice bispinosis, extrorsum bidenticulatis; elytris oblongo-ovatis, profunde striato-punctatis; antennis pedibusque rufo-piceis.

DEJ. *Spec.* I. p. 424. n° 15.
C. Thoracica. var. b. STEVEN.

Long. 1 $\frac{1}{4}$, 1 $\frac{3}{4}$ ligne. Larg. $\frac{1}{2}$, $\frac{2}{3}$ ligne.

Ressemble beaucoup à l'*Ænea*, mais un peu plus large et plus convexe.

Corselet un peu plus globuleux.

Élytres un peu plus courtes, leurs stries plus fortement marquées et plus fortement ponctuées.

Elle se trouve aux environs de Paris, dans le midi de la France et en Espagne.

9. C. Pusilla.

Pl. 24. fig. 3.

Supra ænea; tibiis anticis apice bispinosis, extrorsum bidenticulatis; elytris elongato-ovatis, profunde striato-punctatis; antennis pedibusque rufo-piceis.

Dej. *Spec.* 1. p. 425. n° 15.
C. Ænea. Stéven.

Long. 1 $\frac{1}{4}$ ligne. Larg. $\frac{1}{3}$ ligne.

Un peu plus petite que l'*Ænea*, à laquelle elle ressemble beaucoup, mais plus allongée et presque cylindrique.

Élytres plus étroites, moins convexes, leurs stries beaucoup plus marquées et plus fortement ponctuées.

Elle a été envoyée à M. Dejean par M. Stéven, comme venant du Caucase, et sous le nom d'*Ænea*.

10. C. Fulvipes.

Pl. 24. fig. 4.

Supra nigro-ænea; tibiis anticis apice bispinosis, extrorsum bidenticulatis; elytris ovatis, punctato-striatis; antennis pedibusque rufis.

Dej. *Spec.* 1. p. 425. n° 16.

Long. 2 lignes. Larg. $\frac{3}{4}$ ligne.

Ressemble beaucoup à la *Thoracica*, mais un peu plus grande.

D'un noir-obscur un peu bronzé en dessus.

Stries des élytres et leurs points enfoncés plus fortement marqués.

Pattes et antennes d'un rouge ferrugineux.

Trouvée en Espagne par M. Dejean.

11. C. Thoracica.

Pl. 24. fig. 5.

Supra œnea, nitida; tibiis anticis apice bispinosis, extrorsum bidenticulatis; elytris ovatis, tenuiter striato-punctatis; antennis pedibusque rufo-piceis.

Dej. *Spec.* I. p. 426. n° 17.
Gyl. II. p. 170. n° 3.
Scarites Thoracicus. Fabr. *Syst. El.* I. p. 125. n° 16.
Sch. *Syn. Ins.* I. p. 128. n° 19.
Sturm? II. p. 189. n° 3.
Duft? II. p. 6. n° 2.

Long. 1 $\frac{2}{3}$ ligne. Larg. $\frac{2}{3}$ ligne.

Un peu plus petite que la *Nitida*, à laquelle elle ressemble un peu.

Corselet un peu plus court, plus globuleux, avec la ligne longitudinale un peu moins marquée.

Élytres proportionnellement plus courtes, plus larges, plus ovales et un peu plus convexes; leurs stries moins marquées, moins fortement ponctuées, et les trois points enfoncés un peu moins distincts.

Jambes antérieures ayant sur le côté extérieur deux petites dents beaucoup plus saillantes que dans la *Nitida*.

Elle se trouve en Suède et dans les parties septentrionales de la Russie et de l'Allemagne.

12. C. Digitata.

Pl. 24. fig. 6.

Supra ænea; tibiis anticis apice bispinosis (spina interna arcuata) extrorsum valide bidenticulatis; elytris ovatis, punctato-striatis; antennis pedibusque rufo-piceis.

Dej. *Spec.* I. p. 427. n° 18.

Long. 1 $\frac{1}{2}$ ligne. Larg. $\frac{2}{3}$ ligne.

De la taille et de la forme de la *Thoracica*, à laquelle elle ressemble beaucoup, mais un peu moins brillante.

Corselet ayant la ligne longitudinale un peu plus enfoncée.

Élytres avec les stries plus marquées et plus fortement ponctuées.

Jambes antérieures terminées par une épine intérieure fortement recourbée à son extrémité.

Elle se trouve en Styrie.

13. C. Semistriata.

Pl. 25. fig. 1.

Supra obscuro-ænea; tibiis anticis apice bispinosis, extrorsum obsolete bidenticulatis; elytris ovatis, antice striato-punctatis, apice lævigatis; antennis pedibusque rufo-piceis.

Dej. *Spec.* 1. p. 427. n° 19.

Long. 1 ½ ligne. Larg. ½ ligne.

Ressemble beaucoup à la *Gibba*, mais plus grande, d'une couleur bronzée obscure en dessus.

Élytres un peu plus allongées et un peu moins convexes, les stries formées par des lignes de points enfoncés assez marqués, n'allant que depuis la base jusqu'un peu au delà du milieu; toute l'extrémité et les bords extérieurs lisses; pas de points enfoncés près de la troisième strie.

Dessous du corps et pattes comme dans la *Gibba*.

Elle a été envoyée du département du Calvados à M. Dejean, par M. de la Frenaye.

14. C. Rufipes. *Megerle.*

Pl. 25. fig. 2.

Supra brunneo-ænea; tibiis anticis apice bispinosis, extrorsum obsolete bidenticulatis; elytris ovatis, profunde striato-punctatis, striis apice abbreviatis; antennis pedibusque rufis.

Dej. *Spec.* 1. p. 428. n° 20.

SCARITIDES.

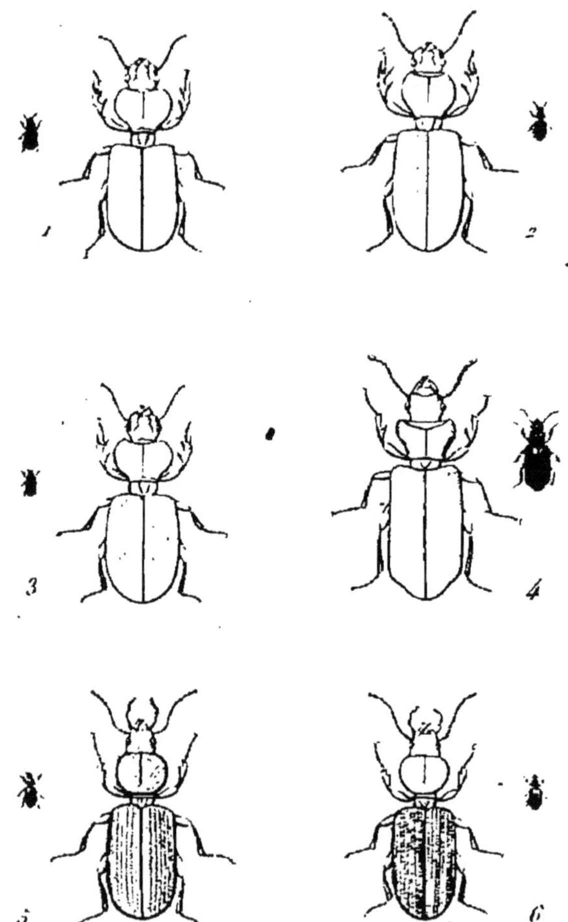

1. Clivina Semistriata.
2. ——— Rufipes.
3. ——— Gibba.
4. Ozæna Lævigata.
5. Apotomus Rufus.
6. ——— Testaceus.

P. Duménil Pinxit et Direxit.

Long. 1 $\frac{1}{4}$, 1 $\frac{1}{2}$ ligne. Larg. $\frac{1}{2}$, $\frac{2}{3}$ ligne.

Un peu plus grande et plus allongée que la *Gibba*, et d'une couleur plus brune.

Corselet un peu moins globuleux.

Élytres un peu plus allongées et un peu moins convexes, leurs stries plus fortement marquées, plus fortement ponctuées, et leur extrémité tout-à-fait lisse; pas de points enfoncés près de la troisième strie.

Dessous du corps d'un brun noirâtre, avec les pattes et les antennes d'un rouge ferrugineux.

Elle se trouve en Autriche.

15. C. Gibba.

Pl. 25. fig. 3.

Supra nigro-ænea; tibiis anticis apice bispinosis, extrorsum obsolete bidenticulatis; elytris ovatis, subglobosis, striato-punctatis, striis apice obsoletis; antennis pedibusque rufo-piceis.

Dej. *Spec.* I. p. 428. n° 21.
Gyl. II. p. 171. n° 4.
Dej. *Cat.* p. 4.
Scarites Gibbus. Fabr. *Sys. El.* I. p. 126 n° 17.
Oliv. III. 36. p. 15. n° 19. T. 2. fig. 16. a. b.
Sch. *Syn. Ins.* I. p. 128. n° 21.
Duft. II. p. 8. n° 4.
Sturm. II. p. 190. n° 4.

Long. 1 $\frac{1}{4}$ ligne. Larg. $\frac{1}{2}$ ligne.

Plus petite que la *Thoracica* et d'un noir bronzé en dessus,

Corselet un peu plus court, plus globuleux, avec la ligne longitudinale un peu moins marquée.

Élytres proportionnellement plus courtes, plus larges, plus ovales, plus convexes; leurs stries beaucoup plus marquées et plus fortement ponctuées, presque effacées vers les bords latéraux et vers l'extrémité; pas de points enfoncés vers la troisième strie.

Dessous du corps et pattes comme dans la *Thoracica*; les deux dentelures du côté extérieur des jambes antérieures beaucoup moins marquées.

Elle se trouve assez communément en France, en Suède et en Allemagne.

XI. MORIO. *Latreille.*

Scarites. *Palisot de Beauvois.*

Menton articulé, concave, très-fortement échancré, et ayant, dans son milieu, une dent peu saillante, obtuse et presque bifide. Lèvre supérieure assez avancée et fortement échancrée. Dernier article des palpes labiaux presque cylindrique, un peu ovalaire et tronqué à l'extrémité. Antennes plus courtes que la moitié du corps, moniliformes, à articles distincts, et ne grossissant presque pas vers l'extrémité. Corps plus ou moins allongé. Corselet plane, presque carré, plus ou moins rétréci postérieurement. Jambes antérieures non palmées.

Ce genre a été formé, par Latreille, sur un insecte qu'il avait d'abord nommé *Harpalus Monilicornis*. M. Dejean y a ajouté trois nouvelles espèces. Toutes les quatre sont de grandeur moyenne, d'une couleur noire et luisante; et elles ont, à la première vue, quelques rapports de forme avec les *Pterostichus* et les genres voisins, mais elles appartiennent réellement à cette tribu.

Le menton est concave, large, assez avancé, très-fortement échancré, et il a, dans son milieu, une petite dent obtuse et peu saillante, qui paraît presque bifide. La lèvre supérieure est assez avancée, assez étroite et assez fortement échancrée. Les mandibules sont assez fortes, peu avancées, arquées et assez aiguës. Les palpes sont peu saillans: le dernier article des labiaux est presque cylindrique, un peu ovalaire et tronqué à l'extrémité. Les antennes sont moniliformes, plus courtes que la moitié du corps; leur premier article est à peu près de la longueur du second et du troisième réunis; tous les autres sont presque égaux, distincts, lenticulaires, et ils ne grossissent presque pas vers l'extrémité. La tête est un peu rétrécie derrière les yeux; ceux-ci sont assez saillans. Le corselet est plane, presque carré, et plus ou moins rétréci postérieurement. Les élytres sont plus ou moins allongées, plus ou moins parallèles, et plus ou moins planes. Les pattes sont assez fortes, mais elles ne sont pas très-grandes. Les jambes antérieures s'élargissent vers l'extrémité; elles sont terminées par deux épines assez fortes, et elles sont fortement échancrées intérieurement, mais elles n'ont aucune dent sur le côté extérieur; les intermédiaires et les postérieures sont simples.

Les *Morio* habitent les deux Amériques, l'île de Java et la côte occidentale d'Afrique.

M. Simplex.

Pl. 22. fig. 7.

Niger, nitidus; elytris elongatis, subparallelis profunde striatis, subsulcatis, striis impunctatis.

Dej. *Spec.* ii. *Suppl.* p. 481. n° 4.

Il se trouve à Cayenne.

XII. OZÆNA. *Olivier.*

Plochionus. *Dejean. Catalogue.*

Menton articulé, presque plane et fortement trilobé. Lèvre supérieure légèrement échancrée. Dernier article des palpes labiaux court, tronqué et presque sécuriforme. Antennes plus courtes que la moitié du corps, à articles serrés, peu distincts et grossissant vers l'extrémité. Corps aplati et plus ou moins allongé. Corselet presque carré. Jambes antérieures non palmées.

Olivier a établi ce genre dans l'*Encyclopédie méthodique* sur un insecte de Cayenne. Les *Ozæna* s'éloignent un peu des autres genres de cette famille, et, à la première vue, on les prendrait plutôt pour des *Hétéromères* que pour de véritables *Carabiques.*

Le menton est presque plane, fortement trilobé; il est un peu avancé, et, quoiqu'il soit séparé de la tête par une suture distincte, il paraît moins libre que dans les genres voisins; ce qui rapprocherait un peu les *Ozæna* des *Siagona*. La lèvre supérieure est assez étroite, peu avancée et légèrement échancrée. Les mandibules sont courtes, assez fortes, un peu arquées et pointues à l'extrémité. Les palpes sont peu avancés, leurs articles sont courts et assez gros; le dernier des labiaux est assez large, tronqué et presque séeuriforme. Les antennes sont plus courtes que la moitié du corps; leur premier article est un peu plus long que les suivans, tous les autres sont presque égaux, ils sont serrés, peu distincts, surtout depuis le cinquième article, et ils vont sensiblement en grossissant vers l'extrémité. La tête est assez allongée. Les yeux sont assez saillans. Le corselet est presque carré, et assez fortement rebordé. Les élytres sont plus ou moins allongées, et arrondies à l'extrémité. Les pattes ne sont pas très-grandes. Les jambes antérieures sont fortement échancrées intérieurement.

Toutes les espèces connues jusqu'à présent paraissent habiter exclusivement l'Amérique méridionale et les Antilles. B. D.

O. Lævigata. *Dejean.*

Pl. 25. fig. 4.

Rufo-brunnea; thorace brevi, subcordato, margine subreflexo; elytris obsoletissime striato-punctatis; pedibus rufo-testaceis.

Elle a été trouvée aux environs de Rio-Janeiro, au Brésil, par M. Lacordaire.

XIII. CARTERUS. *Dejean.*

DITOMUS. *Hoffmansegg.*

Les quatre premiers articles des tarses antérieurs fortement dilatés dans les mâles. Menton articulé, concave et trilobé. Lèvre supérieure plane, presque carrée et fortement échancrée antérieurement. Palpes labiaux peu allongés; le dernier article presque cylindrique. Antennes filiformes, à articles allongés et presque cylindriques. Corselet cordiforme. Jambes antérieures non palmées.

J'ai donné à ce nouveau genre le nom de *Carterus*, tiré du mot grec χαρτερός, robuste. Il est établi sur le *Ditomus interceptus* d'Hoffmansegg, insecte très-singulier, et qui présente une véritable anomalie dans cette tribu; car, avec le *facies* et presque tous les caractères des *Ditomus* de la première division, les quatre premiers articles des tarses antérieurs des mâles sont fortement dilatés, à peu près comme dans les *Harpaliens*.

A ce caractère, déjà suffisant pour établir un genre, il en joint encore quelques autres, qui le distinguent suffisamment des *Ditomus*. La lèvre supérieure est plane, presque carrée et fortement échancrée antérieurement. Les mandibules sont plus larges, moins aiguës et presque obtuses. Le premier article des antennes est plus long, et presque en fuseau.

SCARITIDES.

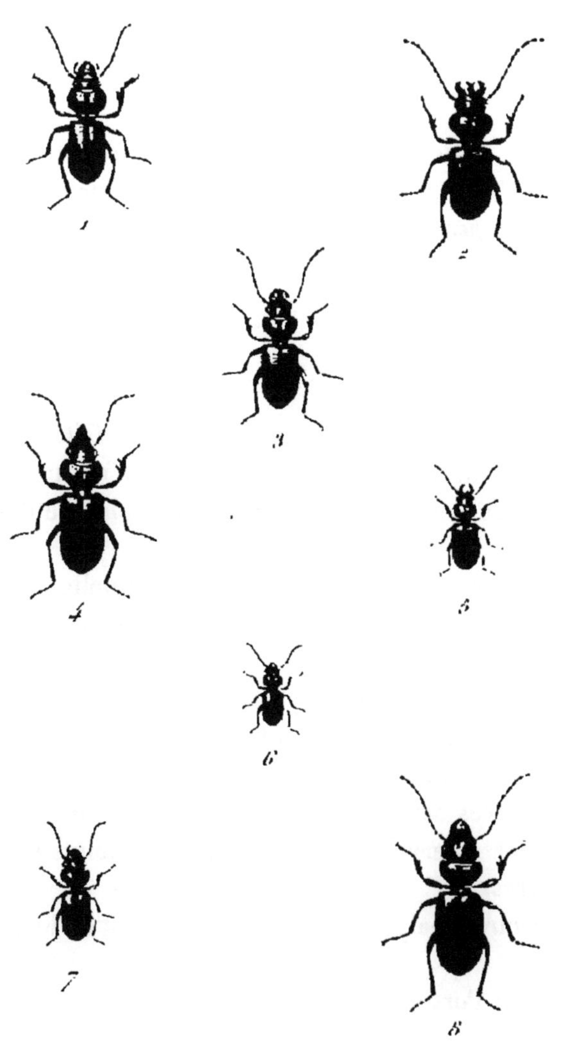

1.	Carterus Interceptus.	5.	Ditomus Dama.
2.	Ditomus Calydonius.	6.	——— Pilosus.
3.	——— Cornutus.	7.	——— Fulvipes.
4.	——— Cordatus.	8.	——— Distinctus.

P. Duménil Pinxit et Direxit

1. C. Interceptus.

Pl. 26. fig. 1.

Nigro-subpiceus, confertissime punctatus; thorace latiore cordato; elytris striato-punctatis, interstitiis punctatissimis; antennis pedibusque rufo-brunneis.

Ditomus Interceptus. Hoffmansegg.

Long. 6, 7 lignes. Larg. 1 $\frac{3}{4}$, 2 $\frac{1}{4}$ lignes.

A peu près de la forme et de la couleur du *Ditomus Calydonius*, mais un peu plus petit, plus plane et entièrement couvert de points enfoncés beaucoup plus petits et plus serrés.

Tête du mâle plus grande que celle de la femelle, et ayant entre les antennes une impression transversale plus marquée. Yeux peu saillans.

Corselet aussi large que les élytres, assez plane, fortement cordiforme, très-arrondi antérieurement, et très-rétréci postérieurement.

Stries des élytres assez fortement marquées et légèrement ponctuées; intervalles couverts de petits points enfoncés très-serrés.

Lèvre supérieure, palpes, antennes et pattes d'un brun roussâtre.

Il se trouve en Portugal.

C. D.

XIV. DITOMUS. *Bonelli.*

Aristus. *Ziegler. Latreille.* Scarites. *Olivier.* Carabus, Scaurus. *Fabricius.*

Menton articulé, concave et trilobé. Lèvre supérieure légèrement échancrée. Palpes labiaux peu allongés; le dernier article presque cylindrique. Antennes filiformes, à articles allongés et presque cylindriques. Corselet cordiforme ou en croissant. Jambes antérieures non palmées.

Ce genre a été établi par Bonelli sur le *Scaurus Sulcatus*, et sur quelques *Carabus* de Fabricius, que Rossi et Olivier avaient placés dans les *Scarites*. Depuis, M. Ziegler a cru devoir diviser ce genre en deux, quoiqu'il ne soit pas bien nombreux en espèces; il a conservé le nom de *Ditomus* à celles qui se rapprochent du *Calydonius*, et il a donné le nom d'*Aristus* à celles voisines du *Sulcatus*. Latreille, tout en n'adoptant pas cette division, a donné au genre de Bonelli le nom d'*Aristus*, donné par M. Ziegler à une portion de ce genre.

Les *Ditomus* sont des insectes de moyenne grandeur, d'une couleur noirâtre, et qui sont ordinairement fortement ponctués. Le menton est concave et trilobé. La lèvre supérieure est peu avancée, et plus ou moins échancrée. Les mandibules sont assez fortes, courbées, peu avancées et unidentées intérieurement. Les palpes labiaux sont plus courts que les maxillaires; le dernier article des uns et des autres est presque cylindrique. Les antennes sont à peu près de la longueur de la moitié du corps ; elles sont filiformes ; leur premier article est un peu plus gros et un peu plus long que les autres ; le second est au contraire un peu plus court, et tous les autres sont égaux, allongés et presque cylindriques. Les jambes antérieures sont assez fortement échancrées intérieurement, mais elles ne sont nullement palmées.

Quoique ce genre soit peu nombreux en espèces, M. Dejean y établit deux divisions : la première, qui correspond au genre *Ditomus* de M. Ziegler, renferme les espèces dont la tête est plus petite et un peu rétrécie postérieurement, la lèvre supérieure un peu plus avancée et plus échancrée, les yeux plus saillans, et le corselet plus ou moins cordiforme. Ces espèces sont généralement plus allongées que celles de la seconde division, et, dans quelques-unes, les mâles se distinguent des femelles par une corne au milieu de la tête et une autre sur chaque mandibule.

La seconde division, qui correspond au genre *Aristus* de M. Ziegler, renferme les espèces dont la tête est très-grosse, la lèvre supérieure moins avancée et moins échancrée, les yeux moins saillans, et le corselet plus court, très-échancré antérieurement pour recevoir la tête, et presque en croissant. Ces espèces sont ordinairement plus raccourcies que celles de la première division, et, dans aucune, les mâles n'ont de corne ni sur la tête ni sur les mandibules.

Les *Ditomus* paraissent habiter exclusivement les parties méridionales de l'Europe, le nord de l'Afrique, le Sénégal et les contrées les plus occidentales de l'Asie. On les trouve sous les pierres, courant par terre dans les champs, et souvent le soir sur les tiges des graminées.

PREMIÈRE DIVISION.

1. D. Calydonius.

Pl. 26. fig. 2.

Nigro-subpiceus, punctatissimus; thorace subcordato; elytris striato-punctatis, interstitiis punctatis; antennis pedibusque rufo-brunneis.

Mas. Capitis cornu porrecto, emarginato; mandibulis cornutis.

Femina. Capitis cornu acuto, minutissimo.

Dej. *Spec.* 1. p. 439. n° 1.
Dej. *Cat.* p. 5.
Carabus Calydonius. Fabr. *Sys. El.* 1. p. 188. n° 97.
Sch. *Syn. Ins.* 1. p. 192. n° 132.
Scarites Calydonius. Rossi. *Fauna Etrusca.* 1. p. 228. n° 571. t. 8. fig. 8. 9.
Oliv. iii. 36. p. 10. n° 10. t. 2. fig. 12. a. b. c.

Long. 6 $\frac{1}{2}$, 8 lignes. Larg. 2, 2 $\frac{3}{4}$ lignes.

D'un noir obscur, un peu brunâtre et très-légèrement pubescent.

Tête assez grosse, arrondie, légèrement convexe, très-fortement ponctuée.

Le mâle ayant au milieu du front une corne courte, épaisse, recourbée, creusée sur les côtés, un peu dilatée et légèrement échancrée à son extrémité; et à la base de chaque mandibule une autre corne, à peu près de la même longueur, assez large à la base, pointue à l'extrémité, recourbée intérieurement et très-concave en dedans; la femelle ayant seulement au milieu du front une très-petite corne droite, inclinée et assez aiguë.

Corselet plus large que la tête, moins long que large, très-fortement ponctué, presque en forme de cœur, très-légèrement échancré antérieurement, arrondi sur les côtés, rétréci postérieurement, et avec le milieu de la base un peu prolongé.

Élytres à peu près de la largeur du corselet, assez allongées, parallèles, coupées presque carrément, avec les stries ponctuées, et sur les intervalles une ligne de points enfoncés.

Pattes d'un brun roussâtre.

Il se trouve dans le midi de la France, en Italie et dans la partie méridionale de la Russie.

2. D. Cornutus.

Pl. 26. fig. 3.

Nigro-subpiceus, punctatissimus; thorace subgloboso, postice coarctato; elytris profunde striato-punctatis, interstitiis punctatis; antennis pedibusque rufis.

Mas. Capitis cornu porrecto, lanceolato, mandibulis cornutis.

Femina. Capitis cornu acuto, minutissimo.

Dej. *Spec.* 1. p. 440. n° 2.

DEJ. *Cat.* p. 5.

Carabus Calydonius. GERMAR. *Reise nach Dalmatien.* p. 199. n° 88.

Long. 5 $\frac{3}{4}$, 7 lignes. Larg. 1 $\frac{3}{4}$, 2 $\frac{1}{2}$ lignes.

Long-temps confondu avec le *Calydonius*, auquel il ressemble beaucoup, mais un peu plus petit et plus étroit.

Corne du milieu de la tête du mâle un peu plus avancée, moins relevée, moins recourbée, son extrémité un peu dilatée, pointue, avec une dent de chaque côté, ce qui lui donne presque la forme d'un fer de lance.

Corselet un peu moins large, moins en cœur et plus globuleux.

Stries des élytres un peu plus marquées et plus profondément ponctuées.

Antennes et pattes d'une couleur moins foncée.

M. Dejean l'a trouvé assez communément en Espagne, près de Talavera-la-Real, et en Dalmatie, dans l'île de Cherzo.

3. D. CORDATUS.

Pl. 26. fig 4.

Nigro-obscurus, punctatus; thorace cordato; elytris striato-punctatis, interstitiis obsolete punctatis; antennis pedibusque piceis.

DEJ. *Spec.* 1. p. 441. n° 3.
DEJ. *Cat.* p. 5.

Long. 7 $\frac{3}{4}$ lignes. Larg. 2 $\frac{3}{4}$ lignes.

A peu près de la taille du *Calydonius*, mais un peu plus large, d'un noir obscur et très-légèrement pubescent.

Tête arrondie, presque plane, ponctuée, avec deux impressions longitudinales assez marquées entre les antennes.

Corselet plus large que celui du *Calydonius*, plus en cœur, plus rétréci postérieurement, moins convexe, moins profondément ponctué.

Élytres un peu plus larges et un peu moins convexes que celles du *Calydonius*, avec les stries moins profondes, distinctement ponctuées, les intervalles avec des points enfoncés peu marqués.

Pattes d'un brun obscur.

Trouvé en Espagne par M. Dejean, près le Puente del Arzobispo.

4. D. Dama.

Pl. 26. fig. 5.

Nigro-piceus, punctatissimus; thorace subcordato; elytris striato-punctatis, interstitiis punctatissimis; antennis pedibusque rufis.

Mas. Mandibulis cornu erecto, excavato, compresso, extrorsum unidentato.

Femina. Inermis.

Dej. *Spec.* 1. p. 442. n° 4.

Dej. *Cat.* p. 5.

Carabus Dama. Sch. *Syn. Ins.* 1. p. 192. n° 133.

Germar. *Reise nach Dalmatien*. p. 199. n° 89.

Scarites Dama. Rossi. *Fauna etrusca. Mant.* 1. p. 92. n° 206. T. 2. fig. H. h.

Long. 3 ½, 4 ¼ lignes. Larg. 1 ¼, 1 ½ ligne.

Ressemble un peu au *Calydonius*, mais plus petit et plus pubescent.

Tête très-fortement ponctuée; le mâle ayant de chaque côté, au-dessus des yeux, une petite élévation peu marquée, et à la base de chaque mandibule une corne assez longue, large à sa base, pointue et recourbée à son extrémité, convexe extérieurement, concave intérieurement, avec une petite dent à sa partie extérieure; la femelle ayant deux impressions peu marquées entre les antennes, et la base des mandibules un peu relevée.

Corselet à peu près de la forme de celui du *Calydonius*, moins fortement ponctué, et plus échancré antérieurement.

Élytres avec les stries un peu moins marquées et distinctement ponctuées, les intervalles entièrement couverts de points enfoncés très-serrés.

Pattes d'un rouge ferrugineux.

Il se trouve, mais rarement, en Italie et en Dalmatie.

5. D. Pilosus. *Illiger*.

Pl. 26. fig. 6.

Nigro-piceus, punctatissimus; thorace subgloboso, postice

coarctato; elytris striato-punctatis, interstitiis punctatissimis; antennis pedibusque rufis.

Dej. *Spec.* 1. p. 443. n° 5.
Dej. *Cat.* p. 5.

Long. 2 ½, 4 lignes. Larg. 1, 1 ½ ligne.

Ressemble extrêmement à la femelle du *Dama*, et il est très-difficile de l'en distinguer.

Corselet un peu moins large, un peu moins en cœur et un peu plus arrondi; le reste comme dans la femelle du *Dama*.

Il se trouve assez communément en Espagne et en Portugal.

6. D. Fulvipes. *Latreille.*

Pl. 26. fig. 7.

Nigro-piceus, punctatissimus; thorace cordato; elytris striato-punctatis, interstitiis punctatissimis; antennis pedibusque rufis.

Dej. *Spec.* 1. p. 444. n° 6.
Dej. *Cat.* p. 5.

Long. 3 ¾, 5 lignes. Larg. 1 ⅓, 1 ⅔ ligne.

Ressemble aussi beaucoup à la femelle du *Dama*, mais il est ordinairement un peu plus grand.

Tête proportionnellement un peu plus grosse.

Corselet un peu plus large, plus échancré antérieurement, plus en cœur, un peu plus convexe, avec une petite impression transversale près de la base.

Il est commun dans la France méridionale; on le rencontre aussi quelquefois aux environs de Paris.

B. D.

7. D. Distinctus. *Dejean.*

Pl. 26. fig. 8.

Nigro-obscurus, punctatus; capite majore, subtriangulari, postice angustato; thorace cordato; elytris striato-punctatis, interstitiis obsolete punctatis; antennis pedibusque rufo-piceis.

Long. 8 lignes. Larg. 2 $\frac{3}{4}$ lignes.

Un peu plus grand que le *Calydonius*, et d'un noir moins brunâtre.

Ponctuation de la tête et du corselet beaucoup moins marquée et moins serrée.

Tête beaucoup plus grande, presque triangulaire et rétrécie postérieurement.

Lèvre supérieure d'un brun roussâtre, plane, presque carrée et plus échancrée antérieurement, comme dans le genre *Carterus.*

Mandibules plus droites et plus avancées.

Yeux nullement saillans.

Corselet plus large, surtout antérieurement, et moins convexe.

Ponctuation des stries des élytres assez fortement marquée; celle des intervalles peu distincte et presque effacée.

DITOMUS.

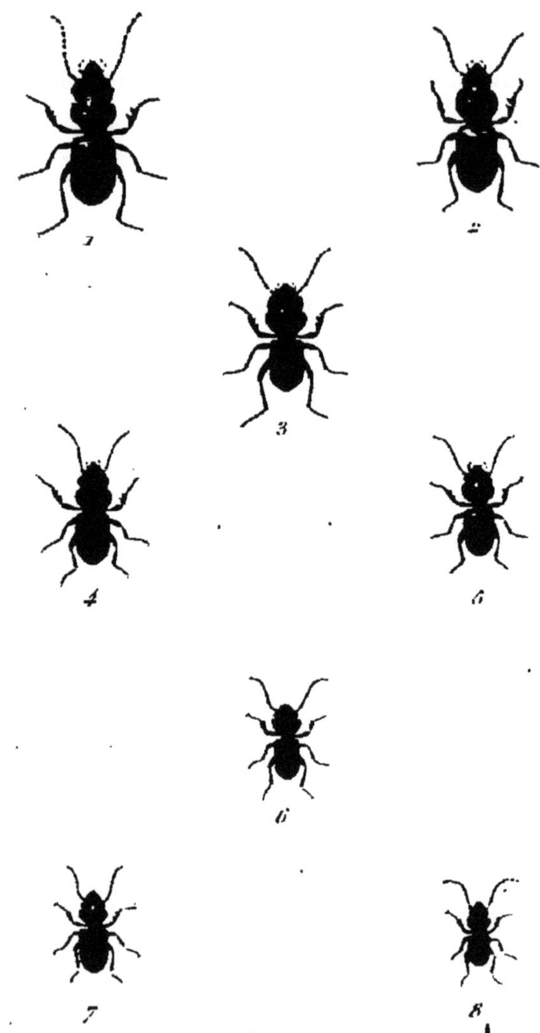

1. D. Robustus.	5. D. Sulcatus.
2. D. Cyaneus.	6. D. Eremita.
3. D. Capito.	7. D. Nitidulus.
4. D. Obscurus.	8. D. Sphærocephalus.

P. Duménil Pinxit et Direxit.

Antennes et pattes d'un brun légèrement roussâtre.

Décrit et figuré sur un individu unique, provenant de la collection de M. Latreille, où il était noté comme venant d'Espagne.

8. D. Robustus. *Parreyss.*

Pl. 27. fig. 1.

Nigro-subpiceus, punctatissimus; capite majore; thorace latiore cordato; elytris brevioribus, striato-punctatis, interstitiis punctatissimis; antennis pedibusque rufis.

Long. 6, 7 lignes. Larg. 2 $\frac{1}{4}$, 2 $\frac{3}{4}$ lignes.

Un peu plus court et proportionellement plus large que le *Calydonius.*

Ponctuation de la tête et du corselet un peu moins forte et plus serrée.

Tête beaucoup plus grande, surtout dans les mâles; yeux très-peu saillans.

Corselet beaucoup plus large antérieurement, très-rétréci postérieurement, et fortement cordiforme.

Élytres plus courtes, un peu moins parallèles et plus convexes; stries un peu plus fortement marquées et moins distinctement ponctuées; intervalles couverts de points enfoncés beaucoup plus serrés.

Abdomen d'un brun un peu roussâtre.

Antennes et pattes d'un rouge ferrugineux.

Il a été rapporté des îles Ioniennes par M. Parreyss; on le trouve aussi assez communément en Morée.

9. D. Cyaneus. *Olivier.*

Pl. 27. fig. 2.

Cyaneo-violaceus, punctatissimus; thorace subrotundato; antennis, tibiis tarsisque nigro-piceis.

Long. 6, 9 lignes. Larg. 2 $\frac{1}{3}$, 3 $\frac{1}{3}$ lignes.

Ordinairement plus grand que le *Calydonius*, proportionnellement plus large, plus convexe, d'un bleu-violet plus ou moins clair et brillant, et entièrement couvert de points enfoncés assez marqués et très-serrés.

Tête ovale, assez grande. Yeux peu saillans.

Corselet assez large, presque arrondi, légèrement échancré antérieurement, point d'angles postérieurs marqués, et milieu de la base un peu échancré.

Élytres assez courtes, assez convexes et presque ovales; stries très-légèrement ponctuées; intervalles couverts de points enfoncés un peu moins marqués et plus serrés que sur la tête et le corselet.

Antennes, jambes et tarses d'un noir un peu brunâtre.

Il a été rapporté de l'Asie mineure par feu Olivier; on le trouve aussi dans les îles et sur le continent de la Grèce. C. D.

SECONDE DIVISION.

10. D. Capito. *Illiger.*

Pl. 27. fig. 3.

Niger, punctatissimus; capite magno; elytris brevibus,

striato punctatis, interstitiis punctatissimis; antennis tarsisque piceis.

DEJ. *Spec.* 1. p. 444. n° 7.
DEJ. *Cat.* p. 5.

Long. 5 $\frac{1}{2}$, 6 $\frac{1}{4}$ lignes. Larg. 2 $\frac{1}{4}$, 2 $\frac{1}{2}$ lignes.

Un peu plus grand et plus pubescent que le *Sulcatus*, auquel il ressemble beaucoup.

Tête proportionnellement un peu plus grosse, un peu plus convexe, avec sa ponctuation plus serrée.

Corselet un peu plus large, plus court et plus ponctué. Élytres plus larges et plus courtes, leurs stries moins distinctement ponctuées, et tous les intervalles entièrement couverts de points enfoncés très-serrés.

Pattes un peu plus noires, avec les tarses et les épines des jambes d'un brun obscur.

Il se trouve en Espagne et dans le midi de la France.

11. D. OBSCURUS. *Stéven.*

Pl. 27. fig. 4.

Niger, punctatissimus; thorace angulis posticis acutis; elytris nigro-subcyaneis, striato-punctatis, interstitiis punctatissimis; antennis tarsisque rufo-piceis.

DEJ. *Spec.* 1. p. 445. n° 8.

Long. 5 ¼ lignes. Larg. 2 lignes.

Ressemble aussi beaucoup au *Sulcatus*, dont il a la forme et la grandeur.

Tête d'un noir un peu plus obscur, un peu plus convexe, et couverte de points enfoncés beaucoup plus serrés, sans enfoncement entre les yeux.

Corselet un peu moins échancré, moins en croissant, plus convexe, et couvert de points enfoncés très-serrés.

Élytres d'un noir obscur, très-légèrement bleuâtre; les intervalles des stries couverts de points enfoncés assez serrés.

Il se trouve en Crimée.

12. D. SULCATUS.

Pl. 27. fig. 5.

Niger, punctatus; fronte bifoveolato; elytris striato-punctatis, interstitiis parum punctatis, interdum lævigatis; antennis tarsisque rufo-piceis.

DEJ. *Spec.* I. p. 446. n° 9.
DEJ. *Cat.* p. 5.
Scaurus Sulcatus. FABR. *Sys. El.* I. p. 122. n° 3.
Carabus Sulcatus. SCH. *Syn. Ins.* I. p. 191. n° 130.
Scarites Bucephalus. OLIV. III. 36. p. 12. n° 14. T. I. fig. 3. 5.
Scarites Clypeatus. ROSSI. *Fauna Etrusca*. I. p. 228. n° 570.
VAR. A. *D. Affinis*. DEJ. *Cat.* p. 5.

Long. $4\frac{1}{2}$, $5\frac{1}{2}$ lignes. Larg. $1\frac{3}{4}$, $2\frac{1}{4}$ lignes.

D'un noir assez brillant.

Tête très-grosse, arrondie, très-légèrement convexe, couverte de points enfoncés assez gros, mais peu rapprochés, avec deux enfoncemens longitudinaux assez marqués entre les yeux.

Corselet un peu plus large que la tête, très court, très-échancré antérieurement pour recevoir la tête, presque en croissant, arrondi postérieurement, couvert de points enfoncés peu serrés; le milieu de la base un peu prolongé.

Élytres un peu moins larges que le corselet, peu allongées, parallèles, coupées carrément antérieurement, avec les stries bien marquées, les intervalles peu ponctués, quelquefois tout-à-fait lisses, et d'autres fois couverts de points assez nombreux, comme dans l'*Affinis*.

Pattes d'un noir brunâtre, avec les tarses et les épines des jambes d'un brun un peu roussâtre.

Il se trouve communément dans le midi de la France, en Espagne, en Italie et en Dalmatie.

13. D. Eremita. *Stéven.*

Pl. 27. fig. 6.

Niger, punctatissimus; elytris elongatis, striato-punctatis, interstitiis punctatissimis; antennis, tibiis tarsisque rufo-piceis.

Dej. *Spec.* I. p. 447. n° 10.

Long. 4 $\frac{1}{2}$ lignes. Larg. 1 $\frac{2}{3}$ ligne.

De la forme du *Sphærocephalus*, et à peu près de la taille du *Sulcatus*.

Tête et corselet plus fortement ponctués.

Les intervalles des stries couverts de points enfoncés très-serrés, comme dans le *Capito*.

Jambes et tarses d'un brun roussâtre.

Il se trouve dans la Russie méridionale.

14. D. Nitidulus. *Stéven*.

Pl. 27. fig. 7.

Niger, punctatissimus; elytris elongatis, striato-punctatis, interstitiis punctatis; antennis tarsisque piceis.

Dej. *Spec.* 1. p. 447. n° 11.

Long. 4, 4 $\frac{3}{4}$ lignes. Larg. 1 $\frac{1}{2}$, 1 $\frac{3}{4}$ ligne.

De la forme du *Sphærocephalus*, mais un peu plus grand et d'un noir un peu plus brillant.

Tête et corselet ponctués à peu près de la même manière.

Élytres plus convexes, avec la ponctuation des intervalles beaucoup plus serrée, mais beaucoup moins que dans l'*Eremita*.

Jambes d'un noir obscur, avec les tarses et les épines des jambes brunâtres.

Il se trouve dans la Russie méridionale. M. Savigny l'a aussi rapporté d'Égypte.

15. D. Sphærocephalus.

Pl. 27. fig. 8.

Niger, punctatissimus; elytris elongatis, striato-punctatis, interstitiis parum punctatis; antennis pedibusque rufo-piceis.

Dej. *Spec.* I. p. 448. n° 12.
Dej. *Cat.* p. 5.
Scarites Sphærocephalus. Oliv. III. 36. p. 13. n° 15. T. I. fig. 4.
Carabus Sphærocephalus. Sch. *Syn. Ins.* I. p. 192. n° 131.

Long. 3 ¼, 3 ¾ lignes. Larg. 1 ¼, 1 ½ ligne.

Plus petit et plus allongé que le *Sulcatus*, auquel il ressemble, mais d'un noir moins brillant et un peu brunâtre.

Tête avec la ponctuation un peu plus serrée et les impressions à peine marquées.

Corselet un peu plus ponctué.

Élytres plus étroites, plus allongées, avec les intervalles couverts de points enfoncés beaucoup moins serrés que dans le *Capito*, l'*Obscurus* et l'*Eremita*.

Pattes d'un brun roussâtre.

Il se trouve assez communément en Espagne et dans la France méridionale.

XV. APOTOMUS. *Hoffmansegg.*

SCARITES. *Rossi. Olivier.*

Menton articulé. Lèvre supérieure légèrement échancrée. Palpes labiaux très-allongés ; le dernier article cylindrique. Antennes filiformes, à articles allongés et presque cylindriques. Corselet orbiculaire. Jambes antérieures non palmées.

Hoffmansegg a établi ce genre sur le *Scarites Rufus* de Rossi et d'Olivier. Latreille l'avait d'abord placé dans ses *Subulipalpes* près des *Bembidium;* mais un examen plus approfondi lui ayant mieux fait connaître cet insecte, il l'a placé, comme il devait l'être, dans cette tribu à côté des *Ditomus.*

Les *Apotomus* sont de très-petits insectes d'une couleur roussâtre, et qui sont plus ou moins pubescens. Leur forme approche un peu de celle des *Ditomus* de la première division. Le menton est articulé comme dans presque tous les genres de cette famille. La lèvre supérieure est peu avancée et légèrement échancrée. Les mandibules sont très-peu saillantes. Les palpes labiaux sont très-grands et composés d'articles allongés et cylindriques. Les antennes sont filiformes et à peu près de la longueur de la moitié du corps; leur premier article est un peu plus grand que les suivans; le second est un peu plus court, et tous les autres presque égaux, allongés et cylindriques. La tête est petite. Les yeux sont assez saillans. Le corselet est globuleux et un peu prolongé postérieurement. Les élytres sont plus larges que le corselet, assez allongées, convexes et arrondies postérieurement. Les jambes antérieures sont échancrées antérieurement, mais elles ne sont nullement palmées.

Ces insectes se trouvent sous les pierres, où ils paraissent vivre en société. Pendant long-temps on n'en a connu qu'une seule espèce; mais M. Stéven en a découvert une seconde dans la Russie méridionale.

1. A. Rufus.

Pl. 25. fig. 5.

Rufo-ferrugineus, pubescens; elytris profunde punctato-striatis.

Dej. *Spec.* 1. p. 450. n° 1.
Dej. *Cat.* p. 16.
Scarites Rufus. Oliv. iii. 36. p. 15. n° 18. t. 2. fig. 13. a. b.
Sch. *Syn. Ins.* 1. p. 128. n° 20.
Rossi. *Fauna Etrusca.* 1. p. 229. n° 572. t. 4. fig. 3.

Long. 2 lignes. Larg. $\frac{3}{4}$ ligne.

A peu près de la taille de la *Clivina Thoracica*, d'un rouge ferrugineux et presque entièrement couvert de poils assez longs, assez serrés et d'une couleur plus claire.

Tête assez avancée, lisse, légèrement convexe, avec les antennes de la longueur de la moitié du corps, et d'une couleur un peu plus obscure.

Corselet plus large que la tête, un peu plus long que large, presque globuleux, coupé carrément antérieurement et arrondi postérieurement.

Élytres plus larges que le corselet, assez allongées, avec des stries bien marquées et fortement ponctuées.

Pattes de la couleur du corps.

Il se trouve dans le midi de la France, en Italie, en Espagne et en Portugal.

2. A. Testaceus.

Pl. 25. fig. 6.

Rufo-testaceus, subpubescens; elytris punctato-striatis.

Dej. *Spec.* 1. p. 451. n° 2.
Dej. *Cat.* p. 16.

Long. 2 lignes. Larg. $\frac{2}{3}$ ligne.

Ressemble beaucoup au *Rufus*, mais d'une forme plus étroite et d'une couleur plus claire, beaucoup moins velu, et, au lieu de poils assez longs, couvert sur les élytres d'un léger duvet très-court.

Élytres avec les stries moins marquées et moins profondément ponctuées.

Il se trouve dans la Russie méridionale.

SIMPLICIPÈDES.

Cette tribu correspond aux *Abdominaux* de Latreille, et comprend les *Simplicimanes* de Bonelli et ses genres *Omophron, Blethisa, Elaphrus* et *Notiophilus*. Comme les *Cicindelètes*, tous les insectes qui la composent se distinguent des autres tribus de cette famille par les jambes antérieures, dont le côté interne est sans échancrure; cependant, dans les genres *Pamborus, Tefflus, Omophron, Blethisa, Elaphrus, Notiophilus* et *Metrius*, celle qui termine la jambe en dessous est légèrement oblique, et s'aperçoit un peu sur le côté interne, mais elle n'y est jamais que très-peu marquée. Le dernier article de leurs palpes est très-souvent plus ou moins sécuriforme, quelquefois ovalaire et tronqué à l'extrémité, mais il n'est jamais terminé en alène. Les élytres ne sont jamais tronquées à l'extrémité.

Le tableau suivant présente les principaux caractères des dix-huit genres qui composent cette tribu.

B. D.

					Genre
Élytres carénées latéralement et embrassant une partie de l'abdomen.	Bords latéraux du corselet peu ou point relevés et non prolongés.	Tarses semblables dans les deux sexes.			1 *Cychrus.*
		Tarses antérieurs dilatés dans les mâles.			2 *Sphærodorus.*
	Bords latéraux du corselet très-relevés et prolongés postérieurement.				3 *Scaphinotus.*
n'embrassant pas l'abdomen.	Lèvre supérieure à trois ou deux lobes.	Point de dent au milieu de l'échancrure du menton.			4 *Pamborus.*
		Une dent au milieu de l'échancrure du menton.	Tarses antérieurs non dilatés dans les mâles		6 *Procerus.*
			Tarses antérieurs dilatés dans les mâles.	Lèvre supérieure trilobée.	7 *Procrustes.*
				Lèvre supérieure bilobée. Troisième article des antennes cylindrique et à peine plus long que les autres.	8 *Carabus.*
				Lèvre supérieure bilobée. Troisième article des antennes comprimé, tranchant extérieurement et sensiblement plus long que les autres.	9 *Calosoma.*

- Élytres non carénées latéralement et
  - Lèvre supérieure entière.
    - Point de dent au milieu de l'échancrure du menton. . . . . 11. *Pteroloma.*
    - Une dent simple au milieu de l'échancrure du menton. . . . . 5 *Tefflus.*
    - Une dent bifide au milieu de l'échancrure du menton.
      - Dernier article des palpes peu ou point sécuriforme.
        - Antennes grêles et allongées.
          - Trois premiers articles des tarses antérieurs dilatés dans les mâles
            - presque en carrés plus ou moins allongés. . . . . 10 *Leistus.*
            - triangulaires ou cordiformes. . . . . 12 *Nebria.*
          - Premier article des tarses antérieurs dilaté dans les mâles. . . . . 13 *Omophron.*
        - Antennes courtes et assez épaisses.
          - Dernier article des palpes allongé et obconique.
            - Trois premiers articles des tarses antérieurs fortement dilatés dans les mâles . . . . 14 *Polophila.*
            - Quatre premiers articles des tarses antérieurs légèrement dilatés dans les mâles.
              - Corselet carré et plus large que la tête. . . . . . 15 *Blethisa.*
              - Corselet arrondi et de la largeur de la tête. . . . 16 *Elaphrus.*
          - Dernier article des palpes court et presque renflé. . . 17 *Notiophilus.*
      - Dernier article des palpes assez fortement sécuriforme. . . . . 18 *Metrius.*

C. D.

I. CYCHRUS. *Fabricius.*

CARABUS. *Olivier.* TENEBRIO. *Linné.*

Tarses semblables dans les deux sexes. Dernier article des palpes très-fortement sécuriforme, presque en forme de cuiller, et plus dilaté dans les mâles. Antennes sétacées. Lèvre supérieure bifide. Mandibules étroites, avancées et dentées intérieurement. Menton très-fortement échancré. Corselet cordiforme, peu ou point relevé sur les côtés et non prolongé postérieurement. Élytres soudées, carénées latéralement et embrassant une partie de l'abdomen.

Les *Cychrus* sont des insectes d'assez grande taille, d'une couleur noire ou légèrement métallique, et qui ont très-peu de rapport avec presque tous les autres genres de cette famille. Leur *facies* les rapproche un peu des hétéromères; aussi Linné les avait-il placés dans son genre *Tenebrio*, mais ce sont cependant de véritables Carabiques.

Ils présentent tous les caractères génériques suivans : La tête est étroite et allongée. La lèvre supérieure est très-fortement bifide. Les mandibules sont étroites, avancées, presque droites, légèrement courbées à l'extrémité et très-fortement dentées intérieurement. Le menton est très-grand, presque divisé en trois parties et très-fortement échancré; le milieu de l'échancrure est en ligne droite et ne présente aucune dent. Les palpes sont très-saillans; leurs premiers articles sont allongés et cylindri-

CYCHRUS.

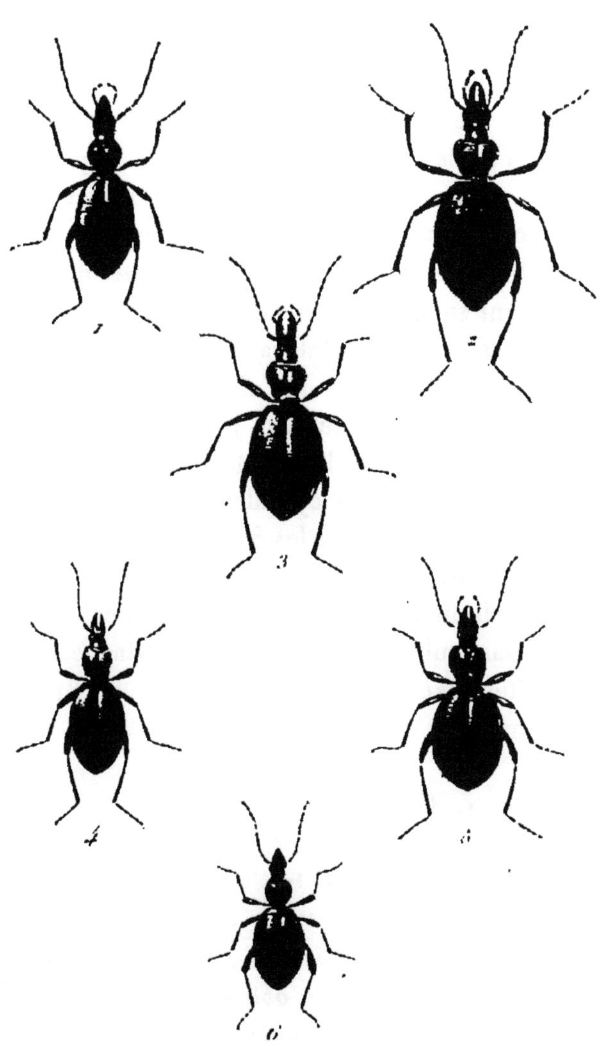

1. C. Angustatus.
2. C. Italicus.
3. C. Elongatus.
4. C. Rostratus.
5. C. Semigranosus.
6. C. Attenuatus.

P. Duméril Pinx.it et Direx.it

ques, et le dernier est très-grand, très-fortement sécuriforme, concave en dessus, presque en forme de cuiller, et plus dilaté dans les mâles que dans les femelles. Les antennes sont minces et déliées, et ordinairement un peu plus longues que la moitié du corps. Les yeux sont très-petits et peu saillans. Le corselet est plus large que la tête, plus ou moins cordiforme, et ses côtés sont peu relevés et ne sont pas prolongés postérieurement. Les élytres sont ordinairement beaucoup plus larges que le corselet; elles sont soudées, plus ou moins ovales, plus ou moins convexes, carénées latéralement, et elles recouvrent en dessous une partie de l'abdomen. Les pattes sont assez longues et assez minces. Les jambes antérieures n'ont aucune échancrure sur leur côté interne. Les articles des tarses sont presque cylindriques, légèrement triangulaires et semblables dans les deux sexes.

On trouve ordinairement ces insectes sous les troncs d'arbres pouris, la mousse et les feuilles sèches, dans les bois, mais particulièrement dans les montagnes. Ils paraissent habiter exclusivement l'Europe, la Russie asiatique et l'Amérique septentrionale.

1. C. Angustatus.

Pl. 28. fig. 1.

Niger, elongatus; thorace orbiculato, postice attenuato, non utrinque carinato; elytris oblongis, subdepressis, utrinque parum carinatis, granulato-punctatis, punctis sæpe confluentibus, lineisque tribus elevatis obsoletis.

DEJ. *Spec.* II. p. 5. n° 1.

HOPPE. *Nov. act. acad.* C. L. C. *nat. cur.* XII. p. 479. n° 1. T. 45. fig. 1.

DEJ. *Cat.* p. 5.

Long. 10 lignes. Larg. 3 ¼ lignes.

Plus étroit et plus allongé que toutes les autres espèces de ce genre, et entièrement d'un noir luisant.

Tête allongée, légèrement ponctuée et ridée transversalement, avec les yeux très-peu saillans.

Corselet un peu plus long que large, presque orbiculaire, rétréci postérieurement, arrondi sur les côtés, sans rebord ni carène, ayant une ligne longitudinale bien marquée, et près de la base quelques points enfoncés.

Élytres ovales allongées, à peu près le double plus larges que le corselet dans leur milieu, très-peu convexes et presque déprimées, ayant trois lignes longitudinales élevées très-peu apparentes, et quelques points peu distincts.

Pattes d'un noir luisant.

Des Alpes de Carinthie. Très-rare.

2. C. ITALICUS.

Pl. 28. fig. 2.

Niger; capite transverse impresso; thorace postice transverse impresso, angulis posticis subrectis, non reflexis; elytris utrinque carinatis, granulato-punctatis, lineisque tribus elevatis subobsoletis.

DEJ. *Spec.* II. p. 6. n° 2.

Bonelli. *Observations entomologiques.* 2. p. 17. n° 2.

Dej. *Cat.* p. 5.

Carabus Rostratus. Petagna. *Ins. calabr.* p. 25. n° 121. fig. 21.

Long. 10 ½ lignes. Larg. 4 ¼ lignes.

Tout noir et de la forme du *Rostratus,* mais beaucoup plus grand.

Tête avec un sillon transversal bien marqué.

Corselet presque en cœur, tronqué, avec des impressions transversales et les angles postérieurs peu relevés et coupés presque carrément.

Élytres carénées, de la même forme que dans le *Rostratus,* avec des points très-rarement réunis, et trois lignes élevées peu marquées.

Pattes noires.

Il se trouve en Italie, pendant l'automne, sous les débris de végétaux.

3. C. Elongatus.

Pl. 28. fig. 3.

Niger; capite lævi; thorace postice subexcavato, angulis posticis reflexis subrotundatis; elytris utrinque carinatis, granulato-punctatis, lineisque tribus elevatis obsoletis.

Dej. *Spec.* II. p. 7. n° 3.

Dej. *Cat.* p. 5.

Hoppe. *Nov. act. acad.* C. L. C. *nat. cur.* XII. p. 479. n° 2. T. 45. fig. 3.

C. Subcarinatus. MEGERLE. DAHL. *Coleoptera und Lepidoptera.* p. 3.

C. Rostratus? GYLLENHAL. II. p. 71. n° 1.

Long. 7 ½, 9 lignes. Larg. 3, 4 lignes.

Ressemble beaucoup au *Rostratus*, dont il n'est probablement qu'une variété un peu plus grande et un peu plus allongée.

Corselet un peu moins ovale, plus carré, avec les angles postérieurs plus relevés, moins arrondis, et l'impression près de la base plus profonde et moins transversale.

Élytres avec les points élevés plus distincts, très-rarement confondus, ceux près de la carène moins nombreux.

Il se trouve, sous les troncs d'arbres pouris, en Allemagne, en Suède et dans le nord de la France.

4. C. ROSTRATUS.

Pl. 28. fig. 4.

Niger; capite lævi; thorace postice transverse impresso, angulis posticis rotundatis, parum reflexis; elytris utrinque carinatis, granulato-punctatis, punctis sæpe confluentibus, lineisque tribus elevatis obsoletis.

DEJ. *spec.* II. p. 8. n° 4.
FABR. *Syst. El.* I. p. 165. n° 1.
SCH. *Syn. Ins.* I. p. 165. n° 1.
DUFTSCHMID. II. p. 11. n° 1.
STURM. III. p. 15. n° 1. T. 53.

FISCHER. *Entomographie de la Russie.* I. p. 81. n° 2. T. 7. fig. 2.

DEJ. *Cat.* p. 5.

Carabus Rostratus. OLIV. III. 35. p. 44. n° 46. T. 4. fig. 37.

VAR. *C. Angustatus.* DAHL. *Coleoptera und Lepidoptera.* p. 2.

C. Simplex. MEGERLE. DAHL. *Coleoptera und Lepidoptera.* p. 3.

C. Granosus. MEGERLE.

Long. 6 $\frac{1}{2}$, 7 $\frac{1}{2}$ lignes. Larg. 2 $\frac{3}{4}$, 3 $\frac{1}{2}$ lignes.

D'un noir obscur en dessus.

Tête étroite, allongée et légèrement ponctuée, avec les yeux petits, arrondis et assez saillans.

Corselet plus large que la tête, plus long que large, presque ovale, rebordé et relevé en carène sur les côtés, avec les angles postérieurs très-arrondis, et une impression transversale près de la base.

Élytres ovales, convexes, presque le double plus larges que le corselet dans leur plus grande longueur, ayant sur les côtés une côte élevée en carène qui part de l'angle de la base, entièrement couvertes de points élevés, souvent réunis, qui les font paraître granuleuses, ayant, en outre, trois lignes très-peu sensibles formées par des points allongés.

Pattes et dessous du corps d'un noir plus brillant que le dessus.

Il se trouve assez communément dans les bois et les montagnes, sous les pierres, les feuilles sèches, les mousses et dans les vieux troncs pouris, dans les Alpes, les Pyrénées, l'Allemagne, la Hongrie, dans plusieurs parties de la Pologne et de la Russie.

5. C. Semigranosus.

Pl. 28. fig. 5.

Niger; capite transverse impresso; thorace ovato, postice rotundato excavato; elytris utrinque carinatis, nigro-cupreis, punctatis, punctis elevatis oblongis obsoletis triplici serie.

Dej. *Spec.* II. p. 9. n° 5.

Dahl. *Coleoptera und Lepidoptera.* p. 3.

Palliardi. *Beschreibung zweyer decaden neuer und wenig bekannter Carabicinen.* p. 39. T. 4. fig. 18.

Long. 7, 8 ½ lignes. Larg. 3 ¼, 4 lignes.

Plus grand que l'*Attenuatus* auquel il ressemble beaucoup.

Corselet un peu plus large, plus arrondi postérieurement, plus ponctué, avec l'impression postérieure plus marquée et la ligne longitudinale moins enfoncée.

Élytres plus noires, ayant seulement une légère teinte cuivreuse, et les points formant les trois lignes élevées beaucoup moins marqués et presque effacés vers la base.

Pattes et dessous du corps noirs.

Il se trouve en Hongrie, dans le Bannat.

6. C. Attenuatus.

Pl. 28. fig. 6.

Niger; capite transverse impresso; thorace oblongo-ovato, postice impresso, subrotundato; elytris utrinque carinatis, subæneo-cupreis, punctatis, punctis elevatis oblongis triplici serie; tibiis testaceis.

Dej. *Spec.* II. p. 10. n° 6.
Fabr. *Sys. El.* I. p. 166. n° 2.
Sch. *Syn. Ins.* I. p. 165. n° 2.
Duftschmid. II. p. 11. n° 2.
Sturm. III. p. 17. n° 2.
Fischer. *Entomographie de la Russie.* II. p. 41. n° 1. t. 46. fig. 4.
Dej. *Cat.* p. 3.
Carabus Proboscideus. Oliv. III. 35. p. 45. n° 47. t. 11. fig. 128.

Long. 6, 7 ½ lignes. Larg. 2 ½, 3 ½ lignes.

De la forme et de la taille du *Rostratus*.

Tête noire, avec une impression transversale entre les yeux.

Corselet de la couleur de la tête, ovale, rétréci postérieurement, rebordé et relevé en carène sur les côtés, presque plane, ridé transversalement et ayant une ligne longitudinale bien marquée.

Élytres un peu plus courtes et plus convexes que celles du *Rostratus*, d'un noir bronzé un peu cuivreux; les points élevés très-rapprochés et réunis, faisant paraître les élytres couvertes de points enfoncés qui, vers la base, paraissent disposés en stries; trois lignes formées par des points oblongs séparés et bien distincts.

Dessous du corps et cuisses noirs, jambes testacées, brunissant souvent après la mort.

Il se trouve dans les mêmes lieux que le *Rostratus*.

7. C. Æneus. *Stéven.*

Pl. 29. fig. 1.

Niger; capite transverse impresso; thorace subcordato, postice transverse impresso, angulis posticis subrectis; elytris utrinque carinatis, æneo-cupreis, punctatis, punctis elevatis oblongis triplici serie.

Dej. *Spec.* II. p. 11. n° 7.

Fischer. *Entomographie de la Russie.* II. p. 42. n° 2. T. 46. fig. 3.

Long. 8 lignes. Larg. 3 ½ lignes.

Un peu plus grand et plus allongé que l'*Attenuatus*, auquel il ressemble.

Tête plus grande et plus ponctuée à sa partie postérieure.

Corselet un peu plus étroit, moins ovale, presque en cœur tronqué, plus ponctué, avec la ligne longitudinale moins enfoncée, les angles postérieurs coupés presque carrément, et un enfoncement transversal près de la base.

SIMPLICIPÈDES.

1. Cychrus Æneus
2. Sphæroderus Lecontei.
3. Scaphinotus Elevatus.
4. Pamborus Alternans
5. Tefflus Megerlei.

J. Duménil Pinxt et Dirext

Élytres plus bronzées, moins convexes, plus allongées, avec les trois lignes de points plus marquées, surtout vers l'extrémité.

Dessous du corps et pattes noirs.

Il habite la Géorgie et les montagnes du Caucase.

II. SPHÆRODERUS. *Dejean.*

CYCHRUS. *Weber. Schœnherr. Say.*

Les trois premiers articles des tarses antérieurs dilatés dans les mâles : les deux premiers très-fortement, le troisième beaucoup moins. Dernier article des palpes très-fortement sécuriforme, presque en forme de cuiller, et plus dilaté dans les mâles. Antennes filiformes. Lèvre supérieure bifide. Mandibules étroites, avancées et dentées intérieurement. Menton très-fortement échancré. Corselet arrondi et nullement relevé sur les côtés. Élytres soudées, carénées latéralement et embrassant une partie de l'abdomen.

Les insectes qui forment ce genre ont les plus grands rapports avec les *Cychrus*, et ils ont été jusqu'à présent confondus avec eux; mais ils paraissent en différer tellement que M. Dejean n'a pas cru pouvoir se dispenser de les séparer. Leur taille est plus petite. Ils s'éloignent un peu, par leur *facies*, des véritables *Cychrus*, et, à la première vue, ils paraissent se rapprocher de quelques petites espèces de *Carabus*, et surtout du *Convexus*. La tête est un peu moins allongée. Les antennes sont un peu plus courtes et un peu moins déliées. Le corselet est convexe, arrondi, ovale ou orbiculé; ce que l'on a voulu exprimer par le nom *Sphæroderus*, tiré des deux mots grecs Σφαῖρα, sphère, globe, et Δέρον, col, et il n'est nullement relevé sur les côtés postérieurement. Les élytres sont proportionnellement moins grandes que celles des *Cychrus*, et elles sont un peu moins convexes. Les pattes sont un peu plus courtes et un peu plus fortes. Les deux premiers articles des tarses antérieurs des mâles sont très-fortement dilatés : le premier en trapèze ou triangle tronqué, et le second presque en carré moins long que large; le troisième article est presque cordiforme, et il est aussi dilaté, mais beaucoup moins que les deux premiers.

Les espèces de ce genre sont de l'Amérique septentrionale.

S. Lecontei.

Pl. 29. fig. 2.

Niger; thorace cyaneo, ovato, postice transverse lineaque utrinque impressis; elytris oblongo-ovatis, subcupreis, antice striato-punctatis, postice granulatis, margine cyaneo.

Dej. *Spec.* II. p. 15. n° 1.

Il se trouve dans l'Amérique septentrionale, où il a été découvert par M. Leconte.

III. SCAPHINOTUS. *Latreille.*

Cychrus. *Fabricius.* Carabus. *Olivier.*

Les trois premiers articles des tarses antérieurs légèrement dilatés dans les mâles. Dernier article des palpes très-fortement sécuriforme, presque en forme de cuiller, et plus dilaté dans les mâles. Antennes sétacées. Lèvre supérieure bifide. Mandibules étroites, avancées et dentées intérieurement. Menton très-fortement échancré. Bords latéraux du corselet très-déprimés, relevés et prolongés postérieurement. Élytres soudées, très-fortement carénées latéralement, et embrassant une partie de l'abdomen.

Ce nouveau genre a été formé par Latreille sur le *Cychrus Elevatus* de Fabricius, et il est indiqué dans l'*Iconographie des coléoptères d'Europe,* et dans ses *Familles naturelles du règne animal.* Il se distingue facilement des deux genres précédens par la forme de son corselet, qui est assez grand, et dont les côtés sont très-déprimés, très-relevés et prolongés postérieurement, et par celle des élytres, dont la carène latérale est beaucoup plus relevée et beaucoup plus tranchante, surtout près de la base, que dans les *Cychrus.* Les trois premiers articles des tarses antérieurs des mâles sont aussi légèrement dilatés, tandis que dans les *Cychrus* ils sont semblables dans les deux sexes. On ne connaît jusqu'à présent qu'une seule espèce qui appartienne à ce genre.

S. Elevatus.

Pl. 29. fig. 3.

Niger; thorace violaceo; elytris striato-punctatis, violaceo cupreis.

Dej. *Spec.* II. p. 17. n° 1.

Cychrus Elevatus. Fabr. *Syst. El.* I. p. 166. n° 4.

Sch. *Syn. Ins.* I. p. 166. n° 4.

Say. *Transactions of the american phil. Society. new series.* p. 71. n° 1.

Dej. *Cat.* p. 5.

Carabus Elevatus. Oliv. III. 35. p. 46. n° 48. T. 7. fig. 82.

Il se trouve dans l'Amérique septentrionale.

IV. PAMBORUS. *Latreille.*

Tarses semblables dans les deux sexes. Dernier article des palpes fortement sécuriforme. Antennes filiformes. Lèvre supérieure bilobée. Mandibules peu avancées, très-courbées, fortement dentées intérieurement. Menton presque plane, légèrement échancré antérieurement. Corselet presque cordiforme. Élytres en ovale allongé.

Le genre *Pamborus* a été formé par Latreille sur un insecte de la Nouvelle-Hollande, qui se rapproche un peu des *Carabus* par son *facies*, mais qui s'en éloigne beaucoup par ses caractères génériques. La tête est assez allongée, plane en dessus et rétrécie postérieurement. La lèvre supérieure est bilobée antérieurement, à peu près comme dans les *Carabus*. Les mandibules sont peu avancées, très-courbées et très-fortement dentées intérieurement. Le menton est assez grand, presque plane, rebordé et légèrement échancré en arc de cercle. Les palpes sont très-saillans; leurs premiers articles vont un peu en grossissant vers l'extrémité, et le dernier est très-fortement sécuriforme, un peu allongé et un peu ovale. Les antennes sont filiformes, et un peu plus courtes que la moitié du corps. Le corselet est assez grand et presque cordiforme. Les élytres sont un peu convexes et en ovale allongé. Les pattes sont à peu près comme celles des *Carabus*; mais les jambes antérieures sont terminées par deux épines un peu plus fortes, surtout celle intérieure, et l'échancrure entre les deux épines se prolonge un peu sur le côté interne. Les tarses sont semblables dans les deux sexes.

Je connais deux espèces de ce genre, toutes deux de la Nouvelle-Hollande.

P. Alternans.

Pl. 29. fig. 4.

Niger; thorace nigro-cyaneo; elytris nigro-æneis, sulcatis, sulcis granulatis, interstitiis elevatis, postice interruptis.

Dej. *Spec.* II. p. 19. n° 1.
Latreille. *Encyclopédie méthodique.* VIII. p. 678. n° 1.

Il se trouve dans la Nouvelle-Hollande.

V. TEFFLUS. *Leach.*

CARABUS. *Fabricius.*

Tarses presque semblables dans les deux sexes. Dernier article des palpes très-fortement sécuriforme, presque ovale et un peu concave. Antennes filiformes, plus courtes que la moitié du corps. Lèvre supérieure entière. Mandibules légèrement arquées, aiguës, lisses et non dentées intérieurement. Une dent peu avancée au milieu de l'échancrure du menton. Corselet presque hexagonal. Élytres convexes et en ovale allongé.

Ce genre, qui a été formé par Leach sur le *Carabus Megerlei* de Fabricius, paraît, à la première vue, se rapprocher un peu des *Pamborus*, *Procerus*, *Procrustes* et *Carabus;* mais il en diffère essentiellement par les caractères génériques suivans : La lèvre supérieure est entière, presque coupée carrément, et même un peu avancée dans son milieu. Les mandibules sont légèrement arquées, aiguës, lisses et non dentées intérieurement. Le menton est très-fortement échancré, et il a une dent simple et peu saillante au milieu de son échancrure. Les palpes sont très-saillans; leur dernier article est très-fortement sécuriforme, allongé, presque ovale, et un peu concave en dessus. Les antennes sont filiformes, et plus courtes que la moitié du corps. Le corselet est presque hexagonal. Les élytres sont très-grandes, convexes et en ovale allongé. Il n'y a point d'ailes sous les élytres. Les pattes sont grandes et fortes. L'échancrure qui termine en dessous les jambes antérieures est un peu oblique, et remonte un peu sur le côté interne. Les tarses antérieurs sont presque semblables dans les deux sexes, cependant les deux premiers articles paraissent très-légèrement dilatés dans les mâles.

On ne connaît jusqu'à présent qu'une seule espèce qui appartienne à ce genre.

T. Megerlei.

Pl. 29. fig. 5.

Niger; thorace rugoso; elytris sulcatis, sulcis elevato-punctatis.

Dej. *Spec.* II. p. 21. n° 1.
Dej. *Cat.* p. 5.
Carabus Megerlei. Fabr. *Sys. El.* I. p. 169. n° 5.
Sch. *Syn. Ins.* I. p. 168. n° 4.

Ce grand et bel insecte se trouve au Sénégal et sur la côte de Guinée, dans l'épaisseur des forêts; c'est particulièrement dans l'intérieur des vieux troncs en décomposition qu'on les rencontre.

VI. PROCERUS. *Megerle.*

Carabus. *Fabricius.*

Tarses semblables dans les deux sexes. Dernier article des palpes très-fortement sécuriforme et plus dilaté dans les mâles. Antennes filiformes. Lèvre supérieure bilobée. Mandibules légèrement arquées, très-aiguës, lisses et n'ayant qu'une dent à leur base. Une très-forte dent au milieu de l'échancrure du menton. Corselet presque cordiforme. Élytres en ovale allongé.

Les insectes qui forment ce genre ont été pendant longtemps confondus avec les *Carabus*, et M. Megerle est le premier qui les ait séparés. Ils en diffèrent essentiellement par les tarses, qui sont semblables dans les deux sexes. Le dernier article des palpes est aussi plus fortement sécuriforme, et visiblement plus dilaté dans les mâles.

Les *Procerus* sont de très-grands insectes et les géants des carabiques européens. Ils paraissent habiter exclusivement les montagnes et les forêts de la Carniole, de l'Illyrie, de la Turquie d'Europe, des parties de la Hongrie qui en sont voisines, de la Russie méridionale, du Caucase et de l'Asie-Mineure.

Bonelli dit que le *Scabrosus* a été trouvé par M. Spinola, près d'Albisola en Ligurie.

1. P. Scabrosus.

Pl. 30.

Niger; thorace rugoso, lato, truncato, subcordato; elytris punctis elevatis intricato-concatenatis.

Dej. *Spec.* II. p. 23. n° 1.

Dej. *Cat.* p. 5.

Carabus Scabrosus. Fabr. *Syst. El.* I. p. 168. n° 1.

PROCERUS.

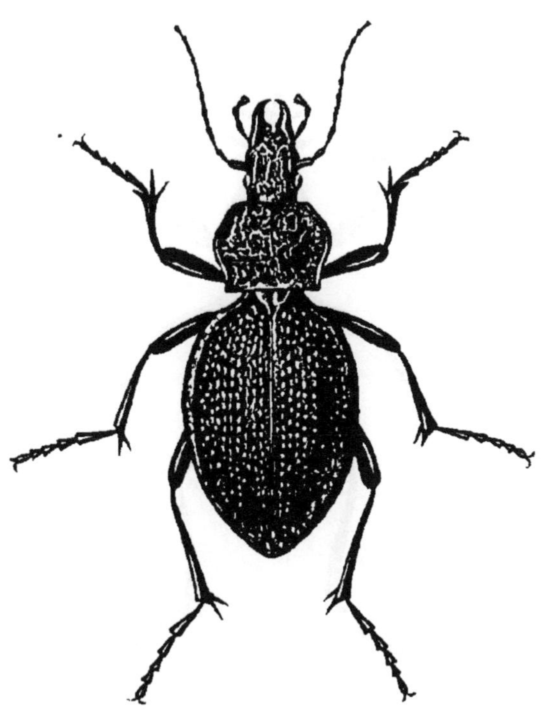

P. Scabrosus.

P Dumenil Pinxit et Direxit.

PROCERUS.

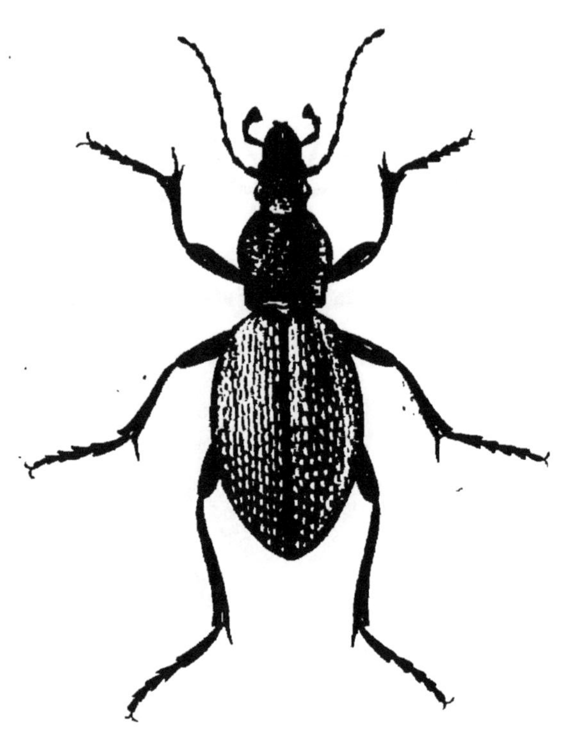

P. Olivieri.

P. Dumenil Pinxit et Direxit

SCH. *Syn. Ins.* I. p. 167. n° 1.
DUFTSCHMID. II. p. 18. n° 1.
STURM. III. p. 29. n° 1.
Carabus Gigas. CREUTZER. *Entomologische versuche.* 1. p. 107. n° 1. T. 2. fig. 13.

Long. 20, 24 lignes. Larg. 8, 10 lignes.

Entièrement d'un noir luisant. Tête allongée, ridée en dessus, avec les antennes à peu près de la longueur de la tête et du corselet réunis.

Corselet moitié plus long que la tête, moins long que large, tronqué antérieurement et postérieurement, un peu en cœur.

Élytres plus larges que le corselet, ovales, convexes, rebordées et couvertes de gros points élevés, rangés sans ordre, et confluens.

Dessous du corps et pattes d'un noir un peu plus brillant que le dessus.

Il se trouve dans les montagnes de la Carniole et des provinces voisines, dans les bois, sous les feuilles sèches. Il a une odeur particulière, différente de celle des *Carabus* et douceâtre.

2. P. OLIVIERI.

Pl. 31.

Niger, supra cyaneo-violaceus; thorace rugoso, oblongo, truncato, subcordato; elytris punctis elevatis intricato-concatenatis.

DEJ. *Spec.* II. p. 24. n° 2.

Dej. *Cat.* p. 3.

Carabus Scabrosus. Oliv. iii. 35. p. 17. n° 7. t. 7. fig. 83.

Long. 19, 22 lignes. Larg. 8, 9 lignes.

Un peu plus petit, plus allongé et moins convexe que le *Scabrosus*, d'un bleu violet en dessus.

Corselet beaucoup moins large que celui du *Scabrosus*, mais plus carré et moins en cœur que celui de l'espèce suivante; ses bords latéraux moins relevés vers les angles postérieurs.

Élytres en ovale allongé, et couvertes de gros points élevés, rangés sans ordre, comme dans le *Scabrosus*.

Dessous du corps noir, avec un reflet violet.

Il se trouve aux environs de Constantinople et dans l'Asie-Mineure.

3. P. Tauricus.

Pl. 32. fig. 1.

Niger, supra cyaneus; thorace rugoso, truncato, cordato; elytris punctis elevatis concatenatis, seriatim dispositis.

Dej. *Spec.* ii. p. 24. n° 3.

Dej. *Cat.* p. 5.

Carabus Tauricus. Pallas.

Adams. *Mémoires de la Société imp. des Naturalistes de Moscou.* v. p. 284. n° 7. t. 10. fig. 1. 2. 4. 5.

PROCERUS.

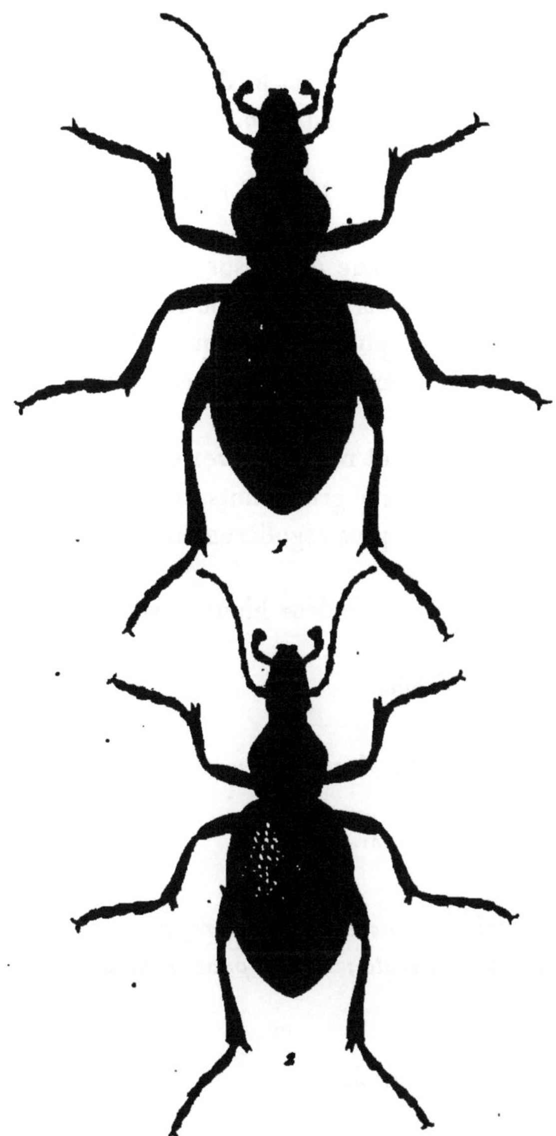

1. P. Tauricus.
2. P. Caucasicus.

P. Duménil Pinxit et Direxit.

Carabus Scabrosus. Fischer. *Entomographie de la Russie.* I. p. 13. n° 1. T. 2. fig. 1. b. d. f.

Carabus Scabrosus. var. b. Sch. *Syn. Ins.* I. p. 167. n° 1.

Long. 21 lignes. Larg. 8 lignes.

D'une belle couleur bleue en dessus, et un peu plus petit, plus allongé et moins convexe que le *Scabrosus.*

Corselet moins large, plus en cœur que celui de l'*Olivieri*, avec les bords latéraux plus relevés, surtout vers les angles postérieurs.

Élytres plus allongées et moins convexes que celles du *Scabrosus*, et couvertes de gros points élevés rangés en lignes droites, beaucoup plus régulièrement que dans les autres espèces.

Dessous du corps d'une couleur bleue, avec les pattes noires.

Il se trouve en Crimée.

4. P. Caucasicus.

Pl. 31. fig. 2

Niger, supra viridi-cyaneus; thorace rugoso, truncato, cordato, antice attenuato; elytris punctis elevatis intricato-concatenatis.

Dej. *Spec.* II. p. 25. n° 4.

Dej. *Cat.* p. 5.

Carabus Caucasicus. Adams. *Mémoires de la Société imp.*

des Naturalistes de Moscou. v. p. 282. n° 6. T. 10. fig. 5. 6.

Carabus Scabrosus. FISCHER. *Entomographie de la Russie.* 1. p. 15. n° 1. T. 2. fig. c. c.

Long. 18 lignes. Larg. 7 ½ lignes.

D'une belle couleur bleue en dessus, plus petit et plus convexe que le *Tauricus*, et se rapprochant un peu de la forme du *Scabrosus*.

Corselet se rapprochant un peu, par la forme, de celui du *Scabrosus*, moins large, plus rétréci antérieurement, plus court et plus large postérieurement, et beaucoup plus étroit antérieurement que celui du *Tauricus*.

Élytres un peu plus courtes et plus convexes que celles du *Tauricus*, avec les points élevés un peu moins serrés, non rangés en lignes droites, et plus éloignés les uns des autres que dans les espèces précédentes.

Dessous du corps et pattes comme dans le *Tauricus*.

Il se trouve au Caucase.

VII. PROCRUSTES. *Bonelli.*

CARABUS. *Fabricius.*

Les quatre premiers articles des tarses antérieurs dilatés dans les mâles; les trois premiers très-fortement, le quatrième beaucoup moins. Dernier article des palpes fortement sécuriforme et plus dilaté dans les mâles. Antennes filiformes. Lèvre supérieure trilobée. Mandibules légèrement arquées, très-aiguës, lisses, et n'ayant qu'une dent à leur base. Une très-forte dent bifide au milieu de l'échancrure du menton. Corselet cordiforme. Élytres en ovale allongé.

Ce genre a été établi par Bonelli sur le *Carabus Coriaceus* de Fabricius, et il a été depuis adopté par presque tous les entomologistes. Les *Procrustes* ont les plus grands rapports avec les *Carabus*, et ils en diffèrent seulement par la lèvre supérieure, qui est distinctement trilobée, tandis qu'elle est bilobée dans les *Carabus*; et par la dent qui se trouve au milieu de l'échancrure du menton, qui est bifide, tandis qu'elle est simple dans les *Carabus*. Bonelli dit aussi que les côtés du menton sont tronqués et presque échancrés au lieu d'être arrondis, et que le second et le quatrième article des antennes, dont le premier est un peu plus long, sont plus courts que les autres, qui sont égaux entre eux; au lieu que dans les *Carabus* le second est égal au quatrième, et le premier et le troisième sont les plus longs. Mais ces derniers caractères ont paru très-difficiles à saisir, et ne sont même pas constans dans toutes les espèces. Pendant long-temps on n'a connu qu'une seule espèce de ce genre, qui est très-commune dans toute l'Europe. M. Dejean a trouvé en Dalmatie deux autres espèces très-voisines de la première, qui n'en sont peut-être même que des variétés, et l'on a reçu depuis de la Grèce et de l'Asie-Mineure plusieurs espèces nouvelles.

1. P. Coriaceus.

Pl. 32. fig. 1.

Niger, oblongo-ovatus; elytris punctis intricatis rugosis.

Dej. *Spec.* II. p. 27. n° 1.
Bonelli. *Observations entomologiques.* 1. p. 22. n° 1.
Sturm. III. p. 22. n° 1. T. 54.
Dej. *Cat.* p. 5.
Carabus Coriaceus. Fabr. *Syst. El.* I. p. 168. n° 2.
Oliv. III. 35. p. 18. n° 9. T. 1. fig. 1. a. b.
Sch. *Syn. Ins.* 1. p. 167. n° 2.
Gyllenhal. II. p. 54. n° 1.
Duftschmid. II. p. 19. n° 2.
Le Bupreste noir chagriné. Geoff. I. p. 141. n° 1.

Long. 15, 17 lignes. Larg. 6, 7 lignes.

D'un noir opaque un peu luisant en dessus.

Tête allongée, presque lisse, avec les antennes de la longueur de la moitié du corps.

Corselet plus large que la tête, un peu en cœur, légèrement échancré antérieurement et postérieurement, avec les bords latéraux un peu relevés surtout vers les angles postérieurs.

Élytres plus larges que le corselet, en ovale allongé, et entièrement couvertes de points enfoncés, irréguliers, assez serrés, qui se confondent entre eux et les font paraître chagrinés, ordinairement sans ordre, mais formant

PROCRUSTES.

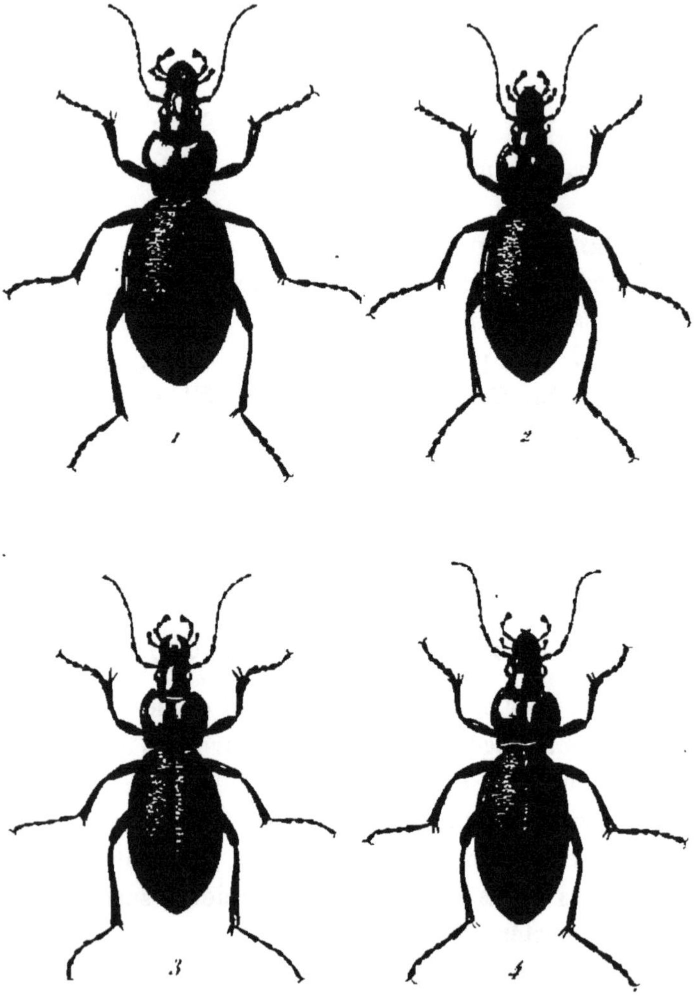

1 2

3 4

1. P. Coriaceus. 3. P. Rugosus.

2. P. Spretus. 4. P. Foudrasii.

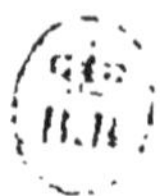

P. Duménil Pinxit et Direxit

dans quelques individus trois lignes de points enfoncés peu apparens.

Dessous du corps et pattes d'un noir plus brillant que le dessus.

Il se trouve communément en France, en Allemagne, en Suède, dans les bois, les champs et les jardins.

2. P. Spretus.

Pl. 32. fig. 2.

Niger, oblongo-ovatus; elytris punctis intricatis subrugosis, punctisque obsoletis impressis triplici serie.

Dej. *Spec.* II. p. 29. n° 2.
Dej. *Cat.* p. 5.
P. Bannaticus. Dahl. *Coleoptera und Lepidoptera.* p. 5.
P. Coriaceus? var. Bonelli. *Observations entomologiques.* I. p. 22. n. 1.

Long. 13, 16 lignes. Larg. 5, 6 ½ lignes.

Probablement variété locale du précédent, mais ordinairement un peu plus petit.

Corselet plus lisse.

Élytres moins profondément ponctuées, leurs points se confondant moins entre eux, constamment trois lignes de points enfoncés, mais peu distinctes.

Il se trouve en Dalmatie, dans le Bannat et dans quelques îles de la Grèce.

3. P. Rugosus.

Pl. 32. fig. 3.

Niger, elongato-ovatus; elytris punctis intricatis rugosis.

Dej. *Spec.* ii. p. 29. n° 3.
Dej. *Cat.* p. 5.

Long. 13, 14 $\frac{1}{2}$ lignes. Larg. 4 $\frac{3}{4}$, 5 $\frac{1}{2}$ lignes.

Peut-être aussi variété locale du *Coriaceus*, un peu plus petit, plus étroit et plus allongé; d'une couleur plus luisante, quelquefois légèrement bleuâtre sur les bords des élytres.

Corselet un peu plus lisse, avec les bords un peu plus relevés vers les angles postérieurs.

Élytres un peu plus allongées, plus étroites, moins convexes et ponctuées comme dans le *Coriaceus*.

Il se trouve en Dalmatie, particulièrement aux environs de Vergoraz. B. D.

4. P. Foudrasii. *Solier.*

Pl. 32. fig. 4.

Niger, elongato-ovatus; elytris punctatis, punctisque obsoletis impressis triplici serie.

Long. 13 $\frac{1}{2}$, 15 lignes. Larg. 5, 6 lignes.

A peu près de la grandeur du *Spretus*, et un peu plus allongé.

SIMPLICIPEDES.

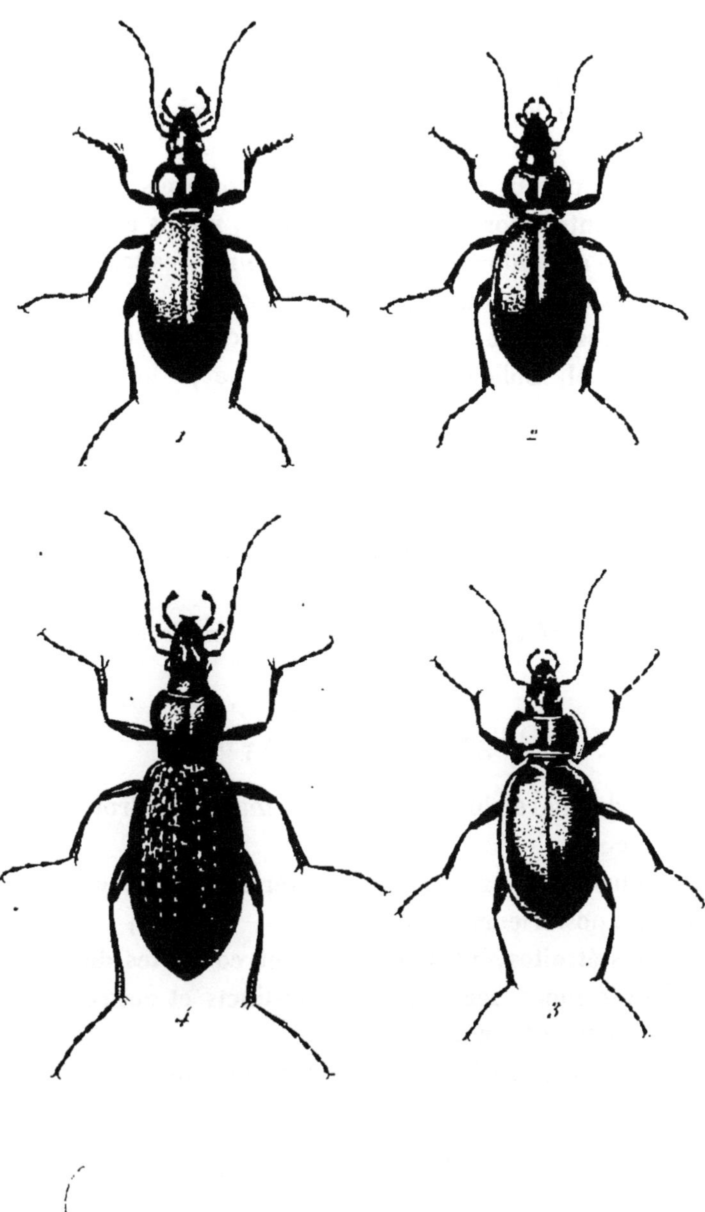

1. Procrustes Græcus.
2. ———— Cerisyi.
3. Procrustes Banonii.
4. Carabus Cælatus.

P. Duménil Pinxit et Direxit.

Corselet un peu plus lisse, un peu moins large antérieurement; ce qui le fait paraître moins rétréci postérieurement.

Élytres un peu plus allongées, moins convexes, et couvertes de points enfoncés moins marqués, moins rapprochés, et qui se confondent moins entre eux; les trois lignes de points enfoncés un peu plus distinctes.

Il se trouve assez communément en Morée, et il m'a été envoyé par M. Solier, sous le nom que je lui ai conservé.

5. P. Græcus. *Parreyss.*

Pl. 33. fig 1.

Niger, elongato-oblongus; elytris punctis intricatis subrugosis.

Long. 12 $\frac{1}{2}$, 14 $\frac{3}{4}$ lignes. Larg. 4 $\frac{1}{2}$, 5 $\frac{1}{3}$ lignes.

A peu près de la grandeur du *Rugosus*, mais plus étroit et plus allongé.

Corselet plus carré, moins large antérieurement, et à peine rétréci postérieurement.

Élytres plus étroites, plus allongées, et couvertes de points enfoncés moins marqués, plus distincts et qui se confondent moins entre eux.

Il m'a été envoyé par M. Parreyss comme venant des îles Ioniennes.

C. D.

6. P. Cerisyi.

Pl. 33. fig. 2.

Niger, oblongo-ovatus; elytris punctatis sublævibus.

Dej. *Spec.* ii. p. 30. n° 4.

Long. 12, 13 ½ lignes. Larg. 4 ¾, 5 ½ lignes.

Plus petit que le *Coriaceus*, proportionnellement plus court et plus large.

Corselet plus lisse, avec les bords plus relevés vers les angles postérieurs.

Élytres un peu moins allongées et un peu plus larges, beaucoup plus lisses, avec des points enfoncés, petits, peu marqués et presque rangés en stries, et, en outre, quelques vestiges de lignes de points enfoncés, mais très-peu marqués.

Il se trouve dans l'île de Mytilène et dans l'Asie-Mineure.

B. D.

7. P. Banonii. *Dupont.*

Pl. 33. fig. 3.

Niger, oblongo-ovatus; thorace marginato, subrotundato, antice posticeque subemarginato; elytris subtilissime rugosis.

Long. 11, 13 lignes. Larg. 4 ½, 5 ½ lignes.

A peu près de la grandeur du *Cerisyi*, est très-différent de toutes les espèces précédentes.

Corselet légèrement ridé, large, assez court, presque transversal, arrondi sur les côtés, assez échancré antérieurement et beaucoup plus postérieurement ; bords latéraux relevés.

Élytres plus larges antérieurement, plus parallèles que dans toutes les espèces précédentes et entièrement couvertes de très-petits points élevés, très-serrés, presque triangulaires, un peu relevés de la pointe, et ayant presque la forme des aspérités d'une rape.

Il se trouve dans les îles et sur le continent de la Grèce.

C. D.

VIII. CARABUS. *Linné. Fischer.*

TACHYPUS. *Weber.* PLECTES. CECHENUS. *Fischer.*

Les quatre premiers articles des tarses antérieurs dilatés dans les mâles; les trois premiers très-fortement, le quatrième souvent un peu moins. Dernier article des palpes plus ou moins sécuriforme et plus dilaté dans les mâles. Antennes filiformes; le troisième article cylindrique et à peine plus long que les autres. Lèvre supérieure bilobée. Mandibules légèrement arquées, plus ou moins aiguës, lisses et n'ayant qu'une dent à leur base. Une très-forte dent au milieu de l'échancrure du menton. Corselet plus ou moins cordiforme. Élytres en ovale plus ou moins allongé. Jamais d'ailes propres au vol.

Le genre *Carabus* de Linné comprenait tous les insectes de cette famille, à l'exception de ceux qu'il avait placés dans ses *Cicindela*. Weber, qui fut un des premiers à le diviser en plusieurs autres genres, donna le nom de *Tachypus* aux insectes dont il est ici question ; mais cette dénomination générique ne fut point adoptée, et Latreille, Bonelli, et presque tous les autres entomologistes, leur appliquèrent le nom de *Carabus*, et donnèrent d'autres noms aux genres qui avaient été détachés.

Ce genre, tel qu'il est maintenant, est encore un des plus nombreux de cette famille, et c'est un des plus intéressans par la grandeur et la beauté des espèces qui le composent. Quoiqu'elles varient beaucoup par la grandeur, les couleurs, et même par la forme, qui est quelquefois très-allongée et quelquefois très-raccourcie, elles ont toutes à peu près le même *facies*, à l'exception cependant de quelques espèces, dont la forme est plus aplatie, et dont M. Fischer a cru devoir former deux nouveaux genres, sous les noms de *Plectes* et de *Cechenus*. Mais quoique ces espèces paraissent un peu différentes à la première vue, elles n'ont aucuns caractères génériques assez marquans qui puissent autoriser leur séparation.

Les seuls genres avec lesquels les *Carabus* aient véritablement quelques rapports sont les *Procerus*, les *Procrustes* et les *Calosoma;* mais ils diffèrent des premiers par les tarses antérieurs, dont les articles sont dilatés dans les mâles; des *Procrustes*, par la forme de la lèvre supérieure et du menton; et des *Calosoma*, par un grand nombre de caractères qu'on saisira facilement, en comparant ceux que l'on va exposer avec ceux que l'on donnera en parlant de ce genre.

La tête est grande, plus ou moins allongée, quelquefois

un peu rétrécie derrière les yeux, quelquefois très-grosse, et presque renflée postérieurement. La lèvre supérieure est toujours fortement bilobée. Les mandibules sont assez grandes, avancées, légèrement arquées et toujours lisses; leur extrémité est plus ou moins courbée, plus ou moins aiguë, et elles ont une petite dent plus ou moins marquée à leur base. Le menton est assez grand, et il a au milieu de son échancrure une dent simple, quelquefois très-forte et dépassant un peu les parties latérales, et quelquefois assez petite et peu avancée. Les palpes sont assez grands et leur dernier article est quelquefois très-fortement, quelquefois très-légèrement sécuriforme, mais toujours plus dilaté dans le mâle que dans la femelle. Les antennes sont filiformes, et ordinairement à peu près de la longueur de la moitié du corps, quelquefois un peu plus longues, quelquefois un peu plus courtes; elles sont composées d'articles presque cylindriques ou qui grossissent légèrement vers l'extrémité, et le troisième n'est pas sensiblement plus grand que les autres. Les yeux sont arrondis et plus ou moins saillans. Le corselet est plus ou moins allongé, plus ou moins cordiforme, et presque toujours échancré postérieurement. Les élytres sont en ovale, quelquefois très-allongé, quelquefois très-raccourci. Presque toujours il n'y a point d'ailes sous les élytres, et, quand il y en a, elles sont incomplètes et ne sont pas propres au vol. Les pattes sont plus ou moins grandes et plus ou moins allongées. Les jambes antérieures sont simples, et l'échancrure qui les termine en dessous est droite et ne remonte pas sur le côté interne. Les intermédiaires et les postérieures sont toujours droites. Les quatre premiers articles des tarses antérieurs des mâles sont plus ou moins dilatés : le premier en triangle allongé, les deux suivans presque carrés, et le quatrième plus ou moins cordiforme; ce dernier est souvent moins dilaté que les précédens. Les crochets des tarses ne sont jamais dentelés en dessous.

Les *Carabus* sont des insectes éminemment carnassiers. Ils sont très-communs dans les montagnes et dans les grandes forêts, sous les pierres, la mousse, les feuilles sèches et dans les vieux troncs d'arbres; on en trouve aussi plusieurs espèces dans les champs, les jardins et près des endroits habités. La plus grande partie des espèces habitent l'Europe, le Caucase et la Sibérie; on en trouve aussi quelques-unes dans l'Amérique septentrionale, l'Asie-Mineure, la Syrie et sur les côtes de Barbarie, et l'on peut dire que ce genre occupe l'hémisphère boréal jusqu'au 30e degré. On n'en trouve aucune espèce ni au cap de Bonne-Espérance ni dans la Nouvelle-Hollande. Depuis long-temps M. Dejean supposait néanmoins qu'on devait les retrouver à l'extrémité de l'Amérique méridionale; M. Eschscholtz, qui a fait deux fois le tour du monde avec le capitaine Kotzebüe, a trouvé au Chili un véritable *Carabus*. Le *Carabus Suturalis*, que Fabricius indique comme de la Terre-de-Feu, appartient peut-être aussi à ce genre.

Ce genre étant très-nombreux, M. Dejean y a établi les divisions suivantes :

1re Division. Élytres couvertes de points irréguliers et sans stries distinctes.

Elle comprend trois espèces : *Cœlatus*, *Dalmatinus*, *Croaticus*.

2e DIVISION. Élytres à stries élevées plus ou moins interrompues.

29 Espèces. *Illigeri, Kollari, Scheidleri, Preyssleri, Rothii, Excellens, Erythromerus, Estreicheri, Scabriusculus, Lippii, Mannerheimii, Sahlbergi, Henningii, Leachii, Regalis, Herrmanni, Æruginosus, Æreus, Eschscholtzi, Panzeri, Burnaschevii, Maurus, Kruberi, Mac Leayi, Vietinghovii, Faminii, Allyssidotus, Mollii* et *Rossii.*

3e DIVISION. Élytres avec trois rangées de points oblongs élevés, et des stries élevées entre elles.

18 Espèces. *Catenulatus, Herbstii, Catenatus, Dufourii, Parreyssii, Monilis, Conciliator, Arvensis, Faldermanni, Varians, Cumanus, Bilbergi, Euchromus, Montivagus, Vagans, Italicus, Gebleri* et *Castillianus.*

4e DIVISION. Élytres avec trois rangées de points oblongs élevés, et des stries élevées entre elles. Tête très-grosse et renflée postérieurement.

7 Espèces. *Macrocephalus, Lusitanicus, Antiquus, Latus, Complanatus, Brevis* et *Helluo.*

5e DIVISION. Élytres avec trois rangées de points oblongs élevés, et une côte élevée entre elles.

13 Espèces. *Alternans, Celtibericus, Barbarus, Cancellatus, Emarginatus, Graniger, Intermedius, Morbillosus, Palustris, Tuberculosus, Mæander, Granulatus* et *Menetriesi.*

6e Division. Élytres à côtes élevées et à larges fossettes entre elles.

2 Espèces. *Clathratus* et *Nodulosus.*

7e DIVISION. Élytres rugueuses, avec de gros points élevés.

1 Espèce. *Smaragdinus.*

8e Division. Élytres à côtes élevées.

13 Espèces. *Auratus*, *Lotharingus*, *Punctatoauratus*, *Farinesi*, *Festivus*, *Escherii*, *Lineatus*, *Auronitens*, *Solieri*, *Nitens*, *Canaliculatus*, *Melancholicus* et *Exaratus*.

9e Division. Élytres à stries fines et crénélées.

5 Espèces. *Dejeanii*, *Purpurescens*, *Imperialis*, *Schœnherri* et *Stæhlini*.

10e Division. Élytres presque lisses, finement granulées ou ponctuées, et sans stries distinctes

8 Espèces. *Exasperatus*, *Azurescens*, *Germarii*, *Violaceus*, *Aurolimbatus*, *Neesii*, *Marginalis* et *Glabratus*.

11e Division. Élytres plus ou moins ponctuées, sans stries distinctes, et avec trois rangées de points enfoncés, plus ou moins marqués.

7 Espèces. *Cribratus*, *Perforatus*, *Mingens*, *Vomax*, *Hungaricus*, *Græcus* et *Trojanus*.

12e Division. Élytres presque striées, et avec trois rangées de points enfoncés plus ou moins marqués.

14 Espèces. *Bessarabicus*, *Fossulatus*, *Bosphoranus*, *Sibiricus*, *Obsoletus*, *Besseri*, *Campestris*, *Hortensis*, *Monticola*, *Dilatatus*, *Convexus*, *Hornchuchii*, *Vladsimirskyi* et *Preslii*.

13e Division. Élytres striées et avec trois rangées de points enfoncés très-marqués.

7 Espèces. *Gemmatus*, *Hoppii*, *Sylvestris*, *Alpinus*, *Latreillei*, *Loschnikovii* et *Linnei*.

14e Division. Élytres lisses ou avec trois rangées de points enfoncés.

3 Espèces. *Splendens*, *Viridis* et *Rutilans*.

15e Division. Élytres presque planes et un peu rugueuses.

3 Espèces. *Hispanus*, *Cyaneus* et *Lefebvrei*.

16e Division. Élytres planes, plus ou moins striées, et avec trois rangées de points enfoncés. Corselet cordiforme. Tête non renflée.

6 Espèces. *Creutzeri*, *Depressus*, *Bonellii*, *Osseticus*, *Deplanatus* et *Fabricii*.

17e Division. Élytres planes, plus ou moins striées, et avec trois rangées de points enfoncés plus ou moins marqués. Corselet presque transverse. Tête renflée.

3 Espèces. *Bœberi*, *Irregularis* et *Pyrenæus*.

PREMIÈRE DIVISION.

1. C. Cælatus.

Pl. 34. fig. 4.

Elongato-ovatus, niger; thorace punctato-rugoso; elytris punctis intricatis rugosis, nigro-subcyaneis.

Dej. *Spec.* ii. p. 38. n° 1.
Fabr. *Syst. El.* i. p. 169. n° 3.
Sch. *Syn. Ins.* i. p. 168. n° 3.
Duftschmid. ii. p. 21. n° 5.
Sturm. iii. p. 30. n° 2.
Dej. *Cat.* p. 5.

Long. 18, 19 lignes. Larg. 6, 6 ½ lignes.

Tête noire, avec deux enfoncemens longitudinaux entre les antennes.

Antennes brunâtres, avec les quatre premiers articles noirs.

Corselet d'un noir quelquefois un peu bleuâtre, plus large que la tête, aussi long que large, un peu en cœur fortement et irrégulièrement ponctué, comme chagriné.

Élytres plus larges que le corselet, en ovale très-allongé, d'un noir bleuâtre particulièrement sur les bords, et entièrement couvertes de gros points enfoncés et irréguliers qui se confondent souvent entre eux.

Dessous du corps et pattes d'un noir assez brillant.

Il est assez commun dans les montagnes de la Carniole et des provinces voisines.

2. C. Dalmatinus. *Megerle.*

Pl. 35. fig. 1.

Elongato-ovatus, niger; thorace punctato-rugoso, cyaneo; elytris punctatis, rugosis, elevato-interrupto-striatis, cyaneis.

Dej. *Spec.* II. p. 39. n° 2.
Duftschmid. II. p. 39. n° 30.
Sturm. III. p. 73. n° 25. t. 59. fig. b. B.
Dej. *Cat.* p. 5.

Long. 15, 18 lignes. Larg. 5, 6 ½ lignes.

Ressemble au *Cælatus*, mais un peu plus petit, moins allongé et plus déprimé.

Corselet plus en cœur, plus large antérieurement,

CARABUS.

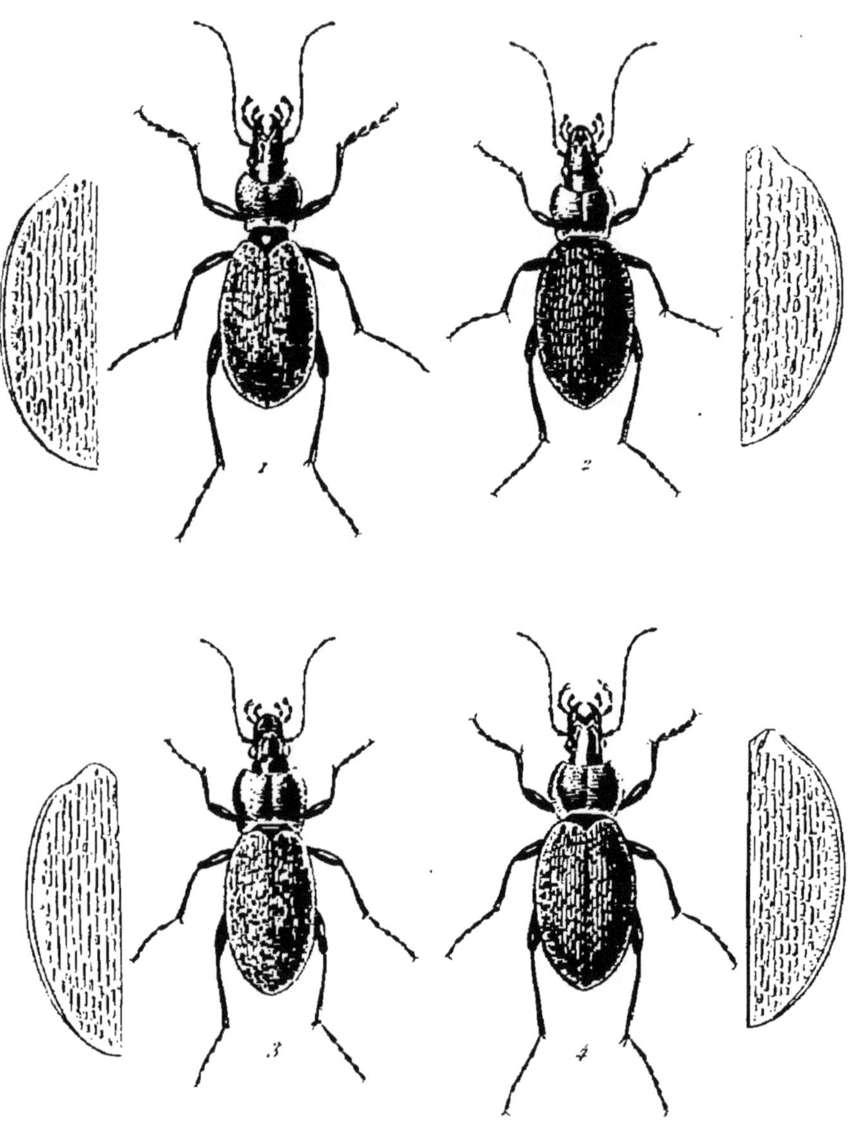

1. C. Dalmatinus.
2. C. Croaticus.
3. C. Illigeri.
4. C. Kollari.

[illegible]

plus rétréci postérieurement, d'une belle couleur bleue principalement sur les bords.

Élytres un peu moins allongées et moins convexes, d'une belle couleur bleue un peu violette, ayant presque les points enfoncés rangés en stries, et les intervalles qui les séparent interrompus par des points enfoncés placés irrégulièrement.

Ce beau *Carabus* se trouve en Dalmatie et en Croatie.

3. C. Croaticus.

Pl. 35. fig. 2.

Ovatus, niger; thorace punctato-rugoso, violaceo; elytris punctatis, rugosis, subelevato-interrupto-striatis, cyaneo-virescentibus, margine violaceo.

Dej. *Spec.* II. p. 40. n° 3.
Dej. *Cat.* p. 5.

Long. 12, 14 lignes. Larg. 4 $\frac{3}{4}$, 5 $\frac{3}{4}$ lignes.

Ressemble aux deux précédens, mais plus petit et beaucoup moins allongé.

Corselet d'un bleu un peu violet, surtout vers les bords, ponctué comme celui du *Cœlatus,* mais plus large, plus court et moins rétréci postérieurement que celui du *Dalmatinus.*

Élytres plus larges, plus courtes que celles du *Cœlatus,* plus convexes que celles du *Dalmatinus,* d'un bleu un peu verdâtre, avec les bords d'un beau bleu violet, et le dessin à peu près comme dans le *Dalmatinus*, mais moins régulier.

Découvert par M. Dejean, sous les mousses au pied des arbres, dans les montagnes de la Croatie militaire.

SECONDE DIVISION.

4. C. Illigeri.

Pl. 35. fig. 3.

Oblongo-ovatus, supra cyaneo-violaceus; thorace punctato, subrugoso; elytris punctis oblongis elevatis per strias dispositis.

Dej. *Spec.* II. p. 41. n° 4.

Long. 13, 14 lignes. Larg. 4 $\frac{3}{4}$, 5 $\frac{1}{4}$ lignes.

D'une belle couleur bleue un peu violette. Tête et antennes à peu près comme dans le *Scheidleri*.

Corselet un peu plus grand, plus large, plus carré, presque chagriné.

Élytres un peu plus larges antérieurement, moins ovales et plus parallèles, couvertes de points élevés, oblongs et irréguliers, rangés en stries, quelques-uns par leur allongement formant presque des stries.

Dessous du corps et pattes d'un noir assez brillant.

Il habite les montagnes de la Croatie.

5. C. Kollari.

Pl. 35. fig. 4.

Ovatus, supra cyaneo-violaceus, vel virescens; elytris striato-punctatis, interstitiis elevatis, interruptis.

Dej. *Spec.* II. p. 42. n° 5.
D'Ahl. *Coleoptera und Lepidoptera.* p. 4.
Palliardi. *Beschreibung zweyer decaden neuer und wenig bekannter Carabicinen.* p. 7. T. 1. fig. 3.

Long. 13, 14 ½ lignes. Larg. 5, 5 ¾ lignes.

Ressemble un peu, au premier coup-d'œil, au *Catenatus*, surtout par sa couleur, qui varie du bleu-violet au verdâtre, avec les bords latéraux violets; mais, pour sa forme et par le dessin des élytres, il se rapproche beaucoup plus du *Scheidleri.*

Tête et corselet comme dans cette dernière espèce, seulement un peu plus larges.

Élytres plus larges, avec les stries plus profondes, les points enfoncés moins distincts, et les intervalles plus saillans, plus distinctement et plus fréquemment interrompus.

Pattes et dessous du corps d'un noir luisant.

Il se trouve dans la Valachie et les montagnes du Bannat.

6. C. Scheidleri.

Pl. 36. fig. 1.

Oblongo-ovatus, supra viridi-æneus, vel violaceus; elytris striato-punctatis, interstitiis subelevatis, interruptis.

Dej. *Spec.* II. p. 42. n° 6.
Fabr. *Syst. El.* I. p. 174. n° 24.
Sch. *Syn. Ins.* I. p. 172. n° 28.
Duftschmid. II. p. 25. n° 12.
Sturm. III. p. 80. n°. 29.
Dej. *Cat.* p. 5.
Var. A. *C. Purpuratus.* Sturm. p. 77. n° 27. t. 60. fig. b. B.
Dej. *Cat.* p. 5.
Var. B. *C. Virens.* Sturm. p. 107. n° 45. t. 65. fig. a. A.
Var. C. *C. Æneipennis.* Sturm. p. 83. n° 31. t. 62. fig. a. A.

Long. 11, 14 lignes. Larg. 4, 5 ½ lignes.

Variable pour la couleur et même pour le dessin des élytres.

A peu près de la taille du *Monilis*, et d'une couleur qui varie en-dessus du bleu légèrement verdâtre ou purpurin au violet un peu foncé, et du vert métallique clair au bronzé cuivreux.

Tête légèrement ponctuée et ridée, avec les antennes brunâtres, à l'exception des quatre premiers articles, qui sont noirs.

CARABUS.

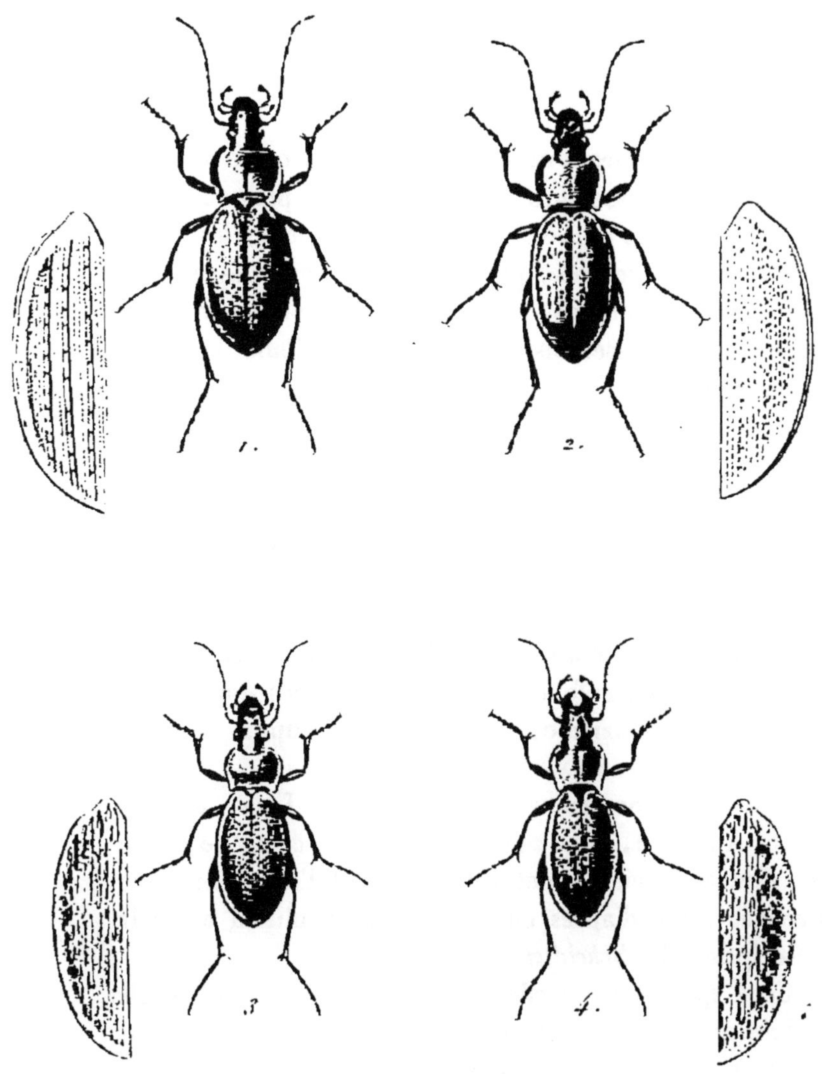

1. C. Scheidleri.
2. C. Preyssleri.
3. C. Rothii.
4. C. Excellens.

F. Duménil Pinxit et Direxit

Corselet à peu près moitié plus large que la tête, moins long que large, presque carré, très-peu convexe, légèrement ponctué et ridé, légèrement échancré antérieurement.

Élytres plus larges que le corselet et en ovale allongé, avec des stries assez profondes, ponctuées plus ou moins profondément et plus ou moins régulièrement; les intervalles un peu relevés, plus ou moins ponctués et plus ou moins interrompus, avec une ligne de points enfoncés ordinairement assez distincts sur les quatrième, huitième et douzième.

Dessous du corps et pattes d'un noir assez brillant.

Il se trouve assez communément en Autriche et en Hongrie.

Les individus qui se trouvent aux environs de Vienne sont ordinairement d'un bleu-violet plus ou moins foncé, quelquefois un peu pourpré. Les stries des élytres sont régulièrement ponctuées, les intervalles ont seulement quelques points enfoncés, à l'exception des quatrième, huitième et douzième, qui sont interrompus. C'est le *Carabus Purpuratus* de Sturm.

Ceux que l'on trouve aux environs de Linz, dans la haute Autriche, sont semblables à ceux-ci par le dessin des élytres; mais ils sont ordinairement d'un vert un peu bronzé. C'est d'après eux que M. Duftschmid a fait la description du *Scheidleri*.

Ceux que l'on regarde à Vienne comme le véritable *Scheidleri*, et qui se trouvent en Autriche, mais plus souvent en Hongrie, sont ordinairement d'une couleur bronzée, plus ou moins obscure, quelquefois un peu cuivreuse, avec les bords du corselet et des élytres d'un violet un peu cuivreux. Les stries sont moins régulièrement ponctuées, et les intervalles sont beaucoup plus ponctués et plus interrompus.

Le *Virens* de Sturm se trouve en Hongrie; il est ordinairement un peu plus grand; il varie pour la couleur; les stries des élytres sont encore moins régulièrement ponctuées, et les intervalles sont plus petits, mais distincts et plus interrompus.

Il n'y a rien de constant dans toutes ces variétés, et l'on trouve toujours des passages de l'une à l'autre, de manière qu'après avoir examiné un grand nombre d'individus il est impossible de les séparer et d'en faire des espèces distinctes.

7. C. Preyssleri.

Pl. 36. fig. 2.

Oblongo-ovatus, nigro-subcyaneus; thoracis elytrorumque margine violaceo; elytris subtiliter striato-punctatis, interstitiis punctulatis.

Dej. *Spec.* II. p. 45. n° 7.
Duftschmid. II. p. 26. n° 13.
Sturm. III. p. 91. n° 36. t. 63. fig. b..B.
Dej. *Cat.* p. 5.

Long. 12, 13 lignes. Larg. 4 ½, 5 lignes.

Ressemble beaucoup à la variété *Purpuratus* du *Scheidleri*, et il n'est peut-être qu'une des nombreuses variétés de cet insecte, dont le dessin des élytres serait moins fortement marqué.

D'un noir un peu bleuâtre, avec les bords latéraux du corselet et des élytres d'un bleu un peu violet, quelquefois entièrement d'un bleu foncé un peu verdâtre.

Tête et corselet comme dans le *Scheidleri*.

Élytres avec des stries formées par des points enfoncés, peu marqués, ayant en outre dans les intervalles qui ne sont pas élevés, comme dans le *Scheidleri*, quelques points enfoncés peu marqués, placés irrégulièrement, plus gros dans les quatrième, huitième et douzième, et paraissant former trois lignes peu distinctes.

Dessous du corps et pattes d'un noir assez brillant.

Il se trouve communément en Silésie et en Bohème.

B. D.

8. C. Rothii, *Kollar*.

Pl. 36. fig. 3.

Oblongo-ovatus, supra viridi-æneus; elytris costis subelevatis interruptis.

Long. 11 lignes. Larg. 4 lignes.

De la forme et de la grandeur de l'*Excellens*, dont il n'est peut-être qu'une variété. Entièrement, en-dessus, d'un vert bronzé, un peu plus clair sur les bords des élytres.

Côtes interrompues des élytres moins élevées, moins distinctes et plus fortement ponctuées sur leurs bords.

Il se trouve en Transylvanie.

Décrit et figuré sur un individu mâle, qui m'a été envoyé par M. Kollar. C. D.

9. C. Excellens.

Pl. 36. fig. 4.

Oblongo-ovatus, supra viridis, vel æneus; thoracis elytrorumque margine aurato-purpureo; elytris costis elevatis interruptis.

Dej. *Spec.* II. p. 46. n° 8.
Fabr. *Syst. El.* I. p. 171. n° 12.
Sch. *Syn. Ins.* I. p. 170. n° 13.
Fischer. *Entomographie de la Russie.* I. p. 25. n° 7. T. 4. fig. 7. a. b.
C. Goldeggii. Megerle. Duftschmid. II. p. 38. n° 31.
Sturm. III. p. 81. n° 30. T. 61. fig. b. B.
Fischer. *Entomographie de la Russie.* I. p. 114. n° 32. T. 11. fig. 32. 33. 34. 35.
Dej. *Cat.* p. 5.

Long. 10 $\frac{1}{2}$, 11 $\frac{1}{2}$ lignes. Larg. 3 $\frac{3}{4}$, 4 $\frac{1}{4}$ lignes.

Tantôt d'un beau vert doré, tantôt d'un vert bronzé obscur et quelquefois d'un bleu violet foncé; de la forme du *Monilis*, mais beaucoup plus petit.

Tête légèrement ponctuée, noire antérieurement.

Corselet plus large que la tête, moins long que large, presque carré, arrondi sur les côtés, légèrement échancré antérieurement et assez fortement postérieurement, ordinairement bordé de rouge-cuivreux ainsi que les élytres.

Élytres un peu plus larges que le corselet, en ovale allongé, ayant chacune treize ou quatorze côtes élevées,

CARABUS.

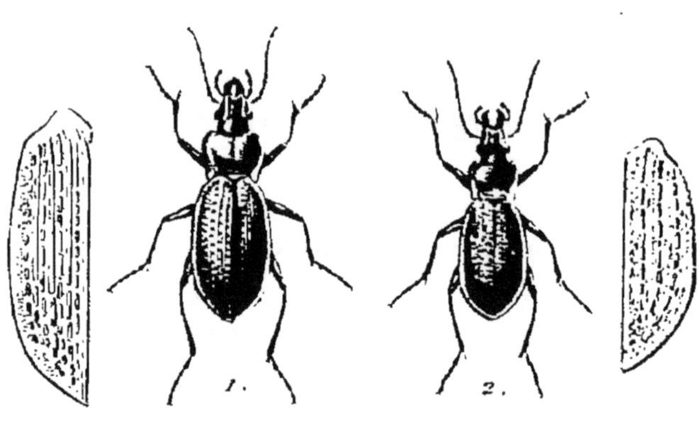

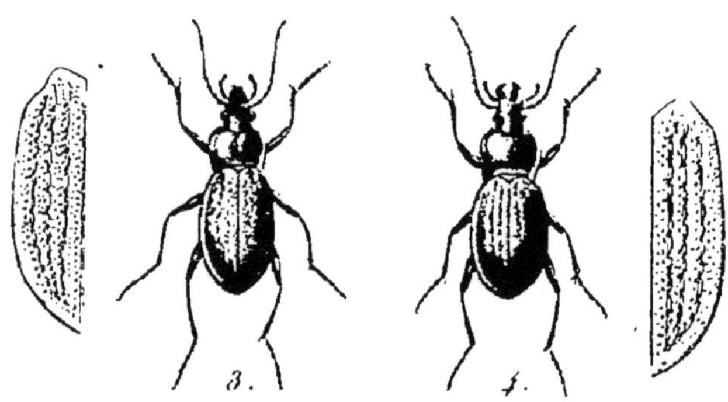

1. C. Erythromerus.
2. C. Estreicheri.
3. C. Scabriusculus.
4. C. Lippii.

P. Dumenil Pinxit et Direxit

inégalement interrompues, ou, si l'on veut, des lignes de points élevés, oblongs, de différentes grandeurs.

Dessous du corps et pattes d'un noir luisant.

Très-commun en Podolie et dans presque toute la Russie méridionale.

10. C. Erythromerus. *Stéven.*

Pl. 37. fig. 1.

Oblongo-ovatus, supra viridi-cyaneus; elytris costis elevatis alternatim interruptis; femoribus rufis.

Dej. *Spec.* II. p. 48. n° 9.

Long. 11 lignes. Larg. 4 lignes.

Ressemble à l'*Excellens,* dont il n'est peut-être qu'une variété; d'un vert bleuâtre, avec les bords du corselet et des élytres presque bleus; un peu plus allongé; côtés du corselet un peu moins arrondis, avec les bords latéraux un peu plus relevés vers les angles postérieurs.

Élytres ayant chacune treize ou quatorze côtes élevées, dont les impaires sont presque entières.

Dessous du corps, jambes et tarses noirs, avec les cuisses d'un rouge ferrugineux.

Il se trouve aux environs de Bender, dans la Russie méridionale.

11. C. Estreicheri. *Besser.*

Pl. 37. fig. 2.

Oblongo-ovatus, supra nigro-subæneus; elytris violaceo-

marginatis, costis elevatis interruptis, punctisque oblongis obsoletis elevatis triplici serie.

DEJ. *Spec.* II. p. 48. n° 10.

FISCHER. *Entomographie de la Russie.* I. p. 112. n° 31. T. II. fig. 31.

DEJ. *Cat.* p. 6.

Long. 9, 9 ½ lignes. Larg. 3 ½, 3 ¾ lignes.

Plus petit que l'*Excellens*, auquel il ressemble un peu par la forme; d'un noir légèrement bronzé.

Tête fortement ponctuée et ridée entre les yeux.

Corselet à peu près de la forme de celui de l'*Excellens*, mais plus fortement ponctué et plus ridé, avec ses bords un peu relevés, mais beaucoup moins que dans l'*Excellens*.

Élytres un peu plus larges à leur base que celles de l'*Excellens*, ayant une bordure violette assez large et plus ou moins marquée, couvertes de points élevés, un peu oblongs, rangés en lignes longitudinales, ceux des quatrième, huitième et douzième lignes ordinairement un peu plus gros et un peu plus relevés.

Dessous du corps et pattes noirs, avec les cuisses quelquefois d'un rouge ferrugineux.

Il se trouve communément en Podolie.

12. C. SCABRIUSCULUS.

Pl. 37. fig. 3.

Oblongo-ovatus, niger; elytris punctis elevatis asperatis in striis dispositis, punctisque impressis vel oblongis elevatis triplici serie.

Dej. *Spec.* ii. p. 49. n° 11.

Oliv. iii. 35. p. 47. n° 50. t. 4. fig. 38. et t. 11. fig. 38. b.

Duftschmid. ii. p. 29. n° 17.

Sturm. iii. p. 100. n° 41.

Fischer. *Entomographie de la Russie.* ii. p. 91. n°. 20. t. 45. fig. 4. 5.

Dej. *Cat.* p. 6.

C. Agrestis. Creutzer. *Entomologische Versuche.* i. p. 110. n° 3. t. 2. fig. 15. a.

Sch. *Syn. Ins.* i. p. 172. n° 30.

Var. A. *C. Erythropus.* Ziegler.

Fischer. *Entomographie de la Russie.* i. p. 118. n° 37. t. 11. fig. 37.

Palliardi. *Beschreibung zweyer decaden neuer und wenig bekannter Carabicinen.* p. 19. t. 2. fig. 9.

Dej. *Cat.* p. 6.

Long. 8, 10 lignes. Larg. 3, 4 lignes.

De la taille de l'*Estreicheri* et d'une couleur noire un peu luisante.

Tête légèrement ponctuée.

Corselet à peu près le double plus large que la tête, moins long que large, presque carré, légèrement ponctué et ridé, un peu échancré antérieurement, avec les bords latéraux un peu relevés surtout vers les angles postérieurs, qui sont assez fortement prolongés en arrière et qui forment un angle assez aigu.

Élytres un peu plus larges que le corselet, en ovale allongé, et couvertes de points élevés, presque triangulaires, relevés de la pointe comme les aspérités d'une râpe, disposés en lignes longitudinales, et ayant en outre trois rangées de points enfoncés peu marqués.

Dessous du corps et pattes noirs.

Il se trouve en Autriche, mais plus communément en Hongrie, en Podolie et en Volhynie. La variété A ou *C. Erythropus* de Ziegler a les cuisses d'un rouge ferrugineux, et les trois rangées de points élevés un peu plus marqués.

13. C. Lippii.

Pl. 37. fig. 4.

Ovatus, niger; elytris punctis elevatis subasperatis confluentibus in striis dispositis, punctisque impressis vel oblongis elevatis obsoletis triplici serie.

Dej. *Spec.* II. p. 51. n° 12.
Dahl. *Coleoptera und Lepidoptera.* p. 4.

Long. 8 ½, 9 ½ lignes. Larg. 3 ½, 4 lignes.

Un peu plus large et un peu plus déprimé que le *Scabriusculus*, auquel il ressemble beaucoup.

Corselet plus large, avec les côtés plus arrondis, les bords moins relevés et les angles postérieurs un peu moins aigus.

Élytres plus larges, avec les points moins relevés, formant des aspérités moins prononcées, et se confondant souvent entre eux, ayant aussi les lignes de points enfoncés un peu moins distinctes.

Il se trouve en Hongrie, dans le Bannat.

CARABUS.

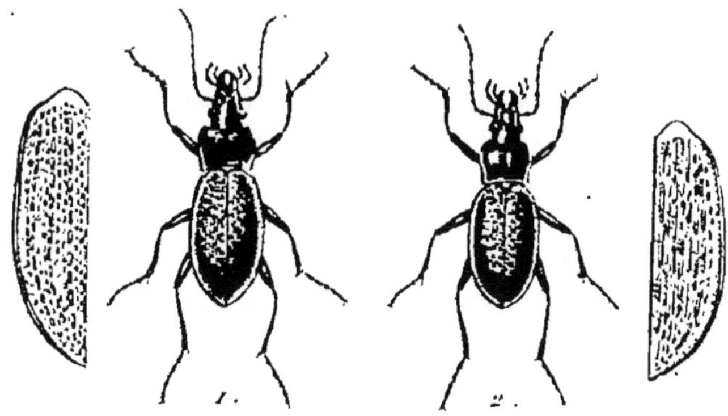

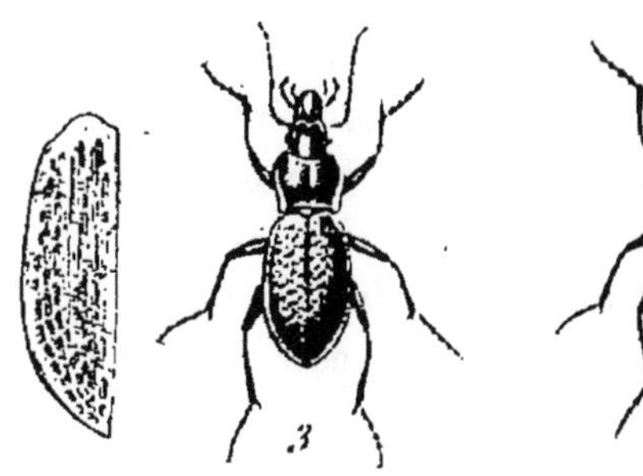

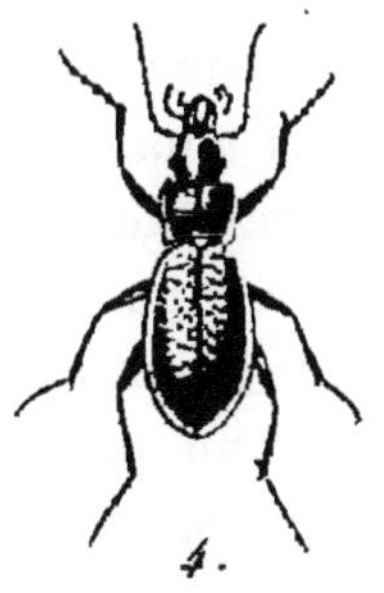

1. C. Mannerheimii.
2. C. Sahlbergi.
3. C. Henningii.
4. C. Leachii.

P. Duméril Pinxit et Direxit

14. C. Mannerheimii. *Fischer.*

Pl. 38. fig. 1.

Oblongus, niger; elytris rugosis, punctis elevatis in striis dispositis, punctisque oblongis obsoletis elevatis triplici serie.

Dej. *Spec.* II. p. 52. n° 13.

C. Latrellii. Fischer. *Entomographie de la Russie.* I. p. 29. n° 10. T. 4. fig. 10. a. b.

C. Dejeanii. Fischer. *Idem.* p. 209.

Long. 9, 10 lignes. Larg. 3 $\frac{1}{4}$, 3 $\frac{3}{4}$ lignes.

Ressemble un peu à l'*Estreicheiri*, mais entièrement noir et un peu plus allongé.

Corselet un peu plus large, un peu plus carré, avec les bords latéraux moins arrondis, et les angles postérieurs un peu plus prolongés et plus aigus.

Élytres un peu plus allongées, avec les points élevés formant les lignes longitudinales un peu moins distincts, un peu moins serrés, un peu moins arrondis, se terminant presque en pointe, comme dans le *Scabriusculus.*

Abdomen d'un noir un peu brun, le reste du corps et les pattes d'un noir assez brillant.

Il se trouve en Sibérie, près d'Irkutsk.

15. C. Sahlbergi. *Mannerheim.*

Pl. 38. fig. 2.

Oblongo-ovatus, supra cupreo-æneus; thoracis elytro-

rumque margine subviridi-aureo; thorace subrugoso; elytris costis elevatis crenatis interruptis.

Dej. *Spec.* II. *Suppl.* p. 484. n° 125.

Long. 9 $\frac{1}{2}$ lignes. Larg. 3 $\frac{1}{2}$ lignes.

Ressemble beaucoup à l'*Excellens*, mais plus petit, un peu plus allongé et un peu plus convexe; d'une couleur bronzée un peu cuivreuse, surtout sur les élytres, avec les bords latéraux d'un vert un peu doré.

Tête comme dans l'*Excellens*.

Corselet un peu plus étroit, un peu plus convexe, un peu plus fortement ponctué, moins arrondi sur les côtés, avec les angles postérieurs beaucoup moins prolongés en arrière.

Élytres un peu plus allongées et un peu plus convexes que celles de l'*Excellens*, ayant des côtes élevées interrompues à peu près comme celles de l'*Henningii*, mais un peu plus marquées et plus distinctes, avec des points enfoncés dans les intervalles, qui les font paraître crénelées.

Dessous du corps et pattes noirs.

Il se trouve en Sibérie.

16. C. Henningii.

Pl. 38. fig. 3.

Oblongo-ovatus, supra æneus; elytris costis elevatis crenatis interruptis; antennarum articulo primo femoribusque plerumque rufis.

Dej. *Spec.* II. p. 52. n° 14.

Fischer. *Mémoires de la Société imp. des Naturalistes de Moscou.* v. p. 465. t. 14. fig. 8. 9.

Fischer. *Entomographie de la Russie.* 1. p. 21. n° 5. t. 3. fig. 5. a. b.

Palliardi. *Beschreibung zweyer decaden neuer und wenig bekannter Carabicinen.* p. 27. t. 3. fig. 12.

Long. 8, 8 ½ lignes. Larg. 3, 3 ¼ lignes.

Plus petit que l'*Estreicheri*, et d'un bronzé un peu cuivreux, avec les bords latéraux du corselet et des élytres d'un vert doré plus ou moins brillant.

Tête légèrement ponctuée et ridée irrégulièrement.

Antennes obscures, avec le premier article rougeâtre.

Corselet plus large que la tête, moins long que large, presque carré, un peu convexe, assez fortement ponctué et un peu ridé, un peu échancré antérieurement et un peu déprimé sur ses bords latéraux.

Élytres un peu plus larges que le corselet, en ovale allongé, assez convexes, couvertes de côtes élevées, assez serrées et très-fréquemment interrompues, ayant dans leurs intervalles des points enfoncés assez fortement marqués, qui font paraître ces côtes crénelées.

Dessous du corps, jambes et tarses noirs, avec les cuisses d'un rouge ferrugineux, quelquefois noires.

Il se trouve en Sibérie, aux environs de Barnaoul, près de l'Obi.

B: D.

17. C. Leachii. *Gebler.*

Pl. 38. fig. 4.

Oblongo-ovatus, supra obscure cupreo-aeneus; thoracis elytrorumque margine subviridi-aureo; thorace subquadrato, rugoso; elytris costis elevatis crenatis interruptis; antennarum articulis quatuor primis rufis.

Fischer. *Entomographie de la Russie.* II. p. 75. n° 9. T. 29. fig. 6. et III. p. 169. n° 25.

Long. 7 lignes. Larg. 2 $\frac{3}{4}$ lignes.

Plus petit et un peu moins allongé que l'*Henningii.* D'un bronzé-cuivreux obscur en dessus, avec les côtés du corselet et des élytres plus brillans et presque dorés. Les quatre premiers articles des antennes d'un rouge ferrugineux.

Corselet assez étroit, presque plane, presque carré et couvert de points enfoncés irréguliers assez gros, assez marqués et peu rapprochés les uns des autres.

Élytres un peu plus courtes, un peu plus ovales et plus convexes que celles de l'*Henningii.* Côtes élevées interrompues, à peu près comme dans cette espèce.

Dessous du corps et pattes d'un brun obscur un peu roussâtre.

Il se trouve en Sibérie.

C. D.

CARABUS.

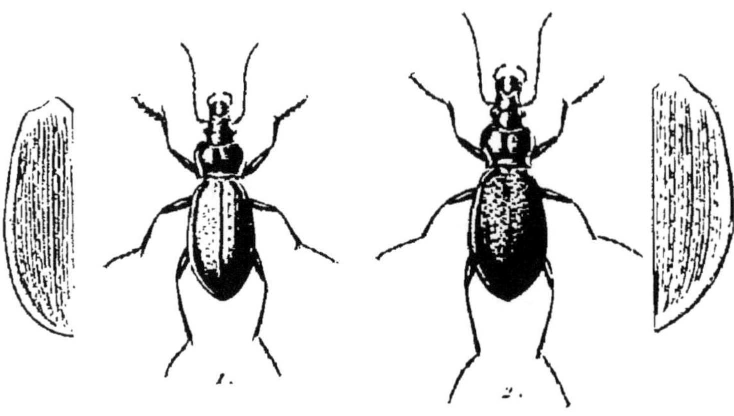

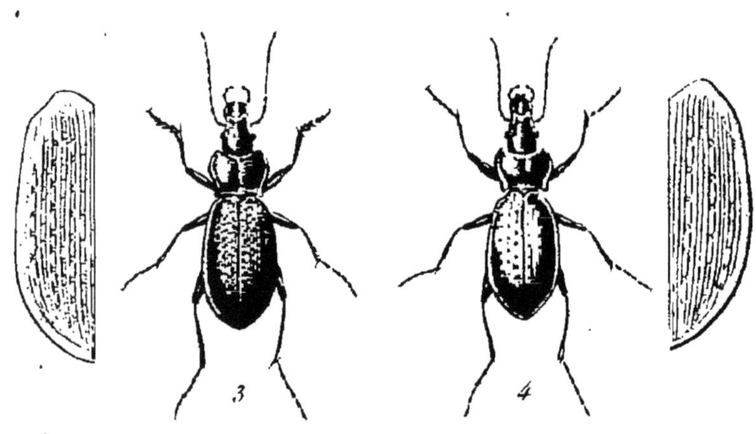

1. C. Regalis.
2. C. Hermani.
3. C. Æruginosus.
4. C. Æreus.

P. Dumenil Pinxit et Direxit

18. C. Regalis. *Bœber.*

Pl. 39. fig. 1.

Oblongo-ovatus, subdepressus, supra æneus; elytris striis elevatis crenatis interruptis, punctisque obsoletis impressis triplici serie.

Dej. *Spec.* II. p. 54. n° 15.

Var. A. *Thorace toto elytrorumque margine cyaneo.*

Fischer. *Entomographie de la Russie.* I. p. 100. n° 21. T. 9. fig. 21. 22.

C. Cyanicollis. Stéven.

Var. B. *Thorace elytrisque totis æneis.*

C. Cuprinus. Bœber.

C. Regalis. Stéven.

Long. 10, 11 lignes. Larg. 4, 4 ½ lignes.

Un peu plus large et plus déprimé que l'*Excellens.*

Tête d'un noir bronzé, avec quelques points enfoncés.

Corselet tantôt d'une couleur bronzée, tantôt d'un beau bleu violet, moins long que large et presque carré, assez fortement ponctué et un peu ridé, un peu échancré antérieurement, avec les bords latéraux déprimés et un peu relevés.

Élytres d'une couleur bronzée, quelquefois un peu cuivreuse, quelquefois un peu verdâtre, avec la bordure tantôt de la même couleur, tantôt d'un beau violet, couvertes de stries assez serrées, dans lesquelles il y a des points enfoncés; intervalles minces assez élevés et interrompus irrégulièrement.

Dessous du corps et pattes noirs.

Très-commun aux environs de Barnaoul, en Sibérie.

B. D.

19. C. Herrmanni. *Mannerheim.*

Pl. 39. fig. 2.

Oblongo-ovatus, niger; elytris costis elevatis interruptis, punctisque obsoletissimis impressis triplici serie.

Hummel. *Essais entomologiques.* 6. p. 22. n° 2.

Fischer. *Entomographie de la Russie.* III. p. 162. n° 14.

Long. 10 $\frac{1}{2}$ lignes. Larg. 4 $\frac{1}{4}$ lignes.

De la forme et de la grandeur de l'*Æruginosus*, dont il n'est peut-être qu'une variété. Presque entièrement noir en dessus, seulement les côtés du corselet et des élytres quelquefois très-légèrement verdâtres.

Corselet un peu plus étroit que celui de l'*Æruginosus*, et un peu rétréci postérieurement.

Les trois rangées de points enfoncés des élytres à peine distinctes.

Il se trouve près de Zlatoust, en Sibérie. C. D.

20. C. Æruginosus. *Bæber.*

Pl. 39. fig. 3.

Oblongo-ovatus, supra nigro subæneus; elytris costis elevatis interruptis, punctisque obsoletis impressis triplici serie.

Dej. *Spec.* II. p. 55. n° 16.

FISCHER. *Entomographie de la Russie.* I. p. 101. n°s 23 et 24. T. 9. fig. 23.

PALLIARDI. *Beschreibung zweyer decaden neuer und wenig bekannter Carabicinen.* p. 25. T. 3. fig. 11.

VAR. A. *Elytris brunneis margine nigro-æneo.*

FISCHER? *Idem.* fig. 24.

C. Langsdorfi. STÉVEN.

Long. 10, 11 ½ lignes. Larg. 4, 4 ¾ lignes.

Un peu plus large et un peu plus convexe que l'*Excellens*, et entièrement en dessus d'un noir légèrement bronzé.

Corselet moins long que large, presque carré, un peu arrondi sur les côtés, un peu convexe, légèrement ponctué et ridé, un peu échancré antérieurement, avec les bords latéraux déprimés et un peu relevés vers les angles postérieurs.

Élytres un peu plus larges que le corselet, en ovale allongé, avec les côtes élevées, interrompues à peu près comme dans l'*Excellens*, mais un peu moins marquées, et les intervalles quelquefois lisses et quelquefois ponctués.

Il se trouve en Sibérie, près des mines de Ridders.

Quelquefois les élytres sont brunâtres, avec le bord postérieur bronzé.

21. C. ÆREUS. *Bæber.*

Pl. 39. fig. 4.

Oblongo-ovatus, niger; thorace subcordato; elytris brunneis, nigro-æneo marginatis, costis elevatis punctisque impressis triplici serie.

Dej. *Spec.* II. p. 57. n° 17.

C. Æruginosus? var. Fischer. *Entomographie de la Russie.* I. p. 101. n°s 23 et 24. T. 9. fig. 24.

Long. 10 $\frac{1}{2}$ lignes. Larg. 4 $\frac{1}{4}$ lignes.

Peut-être une variété de l'*Æruginosus.*

Corselet plus rétréci postérieurement, presque en cœur, un peu moins convexe, plus lisse, avec les points enfoncés à peine visibles.

Élytres d'un brun un peu roussâtre, avec le bord d'un noir bronzé, un peu moins convexes, avec les côtes élevées comme dans l'*Æruginosus*, mais continues, à l'exception des quatrième, huitième et douzième, qui ont chacune une ligne de points enfoncés, les intervalles des côtes assez fortement ponctués.

Il se trouve en Sibérie. B. D.

22. C. Eschscholtzii. *Mannerheim.*

Pl. 40. fig. 1.

Ovatus, supra nigro-virescens; elytris costis elevatis interruptis, punctisque obsoletissimis impressis triplici serie.

Hummel. *Essais entomologiques.* 6. p. 21. n° 1.

Fischer. *Entomographie de la Russie.* III. p. 165. n° 18.

Long. 10 $\frac{1}{2}$ lignes. Larg. 4 $\frac{1}{2}$ lignes.

A peu près de la grandeur de l'*Æruginosus*, mais proportionnellement un peu plus large et moins allongé.

D'un noir verdâtre en dessus, avec les côtés du corselet et des élytres un peu plus clairs et quelquefois d'un vert un peu bleuâtre.

CARABUS.

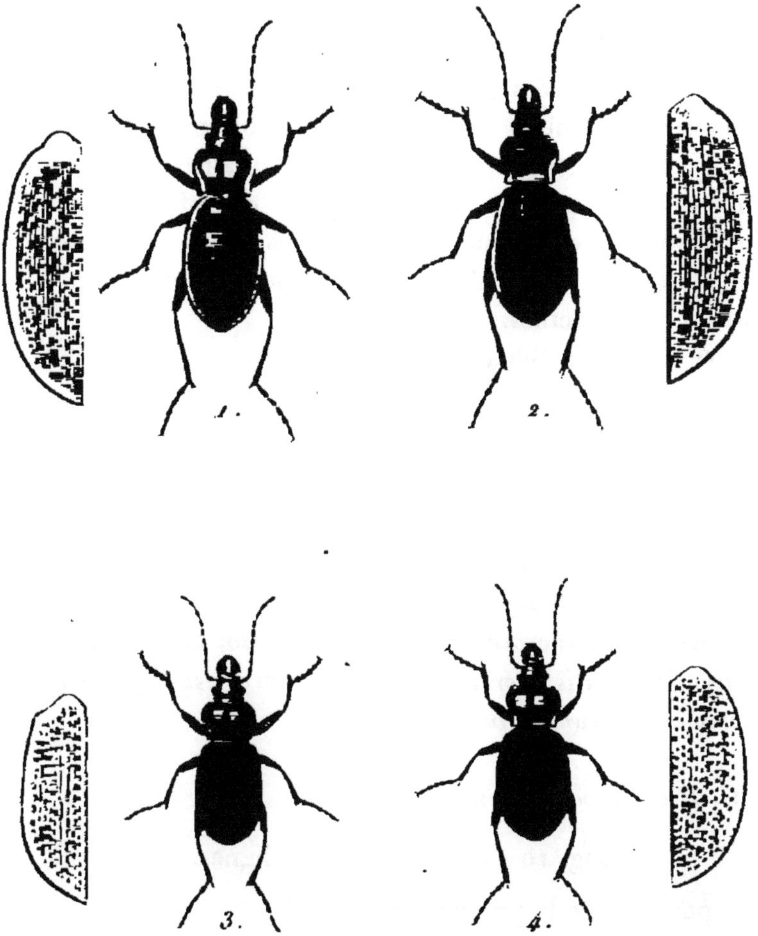

1. *2.*

3. *4.*

1. C. Eschscholtzii.
2. C. Burnaschevii.
3. C. Maurus.
4. C. Kruberi.

F. Dumenil Pinxit et Direxit.

Corselet un peu plus large que celui de l'*Æruginosus*, les angles postérieurs un peu plus relevés.

Élytres un peu plus larges, plus ovales et moins convexes. Côtes élevées plus marquées, interrompues, et composées de points allongés, quelquefois presque arrondis, bien distincts. Les points des quatrième, huitième et douzième côtes quelquefois un peu plus longs, plus distincts, et formant presque trois lignes de points oblongs élevés. Intervalles entre les points élevés ne paraissant pas ponctués.

Il se trouve en Sibérie.

23. C. PANZERI. *Dejean.*

Pl. 52. fig. 3.

Oblongo-ovatus, supra obscure cupreo-æneus; thoracis elytrorumque margine viridi-aureo; capite elongato-subcrassiore; thorace quadrato, subrugoso; elytris striis elevatis crenatis interruptis; antennarum articulis quatuor primis tibiarumque basi rufescentibus.

C. Regalis. var. GEBLER.

Long. 10 $\frac{1}{2}$ lignes. Larg. 4 $\frac{1}{4}$ lignes.

A peu près de la grandeur du *Regalis*.

D'un bronzé cuivreux obscur en dessus, avec les côtés du corselet et des élytres d'un vert doré brillant.

Tête noirâtre, grande, assez allongée, un peu renflée postérieurement, presque comme dans les espèces de la quatrième division. Les quatre premiers articles des antennes d'un brun un peu roussâtre. Yeux assez petits et à peine saillans.

Corselet presque carré, légèrement rétréci près de la base, et couvert de points enfoncés assez marqués et souvent réunis.

Élytres moins ovales que celles du *Regalis*. Stries élevées, plus interrompues et plus fortement crénelées. Point de rangées de points enfoncés apparentes.

Base des jambes d'un brun roussâtre.

Il se trouve en Sibérie.

Décrit et figuré sur un individu mâle, qui m'a été envoyé par M. Gebler comme une variété du *Regalis*.

C. D.

24. C. BURNASCHEVII. *Gebler*.

Pl. 40. fig. 2.

Elongato-ovatus, niger; thorace nigro-æneo-virescente, rugoso, angustato, quadrato, postice subtruncato; elytris nigro-cupreis, viridi marginatis, antice angustatis, costis elevatis crenatis interruptis.

DEJ. *Spec.* II. p. 57. n° 18.

C. Hummellii. FISCHER. *Entomographie de la Russie.* II. p. 69. n° 5. T. 35. fig. 8.

Long. 10 ½ lignes. Larg. 4 lignes.

A peu près de la taille de l'*Excellens*.

Tête noire, assez fortement ponctuée, et ridée irrégulièrement.

Corselet d'un noir bronzé, proportionnellement beaucoup plus petit que dans les espèces voisines, moins long que large, presque carré, légèrement convexe, fortement ponctué, avec les bords latéraux presque pas relevés.

Élytres d'un noir bronzé un peu cuivreux, avec une bordure d'un vert un peu doré, assez convexes, en ovale allongé, plus étroites antérieurement que dans toutes les espèces voisines, couvertes de côtes élevées peu marquées, très-irrégulièrement interrompues; les intervalles assez fortement ponctués.

Dessous du corps et pattes d'un noir luisant.

Il se trouve en Sibérie.

25. C. Maurus.

Pl. 40. fig. 3.

Ovatus, niger; thorace subrotundato; elytris subquadratis, punctis intricatis rotundatis elevatis, interjectis oblongis majoribus longitudinaliter dispositis.

Dej. *Spec.* II. p. 59. n° 19.

Fischer. *Entomographie de la Russie.* I. p. 24. n° 6. T. 4. fig. 6. a. 6. b.

Calosoma Maurum. Adams. *Mémoires de la Société imp. des Naturalistes de Moscou.* V. p. 281. n° 5.

Long. 8 $\frac{1}{2}$ lignes. Larg. 3 $\frac{1}{2}$ lignes.

A peu près de la taille d'*Estreicheri*, mais plus raccourci; ce qui lui donne un peu le *facies* d'un *Calosoma*.

Tête large, finement ponctuée, ridée irrégulièrement.

Corselet beaucoup moins long que large, et très-arrondi sur les côtés, un peu convexe, finement ponctué et ridé irrégulièrement, avec les bords latéraux assez fortement déprimés et relevés vers les angles postérieurs qui sont un peu prolongés et arrondis.

Élytres plus larges que le corselet, peu allongées, plus larges à la base que dans les espèces voisines, presque parallèles, arrondies vers l'extrémité, assez convexes, couvertes de points arrondis élevés, assez serrés et rangés en lignes longitudinales, parmi lesquels il y en a de plus gros, un peu allongés, et qui forment presque des lignes distinctes.

Dessous du corps et pattes noirs.

Il se trouve sous les pierres dans les environs de Tiflis.

26. C. Kruberi.

Pl. 40. fig. 4.

Ovatus, niger; thorace subquadrato; elytris ovatis, rugosis, punctisque elevatis obsoletis triplici serie.

Dej. *Spec.* II. p. 60. n° 20.

Fischer. *Entomographie de la Russie.* I. p. 28. n° 9. T. 4. fig. 9. a. 9. b.

Long. 8 $\frac{3}{4}$ lignes. Larg. 3 $\frac{3}{4}$ lignes.

De la taille du précédent, mais d'une forme toute différente.

D'un noir assez brillant en dessus.

Tête légèrement ridée irrégulièrement.

CARABUS.

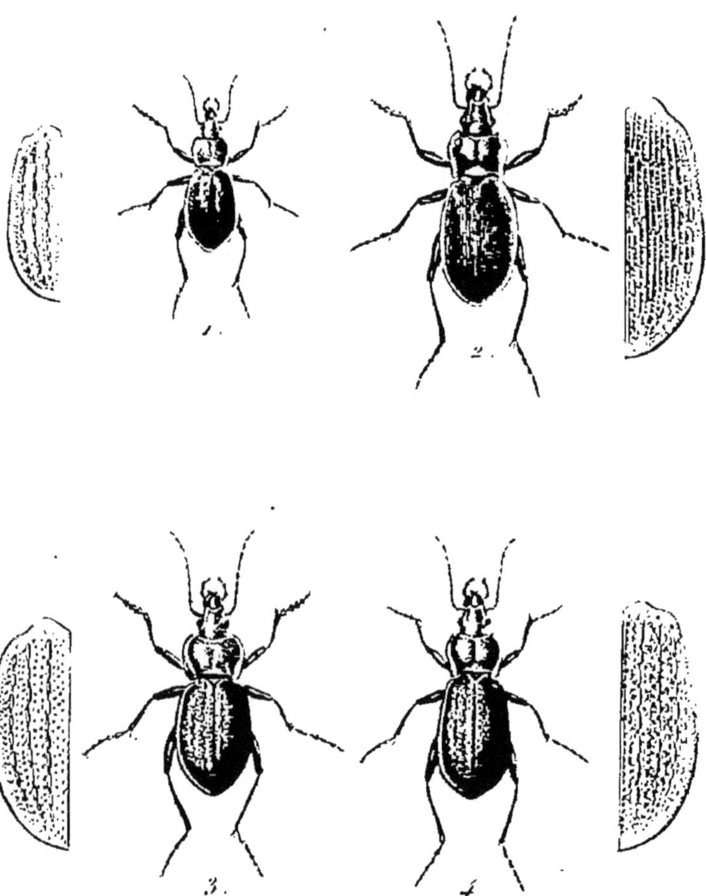

1. C. Mac Leayi.
2. C. Vietinghovii.
3. C. Fammii.
4. C. Alyssidotus.

P. Dumenil Pinxit et Direxit

Corselet moins long que large, presque carré, un peu convexe, finement ponctué et ridé, un peu échancré antérieurement, avec les bords latéraux un peu relevés surtout vers les angles postérieurs.

Élytres en ovale allongé, un peu plus étroites à la base que celles des espèces voisines, convexes, raboteuses, couvertes de petits tubercules élevés; terminés en pointes, comme dans le *Scabriusculus*, et rangés en lignes longitudinales.

Dessous du corps et pattes noirs.

Il se trouve en Sibérie.

27. C. Mac Leayi. *Fischer.*

Pl. 41. fig. 1.

Ovatus, supra nigro-cyaneus, thoracis elytrorumque margine aureo; elytris subrugosis, lineato-punctatis, punctis sæpe confluentibus, punctisque oblongis elevatis obsoletis triplici serie.

Dej. *Spec.* II. *Suppl.* p. 485. n° 126.

Long. 7 lignes. Larg. 3 lignes.

A peu près de la taille de l'*Arvensis*, mais plus court, d'une forme toute différente, et d'un noir bleuâtre, avec les bords latéraux d'une belle couleur dorée, verdâtre en dedans, cuivreuse en dehors.

Tête petite, assez fortement ponctuée.

Corselet moins long que large, presque carré, arrondi sur les côtés, légèrement convexe, couvert de points

enfoncés assez marqués, mais peu rapprochés, avec les bords latéraux rebordés et peu relevés.

Élytres plus courtes que celles de l'*Arvensis*, assez larges, un peu rétrécies antérieurement, s'élargissant jusqu'aux deux tiers de leur longueur, couvertes de lignes élevées, plus ou moins interrompues et plus ou moins distinctes, dont trois paraissent former trois rangées peu distinctes de points oblongs élevés.

Dessous du corps et pattes noirs.

Il se trouve en Daourie, dans la Sibérie orientale.

28. C. Vietinghovii.

Pl. 41. fig. 2.

Oblongo-ovatus, supra nigro-cyaneus; thoracis elytrorumque margine aureo; elytris profunde punctatis, lineis interruptis punctisque elevatis confluentibus.

Dej. *Spec.* II. p. 61. n° 21.

Adams. *Mémoires de la Soc. imp. des Natural. de Moscou.* III. p. 170. T. 12. fig. 3.

Fischer. *Entomographie de la Russie.* I. p. 98. n° 19. T. 9. fig. 19.

Long. 8 $\frac{3}{4}$ lignes. Larg. 3 $\frac{3}{4}$ lignes.

A peu près de la taille de l'*Estreicheri*. D'un noir bleuâtre, avec les bords latéraux du corselet et des élytres d'une belle couleur dorée, verdâtre en dedans et cuivreuse extérieurement.

Tête presque lisse.

Corselet plus large que la tête, moins long que large et presque carré, un peu échancré antérieurement, avec les bords latéraux un peu relevés.

Élytres un peu plus larges que le corselet, en ovale allongé et assez convexes, ayant des points enfoncés, disposés en stries vers la base, mais se confondant vers l'extrémité, séparés par de petites lignes élevées, interrompues.

Dessous du corps et pattes noirs, avec les côtés du corselet d'un vert-doré.

Il se trouve en Sibérie, au bord de la Léna.

29. C. Faminii.

Pl. 41. fig. 3.

Ovatus, niger; thoracis elytrorumque margine cupreo-violaceo; thorace rotundato; elytris ovatis, punctis elevatis asperatis sparsis, majoribusque oblongis triplici serie.

Dej. *Spec.* II. p. 62. n° 22.

Long. 10 lignes. Larg. 4 ½ lignes.

A peu près de la taille d'*Alyssidotus;* mais proportionnellement plus large et plus convexe, et se rapprochant de la forme de l'*Hortensis.*

D'une couleur noire peu brillante, avec les bords latéraux d'un violet un peu cuivreux.

Tête légèrement ponctuée et ridée.

Corselet proportionnellement plus large que dans les espèces voisines, beaucoup moins long que large, très-arrondi sur les côtés, couvert de petites rides irrégulières très-peu marquées, assez fortement échancré antérieurement, avec les bords latéraux larges, déprimés, assez relevés et les angles postérieurs très-arrondis.

Élytres plus larges que le corselet, en ovale allongé, assez convexes, couvertes de points élevés presque triangulaires, relevés de la pointe, ayant en outre trois rangées de points oblongs élevés, plus gros et plus distincts.

Dessous du corps et pattes noirs.

Il se trouve en Sicile.

50. C. Alyssidotus.

Pl. 41. fig. 4.

Oblongo-ovatus, supra æneus; thorace subrugoso; elytris cupreo marginatis, punctatis, punctis elevatis in striis dispositis, alternatim majoribus.

Dej. *Spec.* II. p. 63. n° 23.

Illiger. *Kæfer Preus.* I. p. 147.

Sch. *Syn. ins.* I. p. 169. n° 10.

Fischer? *Entomographie de la Russie.* I. p. 99. n° 20. T. 9. fig. 20.

Long. 9 ½, 10 lignes. Larg. 4, 4 ¼ lignes.

Un peu plus petit que l'*Excellens*.

Tête d'un noir bronzé, avec quelques points enfoncés assez éloignés.

Corselet d'une couleur bronzée obscure, avec quelques reflets cuivreux vers la base, moins long que large, assez

CARABUS.

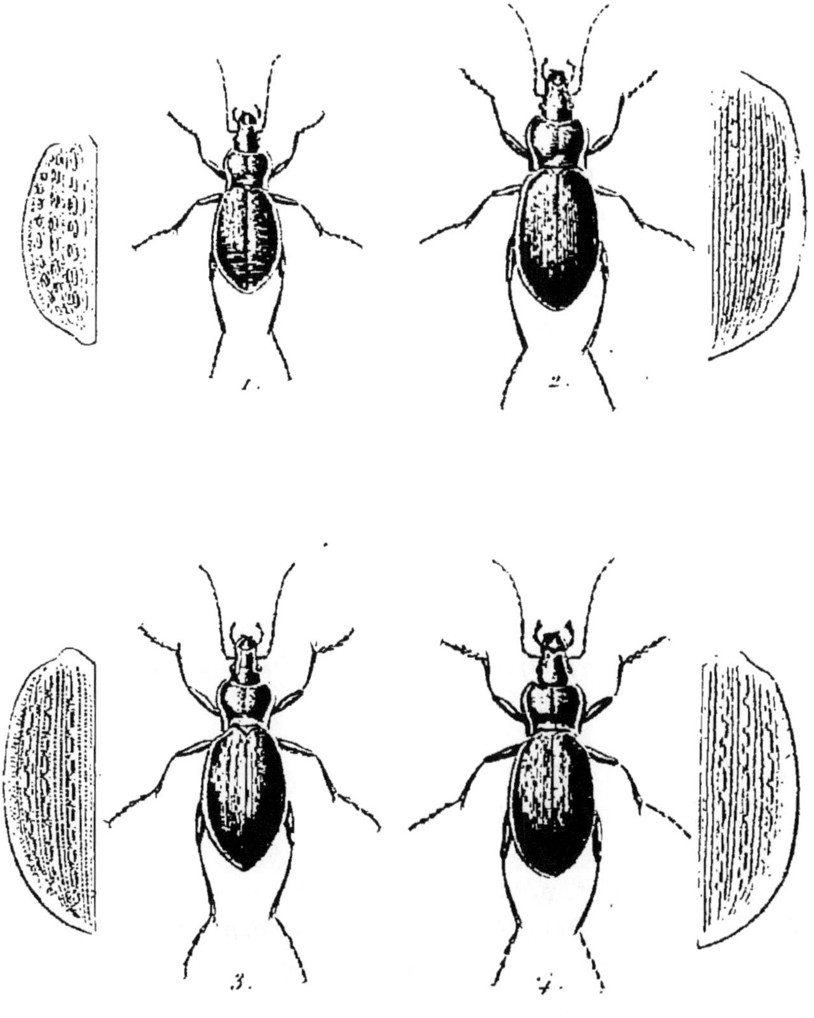

1. 2.

3. 4.

1. C. Mollii.
2. C. Rossii.
3. C. Catenulatus.
4. C. Herbstii.

P. Dumenil Pinxit et Duxit

plane, fortement ponctué et ridé, un peu chagriné, légèrement échancré antérieurement, avec les bords latéraux un peu déprimés et un peu relevés.

Élytres d'une couleur bronzée, quelquefois un peu cuivreuse, avec les bords latéraux d'un violet cuivreux, en ovale allongé, un peu plus large que le corselet, ayant des lignes de points élevés de différentes grandeurs; les quatrième, huitième et douzième, formées de points oblongs assez gros; les seconde, sixième et dixième, formées de points plus petits; les intervalles ponctués.

Dessous du corps et pattes noirs.

Il se trouve en Italie, et quelquefois dans le midi de la France.

31. C. Mollii. *Sturm.*

Pl. 42. fig. 1.

Oblongo-ovatus, supra nigro-brunneus vel obscuro-æneus; thorace subrugoso; elytris rugosis, punctisque pluribus oblongis elevatis confusis triplici serie.

Dej. *Spec.* II. p. 64. n° 24.
Dahl. *Coleoptera und Lepidoptera.* p. 4.
Dej. *Cat.* p. 7.
Var. A. Dej. *Cat.* p. 7.
C. Carinthiacus. Dahl. *Coleoptera und Lepidoptera.* p. 5.
Sturm. III. p. 68. n° 22. t. 58. fig. b. B.

Long. 8, 9 ½ lignes. Larg. 3 ¼, 4 lignes.

Plus petit que le *Catenulatus*, et d'un noir obscur quelquefois bronzé.

Tête assez petite, presque lisse.

Corselet moins long que large, presque carré, assez plane, assez fortement ponctué, quelquefois un peu chagriné, avec les bords latéraux légèrement rebordés, et les angles postérieurs assez prolongés en arrière.

Élytres un peu plus brunes que le corselet, quelquefois d'un bronzé obscur, un peu plus larges que le corselet, en ovale allongé, un peu sinuées près de l'extrémité, convexes, et couvertes de points et de petites lignes élevés, rangés presque sans ordre, parmi lesquels il y a trois lignes peu distinctes, formées de trois ou quatre points oblongs.

Dessous du corps et pattes noirs.

Il se trouve dans la haute Carinthie.

32. C. Rossii. *Bonelli.*

Pl. 42. fig. 2.

Oblongus, niger; thoracis elytrorumque margine viridi-cyaneo; thorace subrugoso; elytris oblongis, punctato-striatis interstitiis interruptis.

Dej. *Spec.* ii. p. 66. n° 25.
Dej. *Cat.* p. 6.

Long. 11, 12 lignes. Larg. 4 $\frac{1}{4}$, 4 $\frac{3}{4}$ lignes.

Plus allongé que le *Catenulatus*, auquel il ressemble beaucoup.

Presque entièrement noir en dessus, avec les bords latéraux d'un bleu un peu verdâtre.

Corselet moins long que large, presque carré, légèrement ponctué, presque chagriné, un peu échancré antérieurement, avec les bords latéraux très-peu déprimés, assez fortement relevés.

Élytres un peu moins convexes et beaucoup plus allongées que celles du *Catenulatus*, couvertes de stries ponctuées, assez fortement marquées, dont les intervalles sont interrompus, et paraissent former une suite de points élevés oblongs, qui se terminent par une petite pointe.

Dessous du corps et pattes d'un noir plus brillant que le dessus.

Il se trouve en Italie.

TROISIÈME DIVISION.

33. C. Catenulatus.

Pl. 42. fig. 3.

Oblongo-ovatus, supra nigro-cyaneus; thoracis elytrorumque margine violaceo; elytris ovatis, crenato-striatis, interstitiis subinterruptis, punctisque impressis vel oblongis elevatis triplici serie.

Dej. *Spec.* II. p. 68. n° 27.
Fabr. *Syst. El.* I. p. 170. n° 9.
Sch. *Syn. Ins.* I. p. 169. n° 8.
Gyllenhal. II. p. 57. n° 5.
Duftschmid. II. p. 20. n° 4.
Sturm. III. p. 61. n° 18.
Dej. *Cat.* 6.

C. Intricatus. OLIV. III. 35. p. 20. n° 11. T. 1. fig. 11.
Le Bupreste azuré. var. b. GEOFF. I. p. 144. n° 4.
VAR. *C. Harcyniæ.* STURM. III. p. 63. n° 19. T. 58. fig. a. A.
C. Cyanescens. STURM. III. p. 93. n° 37. T. 64. fig. a. A.
C. Ausonius. ZIÈGLER.
C. Duponchelii. DEJ *Cat.* p. 6.

Long. 8 ½, 12 lignes. Larg. 3 ½, 5 ¼ lignes.

Varie pour la taille, la couleur, la forme et même le dessin des élytres. Ordinairement en dessus d'un bleu foncé avec les bords latéraux d'un bleu violet.

Tête grosse, légèrement ponctuée et ridée.

Corselet plus large que la tête, moins long que large, un peu en cœur, très-légèrement ponctué et ridé, avec les bords latéraux déprimés et assez fortement relevés, surtout vers les angles postérieurs.

Élytres plus larges que le corselet, en ovale allongé, assez convexes et couvertes de stries, dans lesquelles il y a une rangée de points enfoncés qui les font paraître comme crénelées; trois lignes de points enfoncés, plus ou moins marqués sur les quatrième, huitième et douzième intervalles.

Dessous du corps et pattes d'un noir assez brillant.

Il se trouve assez communément dans les bois, sous les mousses et dans les troncs d'arbres pourris, et dans les montagnes sous les pierres, dans toute la France, les Alpes, les Pyrénées, l'Angleterre et la Suède. On le trouve plus rarement, et seulement dans les montagnes, en Allemagne et en Italie.

CARABUS.

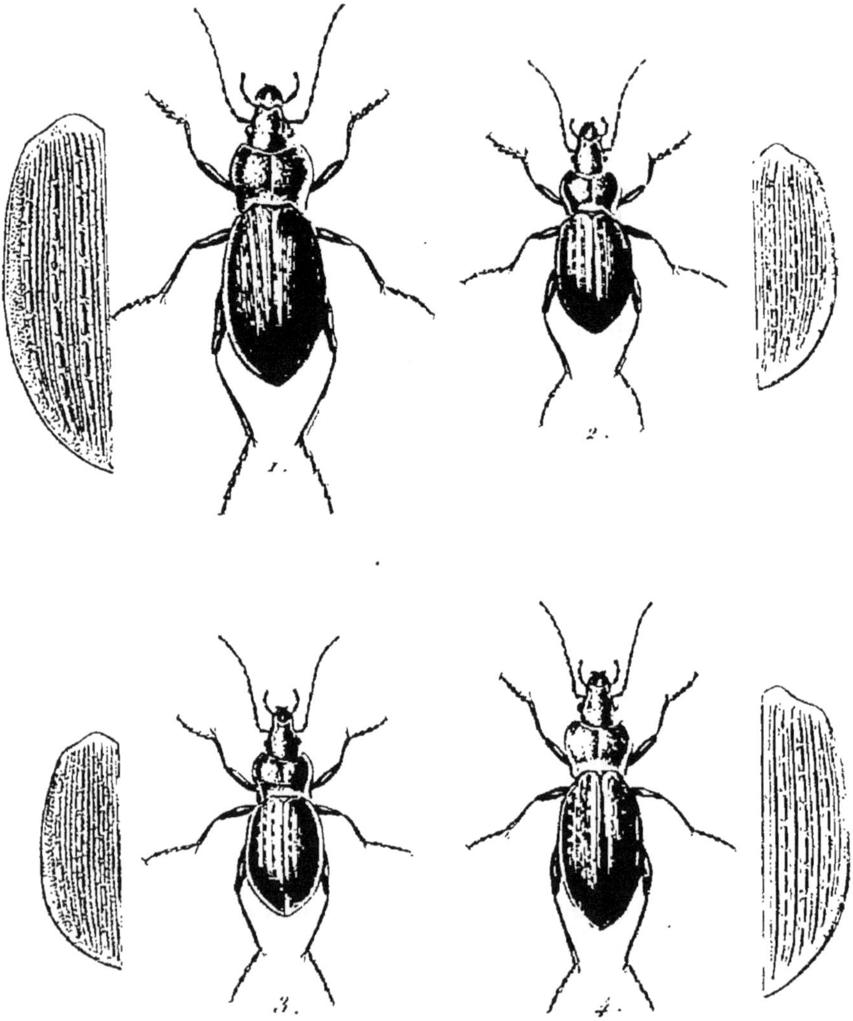

1. C. Catenatus.

2. C. Dufourii.

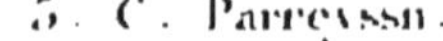
3. C. Parreyssii.

4. C. Monilis.

P. Duménil Pinxit et Direxit

34. C. Herbstii.

Pl. 42. fig. 4.

Oblongo-ovatus, supra nigro-cyaneus; thoracis elytrorumque margine violaceo; thorace subangustato, subquadrato; elytris ovatis, subcostatis, costis subinterruptis, punctisque elevatis triplici serie.

Dej. *Spec.* II. p. 70. n° 28.

Long. 11, 13 lignes. Larg. 4 $\frac{1}{2}$, 5 $\frac{1}{2}$ lignes.

Ressemble beaucoup au *Catenulatus*, mais un peu plus grand.

Il en diffère par la tête un peu plus grosse, un peu plus ponctuée et plus fortement ridée, par le corselet un peu plus fortement chagriné, plus carré, un peu moins en cœur, avec les bords latéraux un peu moins relevés, et par le dessin des élytres, qui est absolument comme dans le *Catenatus*. Il se distingue de cette dernière espèce par la taille plus petite, par le corselet plus étroit, et un peu plus chagriné, et par la forme des élytres, qui sont moins allongées, plus ovales, plus rétrécies antérieurement et un peu plus convexes.

Il se trouve dans les montagnes de la Croatie.

35. C. Catenatus.

Pl. 43. fig. 1.

Oblongo-ovatus, supra nigro-cyaneus; thoracis elytrorumque margine violaceo; thorace lato, subquadrato; elytris oblongo-ovatis, subcostatis, costis subinterruptis, punctisque elevatis triplici serie.

DEJ. *Spec.* II. p. 71. n° 29.
PANZER. *Fauna germ.* 87. n° 4.
SCH. *Syn. Ins.* I. p. 169. n° 9.
DUFTSCHMID. II. p. 20. n° 3.
STURM. III. p. 55. n° 15.
DEJ. *Cat.* p. 6.

Long. 13, 14 ½ lignes. Larg. 5, 5 ¾ lignes.

Ressemble un peu au *Catenulatus*, mais beaucoup plus grand et un peu plus allongé. Dessus d'une couleur variable, mais plus ordinairement d'un bleu foncé, avec les bords latéraux d'un beau bleu violet, quelquefois entièrement violet, et d'autres fois tout noir, ou d'un bronzé verdâtre.

Tête un peu plus grosse que celle du *Catenulatus*.

Corselet proportionnellement plus large, moins long que large, très-légèrement en cœur et presque carré, un peu échancré antérieurement, avec les bords latéraux déprimés et assez élevés près des angles postérieurs.

Élytres un peu plus larges que le corselet, en ovale allongé, peu convexes, un peu plus étroites et un peu plus allongées que celles du *Catenulatus*, et un peu moins rétrécies antérieurement, couvertes de lignes élevées, presque interrompues par de petites lignes transversales peu marquées; les quatrième, huitième et douzième, formées de points élevés oblongs, bien distinctement séparés les uns des autres.

Dessous du corps et pattes d'un noir assez brillant.

Commun dans les montagnes de la Carniole, de l'Illyrie et de la Croatie. B. D.

36. C. Dufourii. *Dejean.*

Pl. 43. fig. 2.

Ovatus, supra nigro-cyaneus; thoracis elytrorumque margine violaceo; thorace subrotundato, margine subreflexo; elytris ovatis, convexis, subcostatis, costis interruptis, punctisque oblongis elevatis triplici serie.

Long. 9 $\frac{1}{2}$, 11 $\frac{1}{4}$ lignes. Larg. 4 $\frac{1}{4}$, 5 lignes.

De la couleur et de la grandeur du *Catenulatus*, mais moins allongé.

Tête un peu plus grosse postérieurement.

Corselet un peu plus large, non rétréci postérieurement, arrondi sur les côtés; bords latéraux un peu plus relevés.

Élytres un peu moins allongées et plus convexes. Stries élevées plus marquées, plus distinctement interrompues et presque composées de points séparés; les trois rangées de points oblongs élevés, bien distinctes.

Il se trouve dans les parties les plus méridionales de l'Espagne, et dans les environs de Tanger. C. D.

37. C. Parreyssii. *Kollar.*

Pl. 43. fig. 3.

Ovatus, supra nigro-cyaneus; thoracis elytrorumque margine violaceo; thorace lato, subquadrato; elytris ovatis, brevioribus, subcostatis, costis subinterruptis, punctisque elevatis triplici serie.

Dej. *Spec.* II. p. 72. n° 30.

Palliardi. *Beschreibung zweyer decaden neuer und wenig bekannter Carabicinen.* p. 5. T. 1. fig. 2.

Long. 9 ½, 10 ½ lignes. Larg. 4, 4 ½ lignes.

Ressemble un peu au *Catenulatus;* mais proportionnellement plus court et plus large. D'un bleu foncé, quelquefois un peu violet, avec les bords latéraux d'un bleu violet.

Corselet proportionnellement beaucoup plus large, plus court, plus carré, non rétréci postérieurement, avec les bords latéraux plus déprimés et moins relevés.

Élytres proportionnellement beaucoup plus courtes, moins convexes, plus larges antérieurement, avec le dessin du *Catenatus.*

Il habite les montagnes de la Croatie.

38. C. Monilis.

Pl. 43. fig. 4.

Oblongo-ovatus, supra viridis vel æneus vel violaceus; elytris elevato-lineatis, lineis æqualibus vel alternatim obsoletis, punctisque impressis vel oblongis elevatis triplici serie.

Dej. *Spec.* II. p. 75. n° 31.

Fabr. *Syst. El.* I. p. 171. n° 15.

Sch. *Syn. Ins.* I. p. 170. n° 16.

STURM. III. p. 64. n° 20.

DEJ. *Cat.* p. 6.

C. *Catenulatus.* OLIV. III. 35. p. 36. n° 34. T. 3. fig. 29.

VAR. A. *C. Affinis.* PANZER. *Fauna Germ.* 109. 3.

STURM. III. p. 59. n° 17.

DEJ. *Cat.* p. 6.

VAR. B. *C. Consitus.* PANZER. *Fauna Germ.* 108. 3.

STURM. III. p. 53. n° 14.

DEJ. *Cat.* p. 6.

C. Granulatus. OLIV. III. 35. p. 34. n° 32. T. 2. fig. 13 et 20. a. b.

C. Morbillosus. LATREILLE. *Gen. Crust. et Ins.* I. p. 218. n° 9.

Le Bupreste galonné. GEOFF. I. p. 143. n° 3.

Long. 11, 13 lignes. Larg. 4, 5 lignes.

Varie beaucoup pour la couleur et le dessin des élytres. Tantôt d'un vert métallique clair, tantôt d'un bronzé un peu cuivreux ou obscur, tantôt bleu-foncé plus ou moins violet et quelquefois presque noir.

Tête un peu allongée, légèrement ponctuée et ridée.

Corselet moins long que large, très-légèrement en cœur, très-finement ponctué et ridé, un peu échancré antérieurement, avec les bords latéraux légèrement déprimés et un peu relevés, surtout vers les angles postérieurs.

Élytres presque pas plus larges que le corselet, en ovale allongé, peu convexes, couvertes de lignes élevées, égales, lisses, dont les quatrième, huitième et douzième, interrompues par des points enfoncés formant trois lignes de points oblongs élevés; les intervalles plus ou moins ponctués et quelquefois presque lisses.

Dessous du corps et pattes d'un noir assez brillant.

Il se trouve communément courant dans les champs, les chemins et les jardins, dans presque toute la France et la Suisse; il est rare en Allemagne.

Le *C. Affinis* de Panzer, ou variété A, est ordinairement d'une couleur plus obscure; il est un peu plus grand, proportionnellement un peu plus large; les lignes élevées des élytres sont un peu plus distantes, et les intervalles plus fortement ponctués et comme crénelés.

Il se trouve en Allemagne, particulièrement dans les environs de Wurtzbourg.

Le *C. Consitus* de Panzer, ou variété B, paraît, au premier coup d'œil, former une espèce entièrement différente. Les lignes élevées impaires des élytres sont presque effacées, et disparaissent même quelquefois entièrement, de sorte qu'on ne voit plus sur les élytres que quatre lignes élevées, entre lesquelles il y a trois rangées de points oblongs élevés à peu près comme dans le *Cancellatus*, et les intervalles sont plus ou moins ponctués, et paraissent chagrinés. Mais, lorsqu'on examine une grande quantité de ces insectes, on s'aperçoit que les lignes impaires sont tantôt plus, tantôt moins marquées, et l'on trouve tous les passages entre les individus qui ont trois lignes égales, entre les lignes de points élevés et ceux qui n'en ont qu'une seule, de manière qu'il est impossible d'en former une espèce particulière.

Cette variété, ou *Consitus* de Panzer, est plus commune que le *Monilis* véritable aux environs de Paris, et

CARABUS.

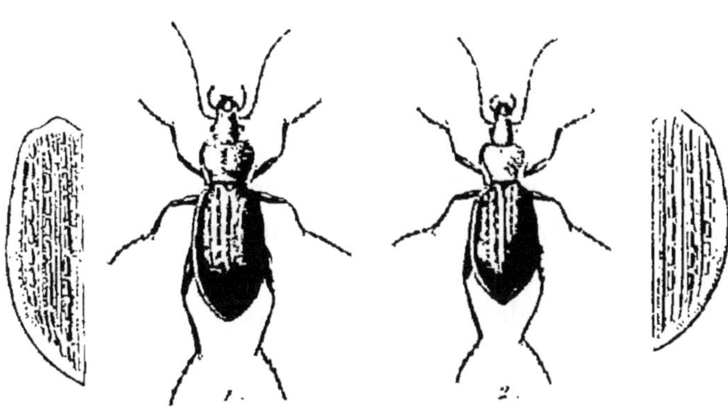

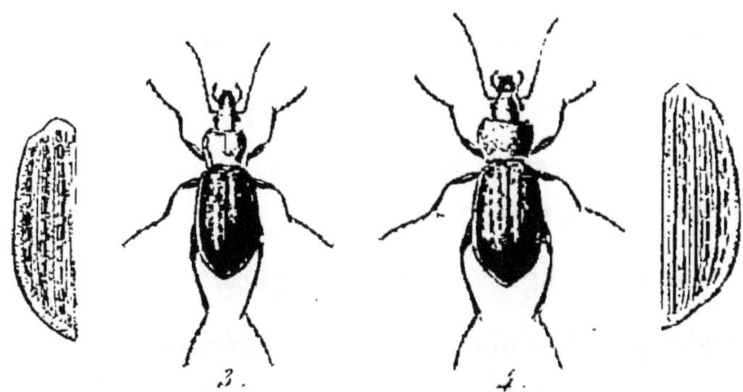

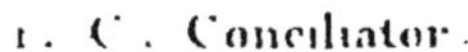

1. C. Conciliator.
2. C. Arvensis.
3. C. Faldermanni.
4. C. Varians.

P. Duménil Pinxit et Ducrot

c'est à elle qu'il faut rapporter le *Bupreste galonné* de Geoffroy.

Les *Carabus Monilis*, *Scheidleri* et *Excellens* ont une forme à peu près semblable; ils présentent tous les trois de nombreuses variétés; ils ont à peu près la même manière de vivre, et ils paraissent se succéder en Europe sous la même latitude. Le *Monilis* occupe la France et une partie de l'Allemagne; le *Scheidleri* commence à peu près où le premier finit, et se trouve en Autriche et en Hongrie; ensuite l'*Excellens* le remplace, et se trouve dans les provinces méridionales de la Russie. B. D.

39. C. CONCILIATOR.

Pl. 44. fig. 1.

Oblongus, supra obscure cupreo-æneus; thorace quadrato, subrugoso; elytris oblongis, elevato-striatis; striis interruptis, alternatim subcostatis, punctisque oblongis elevatis triplici serie.

FISCHER? *Entomographie de la Russie*. I. p. 102. n° 25. T. 10. fig. 25 et III. p. 177. n° 36.

Long. 9 ½ lignes. Larg. 3 ¾ lignes.

Un peu plus grand et plus allongé que l'*Arvensis*.

D'un bronzé-cuivreux obscur en dessus, avec les côtés du corselet et des élytres un peu plus brillans.

Tête assez fortement ponctuée.

Corselet presque carré, assez plane et couvert de points enfoncés, assez marqués, assez serrés et souvent réunis.

Élytres plus allongées que celles de l'*Arvensis;* stries élevées, plus marquées et plus distinctement interrompues, points oblongs des trois rangées plus courts, plus lisses et plus saillans.

Il se trouve en Daourie dans la Sibérie orientale.

Décrit et figuré sur un individu femelle, reçu de M. le comte de Mannerheim, comme le *Conciliator* de Fischer. Cependant la figure et la description de cet auteur ne me paraissent pas se rapporter parfaitement à cet insecte.

C. D.

40. C. Arvensis.

Pl. 44. fig. 2.

Oblongo-ovatus, supra viridi-æneus vel nigro-æneus vel cupreus; elytris elevato-striatis, striis subinterruptis, alternatim subcostatis, punctisque oblongis elevatis triplici serie.

Dej. *Spec.* II. p. 75. n° 32.
Fabr. *Syst. El.* I. p. 174. n° 25.
Sch. *Syn. Ins.* I. p. 172. n° 29.
Gyllenhal. II. p. 61. n° 9.
Duftschmid. II. p. 36. n° 26.
Sturm. III. p. 66. n° 21.
Dej. *Cat.* p. 6.
C. Rupicola. Jurine.
Var. A. *C. Pomeranus.* Oliv. *Encycl.* v. p. 331. n° 38.
Dej. *Cat.* p. 6.
Var. B. *C. Sylvaticus.* Dej. *Cat.* p. 6.

VAR. C. *C. Æreus*. ZIEGLER.

VAR. D. *Schrickellii*. DEJ. *Cat.*

Long. 6, 9 lignes. Larg. 3, 3 ¾ lignes.

Beaucoup plus petit que le *Monilis*, et présentant aussi beaucoup de variétés. Tantôt d'un vert-bronzé clair, tantôt d'un bronzé obscur et presque noir, et quelquefois d'un violet cuivreux.

Tête légèrement ponctuée et ridée.

Corselet moins long que large, un peu en cœur, légèrement ponctué et ridé, assez échancré antérieurement, avec les bords latéraux non déprimés et un peu relevés.

Élytres plus larges que le corselet, en ovale allongé, couvertés de lignes élevées, plus ou moins distinctes et plus ou moins interrompues par de petites lignes transversales qui les font paraître crénelées; les lignes paires, ordinairement plus élevées que les autres, et les quatrième, huitième et douzième interrompues par des points enfoncés, formant trois lignes de points oblongs élevés.

Dessous du corps et pattes noirs.

Il se trouve assez communément dans les bois et les montagnes, en Allemagne, en Suède, en Suisse, en Pologne. On le trouve aussi, mais rarement, dans plusieurs endroits de la France.

Le *C. Pomeranus* d'Olivier, ou variété A, est un peu plus grand; les lignes des élytres sont bien marquées, celles paires ne paraissent presque pas plus élevées que les autres, et les cuisses sont d'un rouge ferrugineux.

Le *C. Æreus* de Ziegler, ou variété C, est un peu plus

petit, d'une couleur bronzée obscure; les lignes élevées des élytres sont égales, et, les intervalles entre les points enfoncés des quatrième, huitième et douzième lignes étant peu saillans, il paraît avoir trois lignes de points enfoncés, et non trois lignes de points élevés. Il se trouve dans les Alpes de la Styrie.

Enfin, le *C. Schrickellii*, ou variété D, est un peu plus grand que tous les autres, presque noir, et les lignes paires des élytres sont assez saillantes.

On trouve des intermédiaires entre toutes ces variétés, et il est impossible d'en faire des espèces particulières.

B. D.

41. C. Faldermanni. *Mannerheim.*

Pl. 44. fig. 3.

Oblongo-ovatus, supra nigro-subviolaceus; thoracis elytrorumque margine viridi-æneo; thorace subquadrato, rugoso; elytris elevato-striatis, striis interruptis, alternatim subcostatis, punctisque oblongis elevatis triplici serie.

Long. 8 lignes. Larg. 3 lignes.

De la forme et de la grandeur de l'*Arvensis*, mais d'un noir un peu violet en dessus, surtout sur les élytres, avec les bords du corselet et des élytres d'un vert un peu bronzé.

Tête moins lisse et un peu rugueuse.

Corselet un peu plus petit, plus carré, plus plane et couvert de points irréguliers qui se confondent, et qui le font paraître chagriné; bords latéraux un peu plus relevés.

Stries élevées des élytres plus marquées et plus distinctement interrompues; points oblongs des trois rangées un peu plus courts, plus lisses et plus saillans.

Il se trouve en Daourie, dans la Sibérie orientale.

Décrit et figuré sur un individu mâle, reçu de M. le comte de Mannerheim. C. D

42. C. Varians. *Stéven.*

Pl. 44. fig. 4.

Oblongo-ovatus, supra violaceus; thorace rugoso, cordato; elytris elevato-lineatis, lineis subinterruptis, punctisque oblongis elevatis triplici serie.

Dej. *Spec.* II. p. 81. n° 36.

Fischer. *Entomographie de la Russie.* II. p. 65. n° 3. T. 35. fig. 1.

Long. 9 lignes. Larg. 3 ½ lignes.

A peu près de la taille de l'*Arvensis*, auquel il ressemble un peu, et d'une couleur violette, beaucoup plus claire et plus brillante dans les parties enfoncées que dans celles qui sont saillantes.

Tête légèrement ponctuée et ridée.

Corselet un peu en cœur, rétréci postérieurement, un peu convexe, fortement ponctué et ridé, paraissant comme chagriné, un peu échancré antérieurement, avec les bords latéraux un peu relevés.

Élytres un peu plus larges que le corselet, en ovale allongé, plus étroites vers la base que dans les espèces voisines, couvertes de lignes élevées assez marquées, presque interrompues par de petites lignes transversales; les quatrième, huitième et douzième, interrompues par des points enfoncés, formant trois lignes bien distinctes de points oblongs élevés; une ligne de points enfoncés dans les intervalles.

Dessous du corps et pattes noirs.

Il se trouve au Caucase.

43. C. Cumanus. *Stéven.*

Pl. 45. fig. 1.

Ovatus, supra æneus; elytris elevato-striatis, lineis alternatim subcostatis lævissimis, punctisque oblongis elevatis triplici serie.

Dej. *Spec.* II. p. 83. n° 37.

Fischer. *Entomographie de la Russie.* II. p. 252. T. 35. fig. 3.

C. Campestris? Adams. *Mémoires de la Société imp. des Naturalistes de Moscou.* V. p. 297. n° 17.

Long. 8 ½ lignes. Larg. 3 ½ lignes.

Un peu plus court et plus large que l'*Arvensis*, auquel il ressemble un peu, et d'une couleur bronzée obscure, légèrement cuivreuse.

Tête légèrement ponctuée et ridée.

Corselet moins long que large, presque carré, légèrement ponctué au milieu et assez fortement sur les bords;

CARABUS.

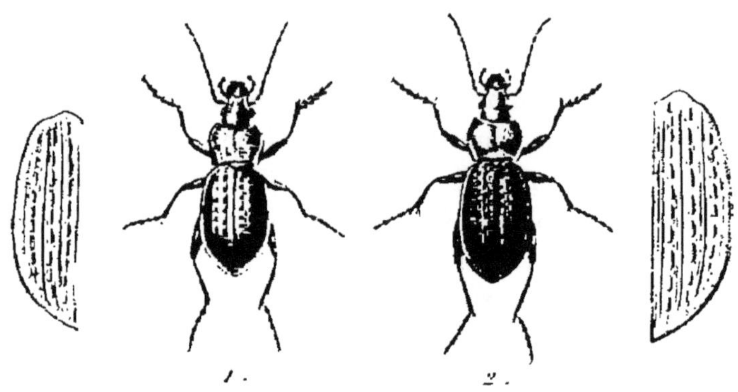

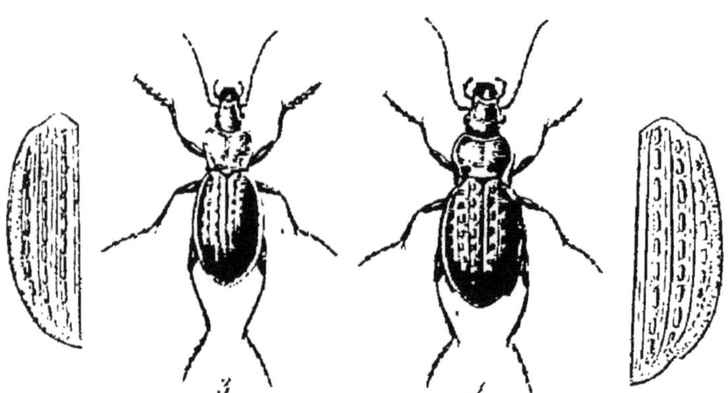

1. C. Cumanus.
2. C. Bilbergi.
3. C. Euchromus.
4. C. Vagans.

P. Dumenil Pinxit et Direxit

surtout vers les angles postérieurs, un peu échancré antérieurement.

Élytres un peu plus larges que le corselet, en ovale, peu allongé, assez larges à la base et couvertes de lignes longitudinales élevées, assez serrées, dont les paires un peu plus élevées et très-lisses; les quatrième, huitième et douzième interrompues, formant trois lignes de points oblongs élevés, assez distinctes.

Dessous du corps et pattes noirs.

Il se trouve dans les déserts de Cuman, dans la Russie méridionale. B. D.

44. C. Bilbergi. *Mannerheim.*

Pl. 45. fig. 2.

Ovatus, supra æneus; thorace subrotundato; elytris elevato-striatis, lineis alternatim subcostatis, punctisque oblongis elevatis prominentibus triplici serie.

Hummel. *Essais entomologiques.* 6. p. 25. n° 5.

Fischer. *Entomographie de la Russie.* III. p. 176. n° 34.

Long. 9. lignes. Larg. 4 lignes.

De la forme et de la couleur du *Cumanus*, dont il n'est peut-être qu'une variété.

Corselet un peu plus large et plus arrondi sur les côtés.

Lignes élevées des élytres moins lisses; points oblongs des trois rangées un peu plus gros, plus courts et plus saillans; intervalles entre ces points un peu enfoncés et plus brillans que le reste des élytres.

Il se trouve en Daourie, dans la Sibérie orientale.

45. C. Euchromus.

Pl. 45. fig. 3.

Oblongo-ovatus, supra cupreo-æneus, vel viridis, vel nigro-violaceus; thorace subcordato; elytris elevato-lineatis, punctisque oblongis elevatis triplici serie.

Palliardi. *Beschreibung zweyer decaden neuer und wenig bekannter Carabicinen.* p. 3. t. 1. fig. 1.

Long. 8 $\frac{3}{4}$, 9 $\frac{1}{4}$ lignes. Larg. 3 $\frac{1}{2}$, 3 $\frac{3}{4}$ lignes.

Plus grand que l'*Arvensis*, ordinairement en dessus d'un bronzé cuivreux plus ou moins brillant, quelquefois d'un beau vert bronzé, et quelquefois même d'un noir violet.

Corselet un peu rétréci postérieurement et presque cordiforme, couvert de rides transversales ondulées et de petits points enfoncés très-peu marqués.

Élytres en ovale allongé, peu convexes, couvertes de lignes élevées égales, dont les intervalles sont légèrement crénelés, et dont les quatrième, huitième et douzième sont interrompues, et forment trois rangées de points oblongs élevés, mais peu saillans.

Il se trouve en Hongrie, dans les montagnes du Bannat.

46. C. Montivagus.

Pl. 52. fig 4.

Ovatus, supra nigro-violaceus; thoracis elytrorumque margine violaceo; thorace subquadrato, punctulato;

elytris elevato-lineatis, punctisque oblongis elevatis triplici serie.

PALLIARDI. *Beschreibung zweyer decaden neuer und wenig bekannter Carabicinen.* p. 31. T. 3. fig. 14.

Long. 10 $\frac{1}{2}$ lignes. Larg. 4 $\frac{1}{3}$ lignes.

Plus grand et proportionnellement plus large que l'*Euchromus*.

D'un noir un peu violet en-dessus, avec les côtés du corselet et des élytres d'une couleur violette un peu pourprée.

Tête assez distinctement ponctuée.

Corselet plus large que celui de l'*Euchromus*, plus carré, moins rétréci postérieurement, et couvert de points enfoncés assez distincts.

Élytres en ovale moins allongé; intervalles entre les lignes élevées, plus fortement crénelées; points oblongs des trois rangées un peu plus saillans.

Il se trouve également en Hongrie, dans les montagnes du Bannat.

C. D.

47. C. VAGANS.

Pl. 45. fig. 4.

Ovatus, latus, supra æneus; thorace quadrato, angulis posticis productis; elytris ovatis, brevibus, elevato-lineatis, lineis alternatim obsoletis, punctisque oblongis elevatis triplici serie.

DEJ. *Spec.* II. p. 84. n° 38.

OLIV. III. 35. p. 39. n° 39. T. 3. fig. 28.
DEJ. *Cat.* p. 6.

Long. 8 $\frac{1}{2}$, 10 $\frac{1}{2}$ lignes. Larg. 3 $\frac{1}{2}$, 4 $\frac{1}{2}$ lignes.

Un peu plus large et beaucoup plus court que le *Cancellatus,* auquel il ressemble un peu, et d'une couleur bronzée, plus ou moins obscure, quelquefois un peu verdâtre sur les bords du corselet et des élytres.

Tête assez grosse et très-légèrement ponctuée.

Corselet moins long que large, presque carré, très-légèrement ponctué et ridé, un peu échancré antérieurement, avec les bords latéraux déprimés, et relevés surtout vers les angles postérieurs, qui sont fortement prolongés en arrière.

Élytres un peu plus larges que le corselet, en ovale très-peu allongé, couvertes de lignes élevées, dont les impaires très-peu marquées et disparaissant même quelquefois entièrement; les quatrième, huitième et douzième interrompues, formant trois lignes de points oblongs élevés.

Dessous du corps et pattes noirs.

Il se trouve assez communément dans les départemens du Var et des Basses-Alpes.

48. C. ITALICUS.

Pl. 46. fig.

Oblongo ovatus, supra æneus; thorace quadrato, subrotundato; elytris elevato-lineatis, lineis alternatim obsoletis

CARABUS.

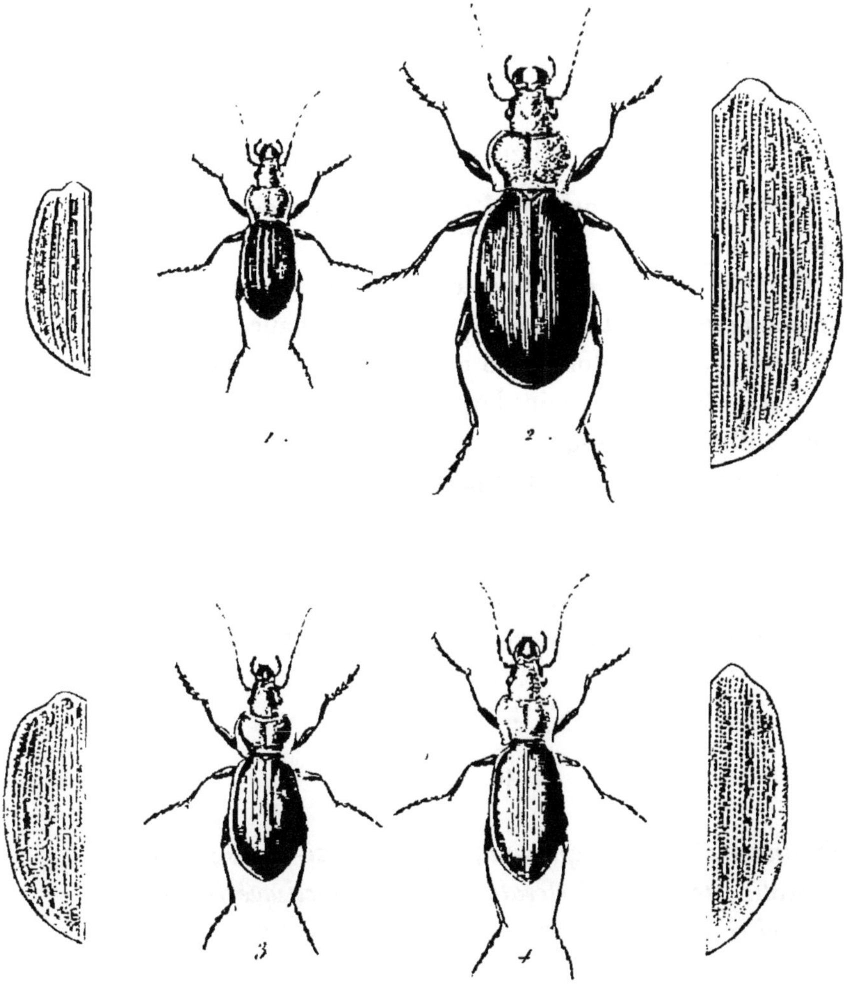

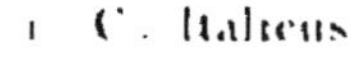

1 C. Italicus
2 C. Gebleri
3 C. Castillianus
4 C. Macrocephalus

P. Duménil Pinxit et [illegible]

subinterruptis, alternatim subcostatis, punctisque oblongis elevatis triplici serie.

DEJ. *Spec.* II. p. 85. n° 39.

C. Vagans. BONELLI.

Long. 8 ½, 10 ½ lignes. Larg. 3, 4 lignes.

Ressemble beaucoup au *Vagans*, mais moins large et plus allongé.

Corselet un peu rétréci postérieurement, avec les côtés un peu arrondis, et les angles postérieurs beaucoup moins saillans, moins prolongés en arrière et presque arrondis.

Élytres beaucoup moins larges, avec les lignes impaires peu saillantes, presque interrompues par de petites lignes transversales, peu marquées; les deuxième, sixième et dixième, un peu plus fortement marquées que dans le *Vagans*, et les quatrième, huitième et douzième interrompues, formant trois lignes de points oblongs élevés.

Il se trouve en Italie, et particulièrement en Piémont.

49. C. GEBLERI.

Pl. 46. fig. 2.

Ovatus, latus, subdepressus, supra viridi-æneus; elytris ovatis, latissimis, elevato-lineatis, punctisque impressis triplici serie.

DEJ. *Spec.* II. p. 86. n° 40.

FISCHER. *Mémoires de la Société imp. des Naturalistes de Moscou.* V. p. 464. T. 14. fig. 4. 5.

Fischer. *Entomographie de la Russie.* I. p. 17. n° 3. T. 3. fig. 3. a. 3. b.

Long. 15 ½, 16 ½ lignes. Larg. 6 ½, 7 lignes.

D'une forme large et déprimée, et d'un vert bronzé en dessus.

Tête assez large, d'un noir bronzé un peu verdâtre.

Corselet d'un vert-métallique, un peu noirâtre au milieu, moins long que large, presque transverse, assez plane et un peu arrondi sur les côtés.

Élytres d'un vert-métallique assez clair, très-larges, un peu aplaties, et en ovale peu allongé, couvertes de lignes élevées, égales, presque lisses, dont les quatrième, huitième et douzième, interrompues par des points enfoncés.

Dessous du corps et pattes noirs.

Il se trouve en Sibérie, dans les environs de Nicolaewsk du mont Sméinogorsk, dans les mois de mai et de juin.

50. C. Castillianus.

Pl. 46. fig. 3.

Ovatus, supra æneus; thoracis elytrorumque margine virescente; elytris punctatis, elevato-striatis, striis obsoletis alternatim interruptis, punctisque oblongis elevatis obsoletis triplici serie.

Dej. *Spec.* II. p. 87. n° 41.

Dej. *Cat.* p. 6.

Long. 11 lignes. Larg. 4 $\frac{1}{3}$ lignes.

A peu près de la taille de l'*Hortensis*, auquel il ressemble un peu à la première vue; mais se rapprochant un peu plus du *Lusitanicus*.

Tête noire presque lisse, avec la partie postérieure un peu bronzée.

Corselet bronzé, avec les bords latéraux verdâtres, moins long que large, un peu arrondi sur les côtés, légèrement ponctué et ridé, assez échancré antérieurement, avec les bords latéraux un peu déprimés et relevés.

Élytres bronzées, un peu moins convexes et un peu plus allongées que celles du *Lusitanicus*, avec le dessin à peu près semblable; mais les lignes et les points élevés moins marqués, les lignes impaires moins entières, et les intervalles plus distinctement ponctués.

Dessous du corps et pattes noirs.

Découvert par M. Dejean, en Espagne dans la province de Salamanque.

QUATRIÈME DIVISION.

51. C. Macrocephalus.

Pl. 46. fig. 4.

Oblongo-ovatus, supra æneus; capite elongato-crassiore; elytris elevato-lineatis, interstitiis granulatis, punctisque impressis triplici serie.

Dej. *Spec.* II. p. 88. n° 42.

DEJ. *Cat.* p. 6.

Long. 12 lignes. Larg. 4 ½ lignes.

Ressemble un peu au *Monilis*, par la forme et la grandeur, et d'une couleur bronzée, avec quelques reflets cuivreux.

Tête très-grosse, large, nullement rétrécie derrière les yeux, un peu plus allongée que celle du *Lusitanicus*.

Corselet un peu moins long que large, presque carré, légèrement ponctué et ridé, assez fortement échancré antérieurement, avec les bords latéraux un peu déprimés et un peu relevés, et les angles postérieurs assez fortement prolongés.

Élytres plus larges que le corselet, en ovale allongé, couvertes de lignes élevées, comme dans le *Monilis*, avec les intervalles un peu plus larges; les quatrième, huitième et douzième lignes, comme dans le *Monilis*, interrompues par des points enfoncés plus éloignés les uns des autres.

Dessous du corps et pattes noirs.

Trouvé par M. Dejean, dans les Asturies.

52. C. LUSITANICUS.

Pl. 47. fig. 1.

Ovatus, supra æneus; thoracis elytrorumque margine virescente; capite crassiore; elytris elevato-striatis, striis alternatim interruptis, punctisque oblongis elevatis triplici serie.

CARABUS.

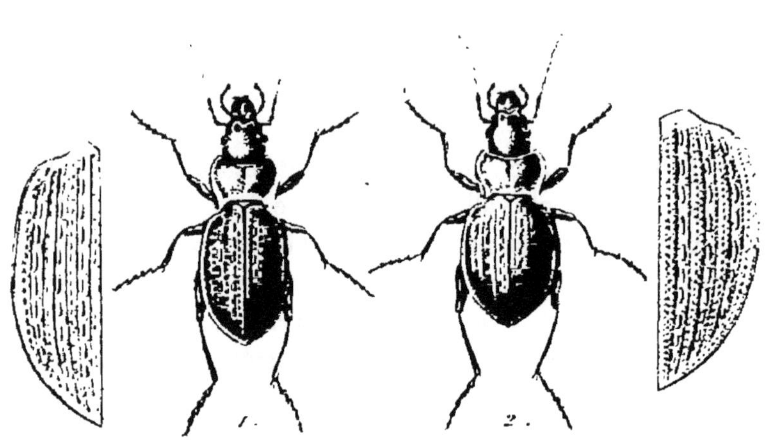

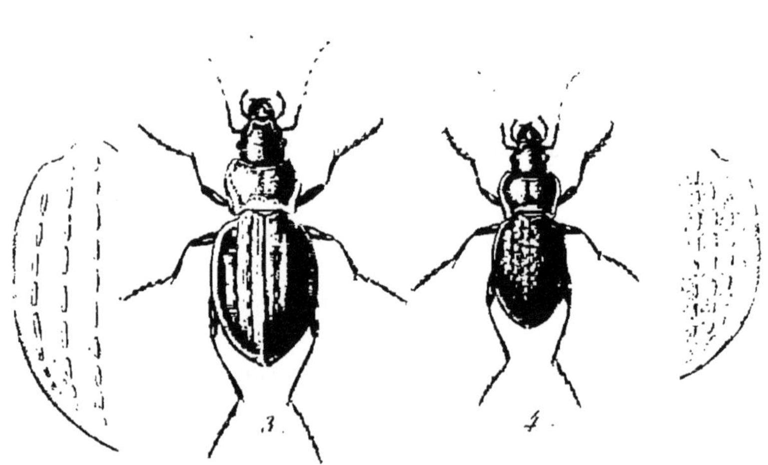

1. C. Lusitanicus.
2. C. Antiquus.
3. C. Latus
4. C. Complanatus

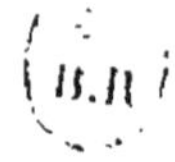

P. Dumenil Pinxit et Direxit

Dej. *Spec.* II. p. 89. n° 43.
Fabr.? *Syst. El.* I. p. 171. n° 16.
Sch.? *Syn. Ins.* I. p. 170. n° 17.
Ahrens.? *Fauna Ins. Europ.* I. T. 7.
Dej. *Cat.* p. 6.

Long. 11, 12 lignes. Larg. 4 ½, 5 lignes.

Tête lisse, d'un noir bronzé, très-grosse, large, un peu renflée postérieurement.

Corselet bronzé, avec quelques reflets cuivreux ou verdâtres, moins long que large, presque carré, très-légèrement rétréci postérieurement, assez fortement échancré antérieurement, avec les bords latéraux déprimés et relevés.

Élytres de la couleur du corselet, plus larges que lui, assez convexes, en ovale peu allongé, couvertes de lignes élevées, rangées en stries peu marquées, dont les impaires sont presque entières; les deuxième, sixième, dixième, formées par une suite de points oblongs, et les quatrième, huitième et douzième par des points plus gros et plus élevés; les intervalles avec des petits points peu distincts, alternativement enfoncés et élevés.

Dessous du corps et pattes noirs.

Il se trouve en Portugal.

53. C. Antiquus.

Pl. 47. fig. 2.

Ovatus, brevis, supra æneus; capite crassiore; elytris brevibus, latissimis, subcordatis, punctis elevatis minutissimis asperatis, striis elevatis interruptis alternatim obsoletissimis, punctisque oblongis elevatis triplici serie.

Dej. *Spec.* II. p. 91. n° 44.

Long. 12 lignes. Larg. 5 ½ lignes.

Beaucoup plus large que le *Lusitanicus*, auquel il ressemble beaucoup, mais d'un bronzé plus obscur et un peu moins cuivreux.

Corselet plus court, un peu plus large, avec les bords latéraux moins relevés et les angles postérieurs moins prolongés.

Élytres beaucoup plus larges, surtout antérieurement, se rétrécissant postérieurement et presque cordiformes, moins convexes, avec les bords latéraux un peu déprimés, couverts de très-petits points élevés terminés en pointe, à peu près comme dans le *Scabriusculus*, ayant des lignes élevées disposées comme dans le *Lusitanicus*, mais dont les impaires sont interrompues au lieu d'être entières, et composées de points élevés terminés en pointe, les deuxième, sixième et dixième presque effacées; les quatrième, huitième et douzième composées de points oblongs élevés.

Dessous du corps et pattes noirs.

Il se trouve en Espagne.

54. C. Latus.

Pl. 47. fig. 3.

Ovatus, brevis, supra nigro-cyaneus; thoracis elytrorumque margine violacco; capite crassiore; elytris ovatis, subglobosis, crenato-striatis, punctisque oblongis elevatis triplici serie.

Dej. *Spec.* II. p. 92. n° 45.
Dej. *Cat.* p. 6.

Long. 10, 12 $\frac{1}{2}$ lignes. Larg. 4 $\frac{1}{2}$, 5 $\frac{3}{4}$ lignes.

Plus raccourci, plus large et plus convexe que le *Lusitanicus*, et d'un noir bleuâtre, avec les bords latéraux d'un bleu un peu violet.

Tête très-grosse, lisse, un peu renflée postérieurement.

Corselet court, bien moins long que large, presque carré, très-légèrement rétréci postérieurement, légèrement ponctué et ridé, avec les bords latéraux déprimés et assez relevés, surtout vers les angles postérieurs, qui sont assez fortement prolongés.

Élytres plus larges que le corselet, en ovale très-peu allongé, très-convexes, avec un dessin presque semblable à celui du *Catenulatus*, mais les stries plus fines, plus serrées, plus nombreuses et moins marquées, trois lignes de points élevés oblongs, assez fortement marqués, remplaçant les sixième, quatorzième et vingt-deuxième intervalles.

Dessous du corps et pattes noirs.

Il se trouve dans l'Estramadure espagnole.

55. C. COMPLANATUS.

Pl. 47. fig. 4.

Ovatus, brevis, niger; thoracis elytrorumque margine subviolaceo; capite crassiore; elytris ovatis, intricato-rugosis, punctisque obsoletis oblongis elevatis triplici serie.

DEJ. *Spec.* II. p. 93. n° 46.
DEJ. *Cat.* p. 6.

Long. 9 ½ lignes. Larg. ¼ ligne.

Ressemble beaucoup au *Latus*, dont il n'est peut-être qu'une variété.

Un peu plus allongé, beaucoup moins convexe, d'une couleur plus noire, avec les bords latéraux d'un bleu violet peu apparent; les stries des élytres moins distinctes, se confondant souvent entre elles, et les trois lignes de points élevés très-peu marqués.

Il se trouve en Espagne.

56. C. BREVIS.

Pl. 48. fig. 1.

Ovatus, brevis, niger; thorace elytrisque nigro-aeneis, margine viridi-cyaneo; capite crassiore; elytris ovatis, subglobosis, punctatis, punctis elevatis obsoletis in striis dispositis, punctisque oblongis elevatis triplici serie.

CARABUS.

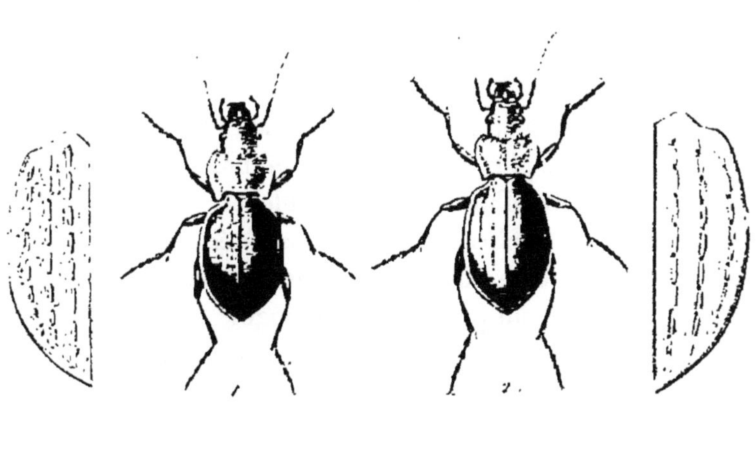

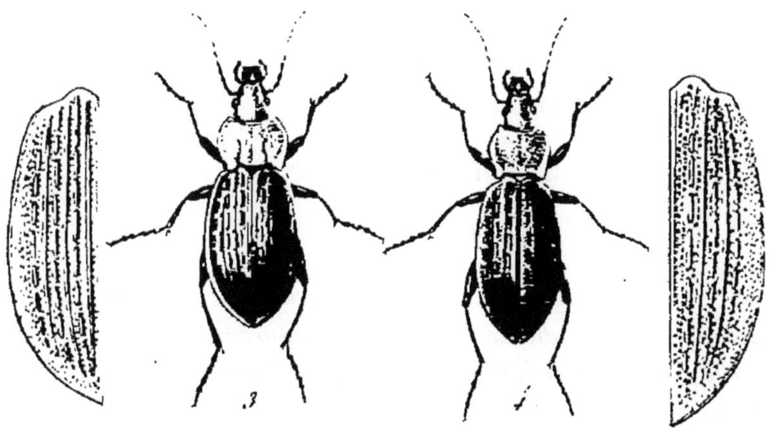

1. C. Brevis
2. C. Helluo
3. C. Alternans
4. C. Celtibericus

P. Dumenil Peint et Dirig.

DEJ. *Spec.* II p. 93. n° 47

DEJ. *Cat.* p. 6.

Long. 10 lignes. Larg. 4 ¾ lignes.

Ressemble beaucoup au *Latus*, mais un peu plus petit, plus convexe, encore plus raccourci et d'un noir bronzé, avec les bords latéraux d'un vert un peu bleuâtre.

Corselet plus court, plus arrondi sur les côtés, un peu plus convexe, avec les bords latéraux moins relevés, et les angles postérieurs un peu moins prolongés.

Élytres un peu plus courtes, plus convexes, un peu plus arrondies postérieurement, avec les stries moins régulières, moins marquées, et les intervalles paraissant formés d'une suite de petits points oblongs élevés, disposés moins régulièrement vers l'extrémité; les trois lignes de points élevés moins distinctes.

Dessous du corps et pattes noirs.

Il se trouve en Espagne.

57. C. HELLUO. *Bonelli.*

Pl. 48. fig. 2.

Ovatus, brevis, niger; thoracis elytrorumque margine violaceo; capite subcrassiore; elytris convexis, sublævigatis, obsolete striato-punctatis, punctisque impressis triplici serie.

DEJ. *Spec.* II. p. 94. n° 48.

Long. 11 ½ lignes. Larg. 5 lignes.

Ressemble assez aux trois précédens, mais un peu plus

allongé, avec les élytres plus lisses, se rapprochant un peu de l'*Hungaricus*, et d'une couleur noire, avec les bords latéraux d'un bleu un peu violet.

Tête un peu plus petite que celle des espèces précédentes.

Corselet moins long que large, un peu rétréci postérieurement, très-légèrement ponctué et ridé, un peu échancré antérieurement, avec les bords latéraux déprimés et relevés.

Élytres plus larges que le corselet, en ovale allongé, assez convexes, moins larges que celles du *Latus*, avec le dessin semblable, mais beaucoup moins marqué.

Dessous du corps et pattes noirs.

Il se trouve en Espagne.

CINQUIÈME DIVISION.

58. C. Alternans. *Beaudet Lafarge.*

Pl. 48. fig. 3.

Elongato-ovatus, supra æneus; thoracis elytrorumque margine cupreo; elytris elongatis, subparallelis, lineis tribus punctisque oblongis triplici serie elevatis, interstitiis punctulatis.

Dej. *Spec.* II. p. 95. n° 49.

Palliardi. *Beschreibung zweyer decaden neuer und wenig bekannter Carabicinen.* p. 21. T. 2. fig. 10.

C. Dejeanii. Ullrich.

Long. 12, 13 $\frac{1}{2}$ lignes. Larg. 4 $\frac{1}{2}$, 5 $\frac{1}{4}$ lignes.

Un peu plus allongé que le *Monilis*, et d'une couleur bronzée ordinairement un peu cuivreuse et quelquefois un peu verdâtre, avec les bords latéraux d'une couleur cuivreuse plus ou moins brillante.

Tête assez étroite allongée.

Corselet moins long que large, un peu en cœur, très-légèrement ponctué et ridé, très-légèrement échancré antérieurement, avec les bords latéraux rebordés et un peu relevés vers les angles postérieurs.

Élytres un peu plus larges que le corselet, en ovale allongé, presque parallèles, surtout dans le mâle, ayant chacune trois lignes élevées, assez marquées, et entre ces lignes une rangée de points oblongs également élevés; les intervalles assez larges, ayant chacun une ou deux rangées de petits points enfoncés plus ou moins marqués.

Dessous du corps et pattes noirs.

Il se trouve en Corse, en Sardaigne, en Sicile et sur la côte de Barbarie.

59. C. Celtibericus. *Illiger.*

Pl. 48. fig. 4.

Elongato-ovatus, supra obscuro-æneus, thorace rugoso, subcordato; elytris oblongis, lineis duabus punctisque oblongis triplici serie elevatis, interstitiis rugosis.

Dej. *Spec.* II. p. 97. n° 50.
Dej. *Cat.* p. 6.

GERMAR? *Coleopt. Sp. Nov.* p. 5. n° 8.

C. Taganus. SCHNEIDER.

Long. 12, 13 ½ lignes. Larg. 4 ½, 5 ¼ lignes.

Ressemble un peu au *Cancellatus*, mais plus grand, plus allongé et d'une couleur bronzée obscure, quelquefois un peu cuivreuse.

Tête un peu allongée et assez fortement ponctuée.

Corselet moins long que large et un peu en cœur, très-fortement ponctué et ridé, comme chagriné, un peu échancré antérieurement, avec les bords latéraux légèrement rebordés, un peu relevés.

Élytres un peu plus larges que le corselet, en ovale très-allongé, ayant chacune trois lignes de points oblongs élevés, deux lignes entières également élevées entre celles de points oblongs, et la suture un peu relevée sans ligne entre elle et la première ligne de points élevés.

Il se trouve en Portugal.

60. C. BARBARUS.

Pl. 49. fig. 1.

Elongato-ovatus, niger; thoracis elytrorumque margine subviolaceo; thorace subrugoso, quadrato; elytris oblongo-ovatis, lineis duabus punctisque oblongis triplici serie elevatis, interstitiis rugosis.

DEJ. *Spec.* II. p. 98. n° 51.

Long. 13 ½ lignes. Larg. 5 ½ lignes.

Ressemble beaucoup au *Celtibericus*, mais d'un noir obscur, avec les bords latéraux un peu bleuâtres.

CARABUS.

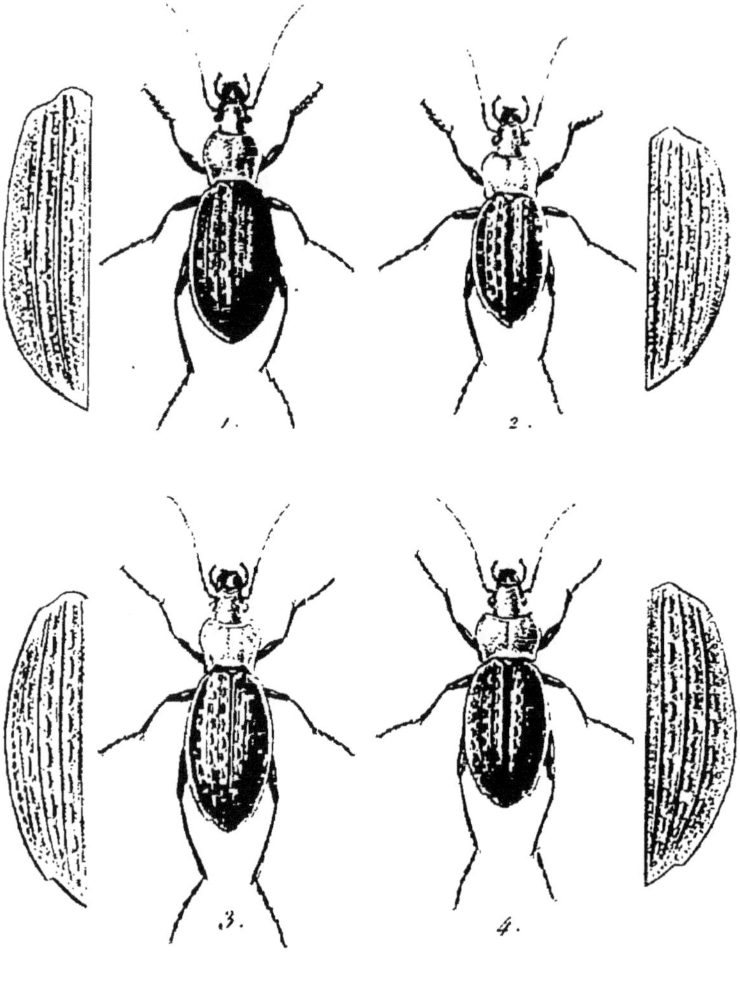

1.

2.

3.

4.

1. C. Barbarus.
2. C. Cancellatus.
3. C. Emarginatus.
4. C. Granger

P. Percval Pinxit et Direxit

Tête plus lisse que celle du *Celtibericus*, très-finement ponctuée.

Corselet plus petit et plus étroit antérieurement, moins ponctué, moins ridé, presque carré.

Élytres un peu plus larges et un peu plus convexes, avec le même dessin que le *Celtibericus*; mais les petits points élevés des intervalles un peu plus fortement marqués, plus distincts.

Dessous du corps et pattes noirs.

Il a été trouvé par M. Bedeau, aux environs de Cadix; il se trouve aussi sur la côte de Barbarie.

61. C. CANCELLATUS.

Pl. 49. fig. 2.

Oblongo-ovatus, supra virescens vel æneus; antennarum articulo primo plerumque rufo; elytris subconvexis, apice subangustatis, lineis tribus (suturali subabbreviata) punctisque oblongis triplici serie elevatis, interstitiis subrugosis; femoribus interdum rufis.

DEJ. *Spec.* II. p. 99. n° 52.
ILLIGER. *Kæfer Preus.* I. 154. n° 18.
GYLLENHAL. II. p. 64. n° 11.
DUFTSCHMID. II. p. 32. n° 22.
DEJ. *Cat.* p. 6.
C. Granulatus. FABR. *Syst. El.* I. p. 176. n° 56.
SCH. *Syn. Ins.* I. p. 175. n° 43.
STURM. III. p. 42. n° 8.
VAR. *C. Merlachii.* DAHL.

C. Tuberculatus. MEGERLE. *C. Excisus.* MEGERLE. *C. Nigricornis.* ZIEGLER.	DAHL. *Coleoptera und Lepidoptera.* p. 3 et 4.

C. Sopronicnsis. OESKAY.

Long. 8, 12 lignes. Larg. 3 $\frac{1}{4}$, 5 lignes.

D'une couleur bronzée, plus ou moins verdâtre, plus ou moins obscure, et quelquefois un peu cuivreuse.

Tête légèrement ponctuée et ridée.

Corselet moins long que large, un peu en cœur, très-finement ponctué et ridé, très-légèrement chagriné, un peu échancré antérieurement, avec les bords latéraux un peu déprimés et légèrement rebordés.

Élytres en ovale un peu allongé, plus ou moins convexes, un peu déprimées et allongées vers l'extrémité, avec le bord extérieur sinué à l'extrémité, près de la suture, ayant chacune trois lignes élevées et lisses, dont celle qui est près de la suture ne va pas jusqu'à l'extrémité; entre ces lignes est une rangée de gros points oblongs élevés; les intervalles assez grands, très-légèrement chagrinés.

Dessous du corps et pattes noirs, avec les cuisses souvent d'un rouge ferrugineux.

Il varie beaucoup et il est très-commun dans toute l'Allemagne, dans les champs, au bord des chemins et près des habitations, sous les pierres. On le trouve aussi en Suède, en Russie, en Pologne et en Suisse; il est beaucoup moins commun en France.

Le *C. Excisus* de MM. Megerle et Dahl est un peu plus grand; les élytres sont un peu plus allongées et moins convexes, et les cuisses sont toujours rouges. Il se trouve aux environs de Vienne.

Le *C. Tuberculatus* des mêmes auteurs a le corselet un peu plus fortement ponctué; les élytres sont plus convexes, moins allongées, et les lignes et les points des élytres sont plus marqués; les cuisses sont rouges. Il se trouve ordinairement dans le nord de l'Allemagne.

Le *C. Merlachii* que M. Dahl a pris en Hongrie dans les monts Crapacks ne paraît pas différer du *Tuberculatus*.

Le *C. Nigricornis* de M. Ziegler a toujours le premier article des antennes noir; il est aussi un peu plus grand et un peu plus allongé; il est commun en Styrie. M. Dejean a trouvé aussi quelques individus à premier article des antennes noir, dans la Croatie et dans l'île de Pago en Dalmatie.

Le *C. Sopronienis* de M. Oeskay, qui se trouve dans les environs de OEdenbourg en Hongrie, ne diffère pas du *Nigricornis*.

Toutes ces variétés ne sont pas constantes; et, quand on compare ensemble un grand nombre d'individus de différens pays, on trouve tous les passages de l'un à l'autre, il devient impossible d'en faire des espèces particulières et de les séparer.

62. C. Emarginatus.

Pl. 49. fig. 3.

Elongato-ovatus, supra virescens vel cupreo-æneus; thorace subelongato, angulis posticis productis; elytris oblongis, apice subangustatis, lineis tribus (suturali subabbreviata) punctisque oblongis triplici serie parum elevatis, interstitiis subpunctatis.

DEJ. *Spec.* II. p. 102. n° 53.
DUFTSCHMID. II. p. 31. n° 20.
STURM. III. p. 47. n° 11. T. 57. fig. a. B. C.
DEJ. *Cat.* p. 6.

Long. 12, 13 lignes. Larg. 4 ½, 5 lignes.

Plus grand, plus allongé et un peu plus convexe que le *Cancellatus*, auquel il ressemble beaucoup; mais d'une couleur ordinairement un peu plus cuivreuse, avec les bords latéraux un peu verdâtres.

Corselet un peu plus étroit et plus allongé, avec les bords latéraux plus relevés, surtout vers les angles postérieurs, qui sont beaucoup plus prolongés en arrière.

Élytres plus allongées, moins convexes, avec le bord extérieur plus fortement sinué vers l'extrémité dans la femelle, les lignes et les points des élytres un peu moins élevés, et les intervalles très-légèrement ponctués.

Dessous du corps et pattes noirs.

Il se trouve dans la Carniole, l'Illyrie et les provinces voisines.

63. C. GRANIGER.

Pl. 49. fig. 4.

Oblongo-ovatus, supra-æneus; thorace punctatissimo, subrugoso; elytris subconvexis, apice subrotundatis, lineis tribus (suturali subabbreviata) punctisque oblongis triplici serie elevatis prominentibus, interstitiis rugosis.

CARABUS.

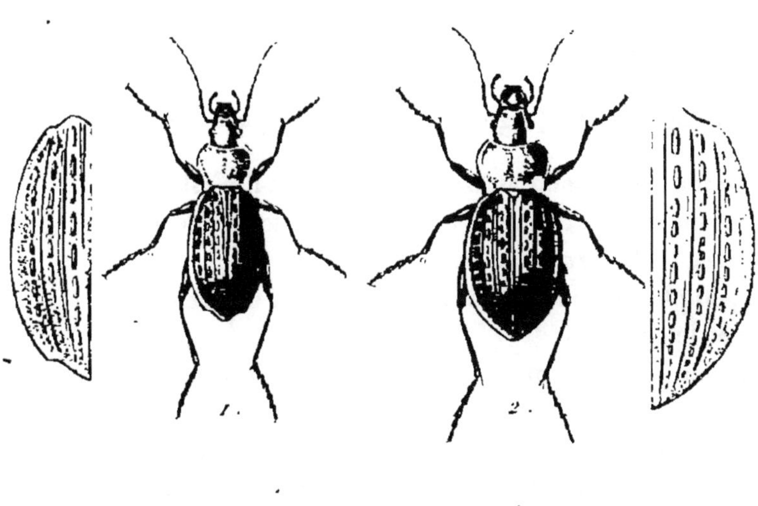

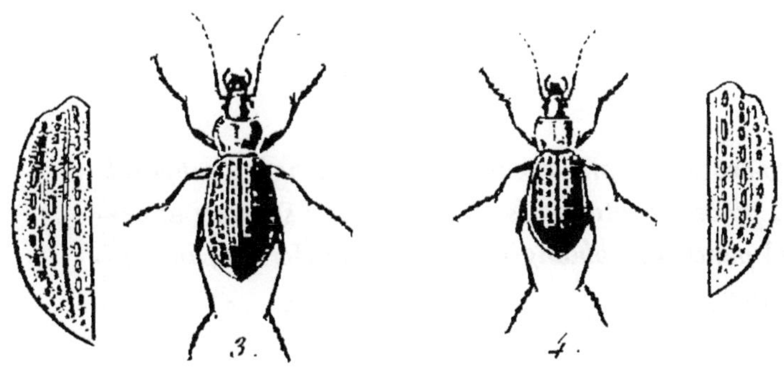

1. C. Intermedius.
2. C. Morbillosus.
3. C. Palustris.
4. C. Tuberculosus.

P. Dumenil Pinxit et Decarit

DEJ. *Spec.* II. p. 103. n° 54.
DAHL. *Coleoptera und Lepidoptera.* p. 3.
PALLIARDI. *Beschreibung zweyer decaden neuer und wenig bekannter Carabicinen.* p. 11. T. 1. fig. 5.

Long. 12, 12 ½ lignes. Larg. 4 ¾ 5 lignes.

Ressemble beaucoup au *Cancellatus*, dont il n'est peut-être qu'une variété; mais il a surtout beaucoup de rapports avec le *Tuberculatus* de Megerle.

Un peu plus grand et d'un bronzé un peu cuivreux sur la tête et le corselet.

Corselet plus fortement ponctué, plus ridé et comme chagriné.

Élytres un peu plus larges, un peu plus arrondies vers l'extrémité, avec les lignes de points élevés, beaucoup plus fortement et plus distinctement marquées, et les intervalles un peu plus chagrinés.

Il se trouve dans le Bannat, en Hongrie.

64. C. INTERMEDIUS.

Pl. 50. fig. 1.

Oblongo-ovatus, supra æneus; elytris oblongis, subparallelis, apice subrotundatis, lineis tribus (suturali abbreviata) punctisque oblongis triplici serie elevatis, interstitiis subrugosis.

DEJ. *Spec.* II. p. 104. n° 55.
DEJ. *Cat.* p. 6.

Long. 9 ½, 11 lignes. Larg. 3 ¾, 4 ½ lignes.

Ressemble beaucoup au *Cancellatus*, dont il n'est peut-être qu'une variété, mais paraissant intermédiaire entre cette espèce et le *Morbillosus*.

Diffère du *Cancellatus*, par les antennes et les pattes, qui sont toujours noires, par les élytres, un peu moins ovales, plus parallèles, plus arrondies postérieurement, et par la ligne élevée près de la suture, qui est plus courte, et ne va guère que jusqu'à la moitié des élytres.

Diffère du *Morbillosus*, par sa forme moins large, par le bord postérieur des élytres, qui est sinué comme dans le *Cancellatus*, par les lignes, les points élevés et leurs intervalles, qui sont à peu près comme dans ce dernier.

Il a été découvert par M. Dejean, sous les pierres en Dalmatie, près de Vergoraz.

65. C. Morbillosus.

Pl. 50. fig. 2.

Ovatus, supra æneus, interdum virescens; elytris ovatis, apice subrotundatis, lineis tribus integris punctisque oblongis triplici serie elevatis, interstitiis elevato-punctatis.

Dej. *Spec.* II. p. 104. n° 56.
Panzer. *Fauna Germ.* 81. 5.
Sch. *Syn. Ins.* I. p. 175. n° 41.
Gyllenhal. II. p. 65. n° 12.
Duftschmid. II. p. 30. n° 19.
Sturm. III. p. 39. n° 7.

DEJ. *Cat.* p. 6.

Long. 10 $\frac{1}{2}$, 12 $\frac{1}{2}$ lignes. Larg. 4 $\frac{1}{4}$, 5 $\frac{1}{4}$ lignes.

VAR. A. *C. Ullrichii.* ZIEGLER.

GERMAR. *Coleopt. Sp. Nov.* p. 5. n° 9.

DEJ. *Cat.* p. 6.

Long. 11 $\frac{1}{2}$, 13 lignes. Larg. 5, 5 $\frac{1}{4}$ lignes.

VAR. B. *C. Fastuosus.* DAHL. *Coleoptera und Lepidoptera.* p. 3.

PALLIARDI. *Beschreibung zweyer decaden neuer und wenig bekannter Carabicinen.* p. 13. T. 2. fig. 6.

Long. 11 $\frac{1}{2}$, 13 lignes. Larg. 5, 5 $\frac{3}{4}$ lignes.

Un peu plus grand et plus large que le *Cancellatus*, auquel il ressemble beaucoup à la première vue, et d'un bronzé un peu cuivreux.

Tête plus grosse et plus large.

Corselet plus court, plus large, plus carré et un peu plus arrondi sur les côtés, avec les bords latéraux un peu plus déprimés, surtout vers la base.

Élytres plus larges, plus arrondies postérieurement, avec le bord postérieur nullement sinué dans aucun sexe, les lignes et les points élevés plus lisses, plus fortement et plus distinctement marqués, la ligne près de la suture entière et allant jusqu'à l'extrémité, et les intervalles coupés par de petites lignes transversales paraissant former une suite de petits points élevés.

Il se trouve assez communément dans toute l'Allemagne.

Le *C. Ullrichii* de Ziegler, ou variété A, diffère de celui-ci par sa forme un peu plus large, par les points et les lignes des élytres encore plus fortement marqués, par les angles postérieurs du corselet, qui sont moins relevés, moins prolongés en arrière et plus arrondis, et par la couleur, qui est ordinairement un peu plus cuivreuse et plus obscure. Mais ces différences ne sont pas constantes, et l'on trouve des variétés intermédiaires qui forment le passage de l'un à l'autre.

Il se trouve ordinairement en Autriche et en Silésie.

La variété B, *C. Fastuosus* de Dahl, ne diffère de la variété A que par la couleur, qui est verte ou d'un bleu violet, et par le corselet, qui est comme dans le *Morbillosus* ordinaire.

M. Dahl l'a trouvé en Hongrie, dans le Bannat.

B. D.

66. C. Palustris. *Eschscholtz.*

Pl. 50. fig. 3.

Oblongus, supra cupreo-æneus; thorace quadrato, angulis posticis non productis; elytris oblongis, lineis duabus punctisque oblongis triplici serie elevatis, interstitiis rugosis.

Long. 8 ½ lignes. Larg. 3 ½ lignes.

Voisin du *Mæander*, mais plus grand, proportionnellement un peu plus allongé, et d'une couleur un peu plus brillante en dessus.

Corselet plus carré, un peu plus arrondi sur les côtés et non rétréci postérieurement.

Élytres un peu plus allongées; les deux lignes élevées moins saillantes et non sinuées; les points des trois rangées moins gros et moins saillans.

Décrit et figuré sur un individu femelle, qui m'a été envoyé par M. Eschscholtz, comme venant du Kamtschatka.

67. C. Tuberculosus. *Gebler.*

Pl. 50. fig. 4.

Oblongo-ovatus, supra cupreo-æneus; thorace quadrato, angulis posticis non productis; elytris oblongo-ovatis, lineis tribus granulatis obsoletis punctisque oblongis prominentibus triplici serie elevatis, interstitiis rugosis.

C. Tuberculatus. Fischer. *Entomographie de la Russie.* III. p. 186. n° 43. T. 7. c. fig. 1.

Long. 7 ½ lignes. Larg. 3 lignes.

De la grandeur et de la couleur du *Mæander*, dont il est très-voisin, mais un peu moins allongé.

Corselet un peu plus brillant, plus arrondi sur les côtés, moins large antérieurement; ce qui le fait paraître non rétréci postérieurement.

Élytres un peu plus larges; les trois lignes élevées très-peu marquées, surtout la première, et composées de points presque arrondis, placés à côté les uns des autres; les points des trois rangées à peu près comme dans le *Mæander*, mais cependant un peu moins gros et moins saillans.

Il se trouve en Sibérie. C. D.

68. C. Mæander.

Pl. 51. fig. 1.

Oblongus, supra cupreo-æneus; thorace quadrato, angulis posticis non productis; elytris oblongis, lineis duabus subsinuatis punctisque oblongis prominentibus triplici serie elevatis, interstitiis rugosis.

Fischer. *Entomographie de la Russie.* 1, p. 103. n° 26. T. 10. fig. 26.

Dej. *Spec.* II. *Suppl.* p. 486. n° 127.

Long. 7 $\frac{1}{2}$ lignes. Larg. 2 $\frac{3}{4}$ lignes.

D'un bronzé un peu cuivreux; plus petit que le *Granulatus*, auquel il ressemble un peu.

Tête moins ridée, plus distinctement ponctuée.

Corselet très-légèrement rétréci postérieurement, un peu plus convexe, plus fortement ponctué.

Élytres un peu moins allongées que celles du *Granulatus*, plus convexes, un peu plus arrondies à l'extrémité, avec le bord extérieur d'une couleur cuivreuse un peu plus brillante; les points qui forment les trois rangées plus gros, plus saillans, moins allongés, très-lisses et presque noirs; la suture plus saillante, très-lisse et presque noire; les deux lignes élevées légèrement ondulées ou sinuées, et les intervalles presque rugueux.

Dessous du corps et pattes noirs.

Il se trouve en Sibérie, près de Nertschinsk.

CARABUS.

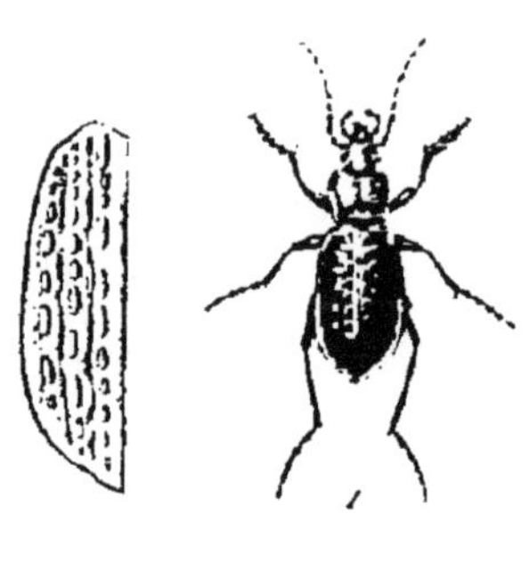

1

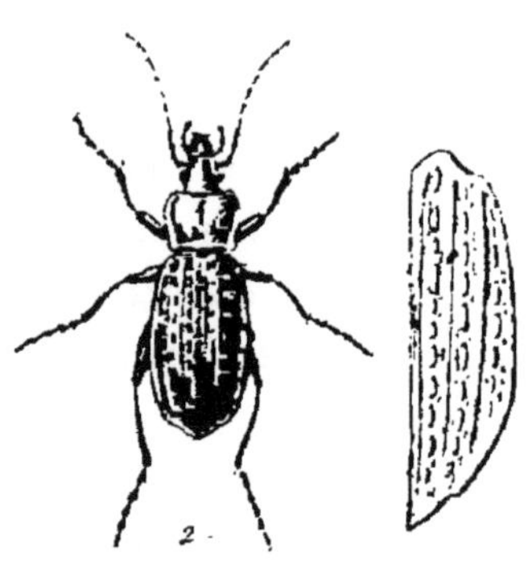

2.

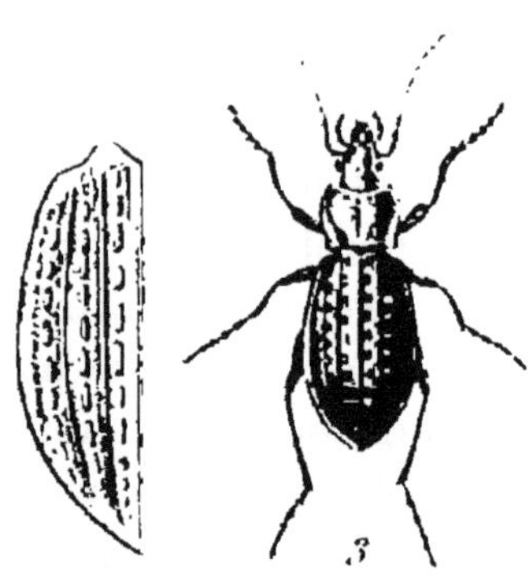

3

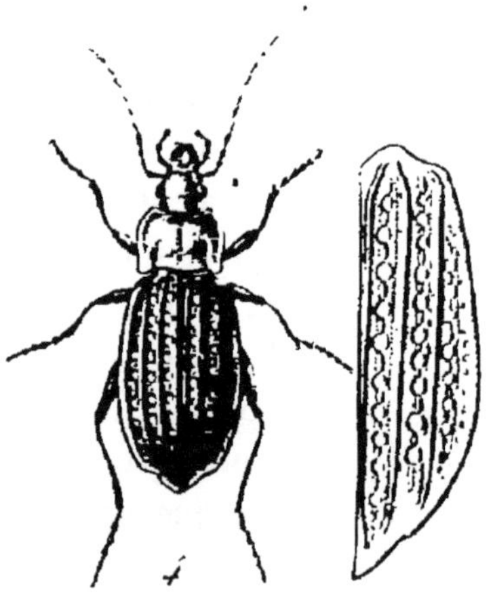

4

1. C. Maeander.
2. C. Granulatus.
3. C. Menetriesi
4. C. Clathratus.

P. Dumenil Pinxit et Direxit

69. C. Granulatus.

Pl. 51. fig. 2.

Oblongus, subdepressus, supra obscuro-æneus; thorace quadrato, angulis posticis non productis; elytris elongato-oblongis, lineis tribus punctisque oblongis triplici serie elevatis, interstitiis subrugosis.

Dej. *Spec.* ii. p. 106. n° 57.
Linné. *Syst. Nat.* ii. p. 668. n° 2.
Gyllenhal. ii. p. 62. n° 10.
Duftschmid. ii. p. 34. n° 24.
Dej. *Cat.* p. 6.
C. Cancellatus. Fabr. *Syst. El.* i. p. 176. n° 37.
Sch. *Syn. Ins.* i. p. 175. n° 44.
Sturm. iii. p. 49. n° 12.
Var. A. *C. Interstitialis.* Duftschmid. ii. p. 35. n° 25.
Sturm. iii. p. 51. n° 13. t. 57. fig. d. D.
Dej. *Cat.* p. 6.

Long. 8, 10 lignes. Larg. 3, 4 lignes.

Ordinairement un peu plus petit, plus étroit, plus allongé et moins convexe que le *Cancellatus*, auquel il ressemble un peu.

Tête légèrement ponctuée.

Corselet moins long que large, assez plane, presque carré, légèrement ponctué et ridé, avec les bords latéraux un peu déprimés, légèrement rebordés et un peu relevés vers les angles postérieurs.

Élytres un peu plus larges que le corselet, allongées, un peu déprimées, avec le bord extérieur un peu sinué vers l'extrémité, mais ne formant pas de dent comme dans le *Cancellatus*, ayant chacune trois lignes élevées, entre ces lignes une rangée de points élevés, et en outre une quatrième rangée de petits points oblongs élevés près du bord extérieur, les intervalles légèrement chagrinés.

Dessous du corps et pattes noirs, avec les cuisses quelquefois d'un rouge ferrugineux.

Il est très-commun en Allemagne, dans les bois, sous les pierres et les mousses; on le trouve aussi en Suède, en Pologne, en Russie, en Sibérie, et dans les parties orientales et septentrionales de la France; il est très-rare aux environs de Paris.

Le *C. Interstitialis* de Duftschmid n'est qu'une très-légère variété de cette espèce, dans laquelle les lignes et les points élevés sont un peu moins marqués; les lignes que l'on aperçoit quelquefois entre les lignes et les points élevés le sont au contraire davantage, et les intervalles sont un peu plus chagrinés. Il est aussi un peu plus petit et d'une couleur plus foncée; il se trouve dans les montagnes de la Carinthie. B. D.

70. C. Menetriesii. *Faldermann.*

Pl. 51. fig. 3.

Oblongus, supra obscuro-æneus; thorace subquadrato, angulis posticis parum productis; elytris oblongis, lineis duabus punctisque oblongis triplici serie elevatis prominentibus, interstitiis subrugosis.

FISCHER. *Entomographie de la Russie.* III. p. 185. n° 42. T. 7. b. fig. 2.

Long. 8 ¾ lignes. Larg. 3 ½ lignes.

A peu près de la grandeur, de la forme et de la couleur du *Granulatus*, mais un peu plus convexe.

Corselet un peu moins carré, moins plane, légèrement arrondi sur les côtés, plus lisse antérieurement, un peu plus fortement ponctué postérieurement ; angles postérieurs un peu plus prolongés en arrière et plus arrondis.

Élytres un peu moins allongées, plus convexes ; la ligne élevée près de la suture presque entièrement effacée ; les deux autres et les trois rangées de points élevés plus saillantes ; les intervalles entre les points élevés un peu enfoncés et un peu plus brillans que le reste des élytres.

Je l'ai reçu de M. Faldermann, comme pris aux environs de Saint-Pétersbourg. M. Fischer dit qu'on le trouve aussi en Sibérie. C. D.

SIXIÈME DIVISION.

71. C. CLATHRATUS.

Pl. 51. fig. 4.

Oblongo-ovatus, supra nigro-æneus ; thorace quadrato, angulis posticis non productis ; elytris lineis tribus elevatis, interjectis foveis aureis triplici serie.

DEJ. *Spec.* II. p. 108. n° 58.

FABR. *Syst. El.* I. p. 176. n° 38.

OLIV. III. 35. p. 35. n° 33. T. 5. fig. 59 et T. 11. fig. 59. b.

SCH. *Syn. Ins.* I. p. 176. n° 46.
GYLLENHAL. II. p. 67. n° 13.
STURM. III. p. 102. n° 42.
DEJ. *Cat.* p. 6.

Long. 11, 13 lignes. Larg. $4\frac{1}{2}$, $5\frac{1}{2}$ lignes.

Un peu plus large et beaucoup plus grand que le *Granulatus*, auquel il ressemble un peu par la forme, et d'une couleur bronzée obscure, quelquefois un peu verdâtre.

Tête légèrement ponctuée.

Corselet moins long que large, assez plane, presque carré, très-légèrement ponctué au milieu, plus fortement sur les bords, avec les bords latéraux déprimés, rebordés et un peu relevés vers les angles postérieurs, qui sont coupés presque carrément.

Élytres un peu plus larges que le corselet, en ovale très-allongé, ayant trois lignes longitudinales élevées, dont celle près de la suture très-peu marquée, et entre ces lignes une rangée de très-gros points enfoncés, dont le fond est d'une couleur dorée un peu cuivreuse, et qui sont séparés par un point oblong élevé plus ou moins marqué.

Dessous du corps et pattes noirs.

Ce bel insecte se trouve en Suède, en Sibérie, en Hongrie, en Italie et quelquefois dans le midi de la France, particulièrement aux environs de Montpellier. Les individus que l'on trouve en Italie et dans le midi de la France sont plus grands, et ils ont souvent des ailes sous les élytres; ceux de la Suède et de la Sibérie sont plus petits et aptères.

CARABUS.

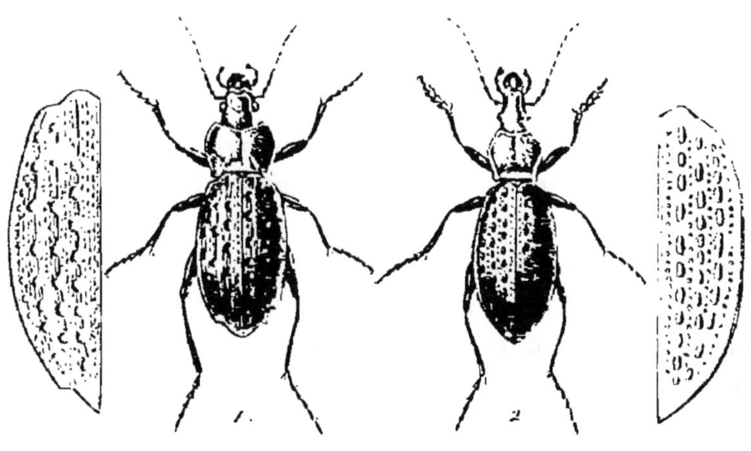

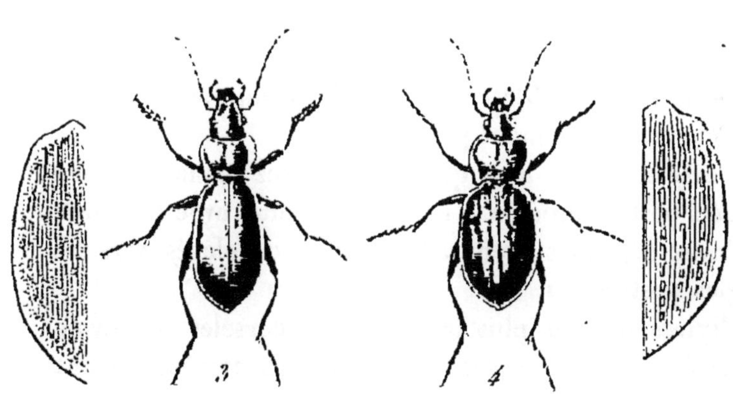

1. C. Nodulosus.
2. C. Smaragdinus.
3. C. Panzeri.
4. C. Montivagus.

P. Dumenil Pinxit et Direxit.

72. C. Nodulosus.

Pl. 52. fig. 1.

Oblongo-ovatus, niger; elytris rugosis, lineis tribus elevatis interruptis, foveisque quadruplici serie.

Dej. *Spec.* ii. p. 110. n° 59.
Fabr. *Syst. El.* i. p. 171. n° 14.
Sch. *Syn. Ins.* i. p. 170. n° 15.
Duftschmid. ii. p. 29. n° 18.
Sturm. iii. p. 104. n° 43.
Dej. *Cat.* p. 6.
C. Variolosus. Fabr. *Ent. Sys.* i. p. 145. n° 94.
Fischer. *Entomographie de la Russie.* i. p. 97. n° 18. t. 8. fig. 18.

Long. 11, 13 lignes. Larg. 4 $\frac{1}{4}$, 5 $\frac{1}{4}$ lignes.

De la taille du *Clathratus*, et d'un noir peu brillant.

Tête assez fortement ponctuée.

Corselet moins long que large, assez plane, un peu rétréci postérieurement, un peu en cœur, avec les bords latéraux déprimés, rebordés et un peu relevés vers les angles postérieurs.

Élytres un peu plus larges que le corselet, en ovale allongé, assez convexes, fortement chagrinées, ayant chacune trois lignes de points enfoncés séparés par des points oblongs élevés, peu distincts, qui semblent former trois lignes élevées interrompues; bord extérieur sinué vers l'extrémité; dessous du corps et pattes d'un noir plus brillant que le dessus.

Il se trouve en Allemagne, particulièrement en Silésie et en Bavière; on le trouve aussi sur les bords du Rhin, aux environs de Coblentz, et dans la Russie méridionale.

SEPTIÈME DIVISION.

73. C. Smaragdinus.

Pl. 52. fig. 2.

Elongato-ovatus; capite thoraceque cupreo-æneis; elytris convexis, viridibus, punctis inæqualibus nigris elevatis seriatim dispositis.

Fischer. *Entomographie de la Russie.* II. p. 103. n° 28. t. 35. fig. 5.

Dej. *Spec.* II. *Suppl.* p. 487. n° 128.

Long. 12, 13 lignes. Larg. 4 ½, 5 lignes.

Tête petite, très-allongée, d'un vert-bronzé cuivreux et brillant, assez fortement ponctuée.

Corselet d'un vert-cuivreux brillant, un peu moins long que large, légèrement arrondi antérieurement, un peu rétréci postérieurement, presque en cœur, avec les bords latéraux rebordés et un peu relevés.

Élytres très-grandes, en ovale allongé, très-convexes, le double plus larges que le corselet dans leur milieu, d'une belle couleur verte, assez fortement granulées,

CARABUS.

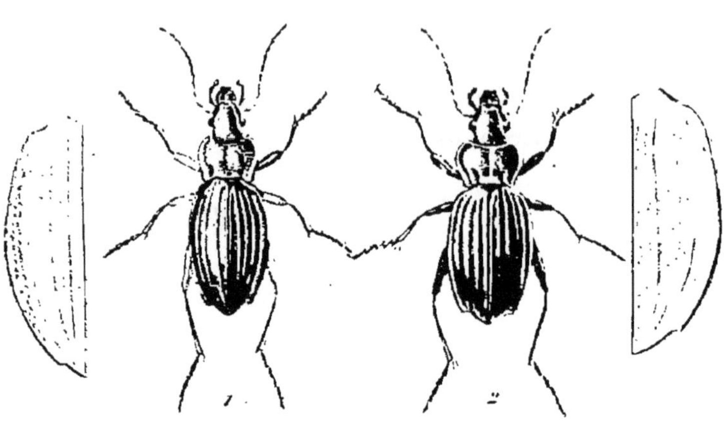

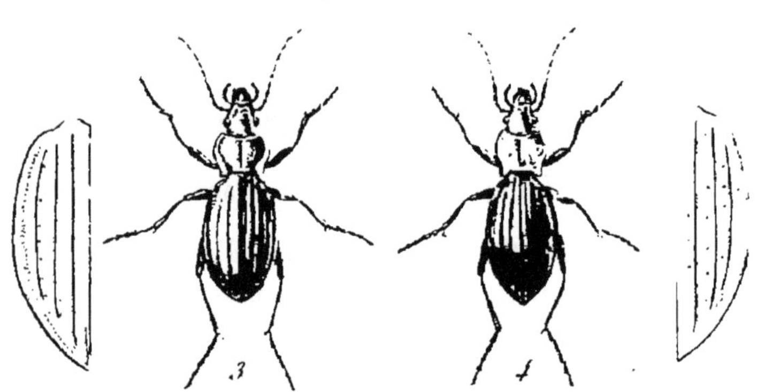

1. C. Auratus.
2. C. Lotharingus.
3. C. Punctatoauratus.
4. C. Farnesi.

P. Dumenil Pinxit et Pincxit.

presque rugueuses, et ayant chacune sept rangées longitudinales de points noirs, élevés, irréguliers, très-lisses, dont ceux qui forment les première, troisième, cinquième et septième ordinairement plus petits et plus arrondis que ceux des autres rangées.

Pattes noires.

Ce superbe *Carabus* se trouve en Daourie, dans la Sibérie orientale.

HUITIÈME DIVISION.

74. C. Auratus.

Pl. 53. fig. 1.

Ovatus, supra viridis; elytris costis tribus elevatis obtusis, interstitiis sublævibus; antennarum basi pedibusque plerumque rufis.

Dej. *Spec.* II. p. 111. n° 60.
Fabr. *Syst. El.* I. p. 175. n° 30.
Oliv. III. 35. p. 32. n° 30. t. 5. fig. 51. a. b. c.
Sch. *Syn. Ins.* I. p. 174. n° 37.
Gyllenhal. II. p. 68. n° 14.
Duftschmid. II. p. 37. n° 27.
Sturm. III. p. 33. n° 4. t. 55.
Dej. *Cat.* p. 6.
Le Bupreste doré et sillonné à larges bandes. Geoff. I. p. 142. n° 2. t. 2. fig. 5.
Var. A. *C. Honnoratii.* Banon.

Long. 9, 12 lignes. Larg. 3 ½, 5 lignes.

D'une couleur verte et plus ou moins dorée.

Tête légèrement ponctuée, avec la lèvre supérieure, les mandibules et les palpes rougeâtres.

Corselet moins long que large, très-légèrement en cœur, très-finement ponctué, assez échancré antérieurement, avec les bords latéraux très-légèrement déprimés et un peu rebordés.

Élytres plus larges que le corselet, en ovale peu allongé, assez convexes, avec la suture un peu relevée, ayant chacune trois côtes longitudinales très-obtuses, peu saillantes, de la couleur des élytres et assez lisses, les intervalles couverts de très-petits points élevés qui les font paraître un peu granulés; bord extérieur sinué vers l'extrémité, mais plus dans la femelle que dans le mâle.

Dessous du corps noir; cuisses et jambes d'un rouge ferrugineux, avec les tarses d'un brun noirâtre.

Il est très-commun dans toute la France, dans les champs et les jardins; il est très-rare en Allemagne et en Suède. On le trouve aussi quelquefois en Italie, dans les montagnes.

On trouve dans le midi de la France, et quelquefois même aux environs de Paris, une variété dans laquelle les parties de la bouche, les quatre premiers articles des antennes, les cuisses et les jambes sont d'un brun noirâtre.

Le *C. Honnoratii* de Banon, ou variété A, est ordinairement d'une couleur plus obscure, quelquefois même d'un brun noirâtre; il est un peu plus court; le corselet est un peu plus large antérieurement, ce qui le fait paraître un peu plus en cœur; les élytres sont un peu plus courtes et leurs côtes un peu moins élevées. Cet insecte, qui habite les montagnes du département des Basses-Alpes, paraîtrait devoir former une espèce particulière; mais, comme on ne le trouve qu'à une très-grande élévation, et qu'un peu plus bas on rencontre des individus intermédiaires entre lui et l'*Auratus* ordinaire, on ne peut le considérer que comme une simple variété de localité.

75. C. Lotharingus.

Pl. 53. fig. 2.

Ovatus, supra viridis; elytris costis tribus elevatis obtusis subæneis, interstitiis sublævibus; antennarum basi tibiisque rufis; femoribus tarsisque piceis.

Dej. *Spec.* II. *Suppl.* p. 488. n° 129.

Long. 10 lignes. Larg. 4 lignes.

Un peu moins allongé que l'*Auratus*, auquel il ressemble beaucoup.

Corselet plus court, plus large antérieurement, plus rétréci postérieurement, plus lisse, avec les bords latéraux un peu plus relevés.

Élytres un peu plus courtes, plus larges, moins rétrécies antérieurement, un peu plus arrondies à l'extrémité, avec les trois côtes élevées et la suture, très-légèrement bronzées et un peu cuivreuses.

Cuisses et tarses d'un brun noirâtre, avec les jambes d'une couleur ferrugineuse.

Il se trouve assez communément aux environs de Montpellier, et c'est par erreur que l'on avait cru qu'il habitait la Lorraine, ainsi que l'indique son nom.

76. C. Punctato-auratus.

Pl. 53. fig. 3.

Oblongo-ovatus, supra viridi-æneus; elytris lineis tribus parum elevatis, interstitiis subpunctatis, punctisque minutissimis obsoletis impressis triplici serie; antennis femoribusque nigris; tibiis piceis.

Dej. *Spec.* II. p. 113. n° 61.
Germar. *Coleopt. sp. nov.* p. 4. n° 7.

Long. 9, 10 ½ lignes. Larg. 3 ½, 4 ¼ lignes.

Un peu plus petit, moins convexe que l'*Auratus*, et d'une couleur bronzée plus ou moins verte.

Tête légèrement ponctuée et ridée.

Corselet moins long que large, un peu en cœur, peu convexe, légèrement ponctué et ridé, avec les bords latéraux un peu déprimés et légèrement rebordés.

Élytres plus larges que le corselet, en ovale allongé, peu convexes, avec la suture noirâtre, un peu relevée, ayant chacune trois lignes longitudinales élevées, noirâtres, peu saillantes; les intervalles très-légèrement ponctués, ayant chacun une rangée de petits points enfoncés assez éloignés les uns des autres et plus ou moins marqués, placés près de chaque ligne du côté de la suture; bord extérieur non sinué dans aucun des deux sexes.

Dessous du corps et cuisses d'un noir un peu brun, avec les jambes d'un brun-clair un peu rougeâtre.

Découvert par M. Dejean, sous les pierres, dans les Pyrénées orientales.

77. C. Farinesi.

Pl. 53. fig. 4.

Oblongo-ovatus; thorace subcordato, viridi-aureo; elytris ovatis, viridibus, lineis tribus elevatis obsoletis rubro-cupreis, interstitiis sublævigatis; antennarum articulo primo pedibusque piceis; tibiis rufis.

Dej. *Spec.* II. p. 115. n° 62.

Long. 10 lignes. Larg. 3 ¾ lignes.

De la taille du *Festivus*, auquel il ressemble beaucoup. Corselet d'une couleur moins cuivreuse, moins brillante, un peu plus lisse, plus rétréci postérieurement, avec les bords latéraux un peu plus relevés vers les angles postérieurs.

Élytres d'un vert un peu doré, se rapprochant un peu, pour la couleur, de celles du *Splendens*, un peu moins déprimées, sans être aussi convexes que celles de l'*Auronitens*. Les trois lignes longitudinales élevées, très-peu marquées, d'un rouge cuivreux, ainsi que la suture; les intervalles paraissant lisses à la vue simple; quelques petits points enfoncés très-peu marqués le long des lignes élevées, comme dans le *Punctato-auratus*.

Dessous du corps noir, avec les cuisses et les tarses d'un brun noirâtre et les jambes d'un rouge ferrugineux.

Décrit et figuré sur un individu trouvé par M. Farines dans les Pyrénées-Orientales.

78. C. Festivus.

Pl. 54. fig. 1.

Oblongo-ovatus; thorace subcordato, rubro-cupreo; elytris ovatis, subdepressis, viridibus, lineis tribus elevatis obsoletis nigricantibus, interstitiis subpunctatis; antennarum articulo primo femoribusque rufis.

Dej. *Spec.* II. p. 115. n° 63.

Long. 9 $\frac{1}{2}$, 10 $\frac{1}{2}$ lignes. Larg. 3 $\frac{1}{2}$, 4 lignes.

Plus petit que l'*Escherii*, auquel il ressemble.

Corselet d'une couleur un peu plus brillante et plus cuivreuse, moins rétréci postérieurement.

Élytres d'une belle couleur verte, comme celle de l'*Escherii*, mais moins allongées, plus ovales, moins rétrécies antérieurement, ayant à peu près la forme de celles du *Punctato-auratus*, ayant de même trois lignes longitudinales noirâtres élevées, très-peu saillantes, beaucoup moins marquées que celles de l'*Escherii*; les intervalles très-légèrement ponctués, sans points enfoncés le long des lignes élevées.

Dessous du corps noir; cuisses d'un rouge ferrugineux, avec les jambes et les tarses d'un brun noirâtre.

Il se trouve assez communément dans les montagnes du département du Tarn, principalement aux environs de Sorèze.

CARABUS.

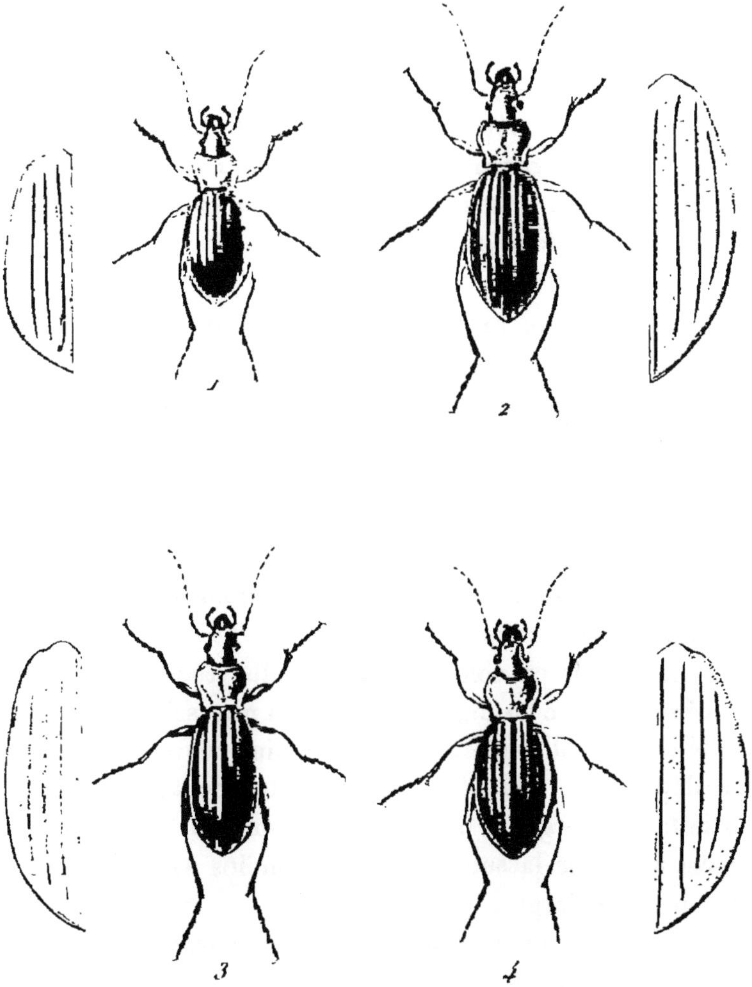

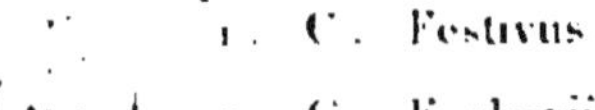

1. C. Festivus.
2. C. Escherii.
3. C. Lineatus.
4. C. Auronitens.

F. Duménil Pinxit et Direxit

79. C. Escherii.

Pl. 54. fig. 2.

Elongato-ovatus; thorace cordato, viridi-aureo; clytris oblongis, subdepressis, viridibus, lineis tribus parum elevatis nigris, interstitiis subrugosis; antennarum articulo primo pedibusque rufis.

Dej. *Spec.* II. p. 116. n° 64.

Dahl. *Coleoptera und Lepidoptera.* p. 3.

Palliardi. *Beschreibung zweyer decaden neuer und wenig bekannter Carabicinen.* p. 9. T. 1. fig. 4.

Long. 10 ½, 12 ½ lignes. Larg. 3 ¾, 4 ¾ lignes.

Plus allongé et moins convexe que l'*Auronitens*, auquel il ressemble beaucoup.

Corselet plus en cœur, beaucoup plus rétréci postérieurement, avec les angles postérieurs plus saillans.

Élytres plus allongées, beaucoup moins convexes et un peu déprimées, plus étroites antérieurement, avec la partie la plus large un peu au delà du milieu; les lignes élevées ainsi que la suture beaucoup moins saillantes et un peu moins larges.

Jambes un peu plus brunes que dans l'*Auronitens*.

Il se trouve dans le Bannat, en Hongrie.

80. C. Lineatus.

Pl. 54. fig. 3.

Elongato-ovatus; thorace subelongato, viridi-aureo; elytris elongatis, subdepressis, viridibus, lineis tribus parum elevatis nigris, interstitiis subrugosis; antennis pedibusque nigris.

Dej. *Spec.* II. p. 117. n° 65.
Dej. *Cat.* p. 6.

Long. 10 $\frac{1}{2}$, 12 lignes. Larg. 3 $\frac{3}{4}$, 4 $\frac{1}{2}$ lignes.

Plus allongé et plus étroit que l'*Escherii*, auquel il ressemble beaucoup.

Tête un peu plus petite.

Corselet moins allongé, moins large antérieurement, avec les bords latéraux plus relevés.

Élytres plus étroites, plus parallèles, avec les lignes élevées et la suture pas plus saillantes, mais un peu plus larges et quelquefois interrompues, surtout vers l'extrémité.

Dessous du corps et pattes noirs.

Découvert par M. Dejean dans les Asturies.

81. C. Auronitens.

Pl. 54. fig. 4.

Oblongo-ovatus; thorace subcordato, viridi-aureo; elytris ovatis, convexis, viridibus, costis tribus prominentibus nigris, interstitiis subrugosis; antennarum articulo primo pedibusque rufis.

DEJ. *Spec.* II. p. 118. n° 66.
FABR. *Syst. El.* I. p. 175. n° 32.
SCH. *Syn. Ins.* I. p. 174. n° 39.
GYLLENHAL. II. p. 69. n° 15.
DUFTSCHMID. II. p. 37. n° 28.
STURM. III. p. 35. n° 5.
DEJ. *Cat.* p. 6.
C. Auratus. var. OLIV. III. 35. p. 32. n° 3. T. 11. fig. 31. d.

Long. 10, 12 lignes. Larg. 3 $\frac{3}{4}$, 4 $\frac{3}{4}$ lignes.

Un peu plus étroit que l'*Auratus* et d'une belle couleur verte-dorée très-brillante, surtout sur le corselet.

Tête légèrement ponctuée et ridée.

Corselet moins long que large, plus en cœur que celui de l'*Auratus*, légèrement ponctué et ridé, avec les bords latéraux un peu déprimés et rebordés, et les angles postérieurs plus prolongés que dans l'*Auratus*.

Élytres plus larges que le corselet, en ovale allongé, assez convexes, avec la suture lisse, noire et relevée, ayant chacune trois côtes élevées noires, lisses et très-saillantes; les intervalles couverts de lignes enfoncées irrégulières, qui les font paraître légèrement chagrinés; le bord extérieur non sensiblement sinué dans aucun des deux sexes.

Dessous du corps noir, avec les cuisses d'un rouge ferrugineux, les jambes d'un brun rougeâtre, et les tarses d'un brun noirâtre.

Il se trouve en Allemagne dans les bois et les montagnes, et dans les parties orientales et septentrionales de la France.

82. C. SOLIERI.

Pl. 55. fig. 1.

Elongato-ovatus, supra viridis; thoracis elytrorumque margine cupreo; thorace subangustato; elytris elongato-ovatis, subconvexis, lineis tribus parum elevatis nigris, interstitiis subrugosis; antennis pedibusque nigris.

DEJ. *Spec.* II. p. 119. n° 67.

Long. 11 $\frac{1}{2}$ lignes. Larg. 4 $\frac{1}{2}$ lignes.

A peu près de la taille de l'*Auronitens* et d'une belle couleur verte dorée, avec les bords latéraux d'un beau rouge-cuivreux un peu violet.

Tête presque lisse, assez allongée.

Corselet plus étroit que celui des espèces précédentes, surtout antérieurement, à peu près aussi long que large, plus lisse, avec les bords latéraux un peu déprimés et rebordés, et les angles postérieurs assez aigus.

Élytres en ovale allongé, assez étroites antérieurement, ayant la partie la plus large un peu au-delà du milieu, comme dans l'*Escherii*, mais plus convexes que celles de cette espèce; les lignes noires élevées, et la suture assez large, mais plus saillante, avec les intervalles assez fortement chagrinés.

Dessous du corps et pattes noirs.

Ce très-beau *Carabus* se trouve dans les bois des montagnes du département des Basses-Alpes.

CARABUS.

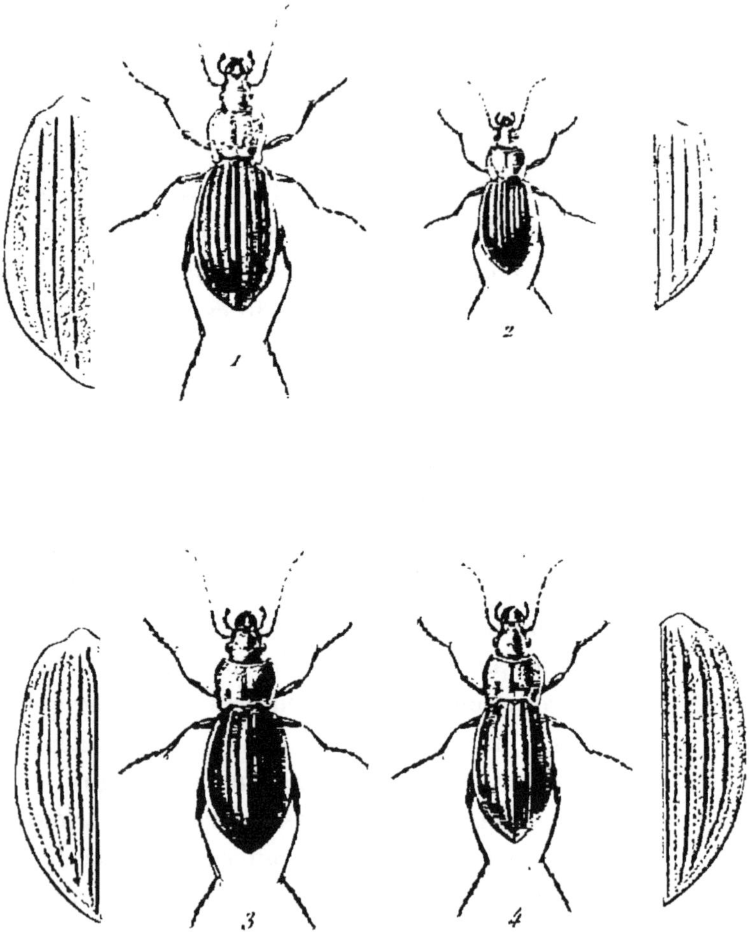

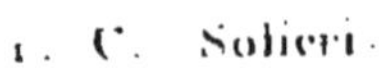

1. C. Solieri.
2. C. Nitens.
3. C. Canaliculatus.
4. C. Melancholicus.

P. Dumenil Pinxit et Direxit

83. C. Nitens.

Pl. 55. fig. 2.

Ovatus, supra aureo-cupreus; elytris viridibus, aureo marginatis, costis tribus elevatis nigris, interstitiis transversim rugoso-reticulatis; antennis pedibusque nigris.

Dej. *Spec.* II. p. 121. n° 68.
Fabr. *Syst. El.* I. p. 177. n° 40.
Oliv. III. 35. p. 38. n° 38. t. 2. fig. 18.
Sch. *Syn. Ins.* I. p. 176. n° 48.
Gyllenhal. II. p. 70. n° 16.
Sturm. III. p. 37. n° 6.
Dej. *Cat.* p. 6.

Long. 7, 8 lignes. Larg. 3, 3 $\frac{1}{2}$ lignes.

Beaucoup plus petit que l'*Auronitens*, auquel il ressemble un peu.

Tête d'un vert un peu doré, assez fortement ponctuée.

Corselet d'une couleur dorée cuivreuse, plus brillante que celle de la tête, moins long que large, presque carré, arrondi sur les côtés, un peu convexe, assez fortement ponctué et ridé, avec les bords latéraux déprimés, un peu rebordés et très-légèrement relevés vers les angles postérieurs.

Élytres plus larges que le corselet, en ovale allongé, assez convexes, d'une belle couleur verte, avec le bord extérieur d'un rouge-doré un peu cuivreux et la suture noire, relevée et lisse, ayant chacune trois côtes élevées, noires, lisses et très-saillantes, quelquefois interrompues vers l'extrémité; les intervalles couverts de lignes transverses irrégulières, qui les font paraître chagrinés.

Il habite les lieux sablonneux de la Suède et de l'Allemagne; il a été trouvé aussi quelquefois dans les dunes du nord de la France. B. D.

84. C. Canaliculatus.

Pl. 55. fig. 3.

Ovatus, supra obscuro-niger; thorace quadrato; elytris costis tribus elevatis, interstitiis subrugosis.

Adams. *Mémoires de la Société imp. des Naturalistes de Moscou.* v. p. 168. n° 2. t. 12. fig. 1.

Fischer. *Entomographie de la Russie.* iii. p. 497. n° 57. t. 6. fig. 2.

Long. 10, 12 lignes. Larg. 4, 5 lignes.

A peu près de la grandeur de l'*Auratus*, un peu plus court et entièrement en dessus d'un noir obscur.

Corselet presque carré, avec quelques points enfoncés et quelques lignes ondulées qui se confondent avec les points.

Élytres plus obscures que le corselet, quelquefois même d'un brun noirâtre, en ovale peu allongé, très-légèrement rugueuses et ayant trois côtes élevées assez saillantes et assez tranchantes qui se réunissent avant l'extrémité;

souvent ces côtes, surtout l'extérieure, sont interrompues en plusieurs endroits.

Il se trouve en Daourie, dans la Sibérie orientale.

C. D.

85. C. Melancholicus.

Pl. 55. fig. 4.

Oblongo-ovatus, supra obscuro-æneus; elytris costis tribus elevatis, interstitiis punctis minutissimis elevatis.

Dej. *Spec.* II. p. 122. n° 69.
Fabr. *Syst. El.* I. p. 177. n° 39.
Sch. *Syn. Ins.* I. p. 176. n° 47.
C. Costatus. Hoffmansegg.
Germar. *Coleopt. Sp. Nov.* p. 3. n° 6.
Dej. *Cat.* p. 6.

Long. 10, 11 ½ lignes. Larg. 3 ¾, 4 ½ lignes.

Un peu plus grand que le *Cancellatus*, et d'une couleur bronzée-obscure un peu cuivreuse.

Tête légèrement ponctuée et ridée.

Corselet un peu moins long que large, presque carré, très-légèrement arrondi sur les côtés, légèrement ponctué au milieu, un peu plus fortement sur les bords, avec les bords latéraux un peu déprimés, rebordés et très-légèrement relevés, et les angles postérieurs assez aigus.

Élytres un peu plus larges que le corselet, en ovale allongé, avec la suture un peu relevée, ayant chacune trois côtes relevées assez tranchantes; les intervalles couverts de très-petits points élevés, parmi lesquels il y en a d'un peu plus gros qui forment trois lignes longitudinales, dont celle du milieu un peu plus marquée.

Dessous du corps et pattes noirs.

Il se trouve en Espagne, en Portugal et quelquefois aux environs de Perpignan.

86. C. Exaratus. *Stéven.*

Pl. 56. fig. 1.

Oblongo-ovatus, supra nigro-violaceus; thorace rugoso; elytris sulcatis, sulcis rugosis.

Dej. *Spec.* II. p. 123. n° 70.

Sch. *Syn. Ins.* I. p. 173. n° 36. T. 3. fig. 3. a. 3. b.

Adams. *Mémoires de la Société imp. des Naturalistes de Moscou.* V. p. 300. n° 19.

Fischer. *Entomographie de la Russie.* I. p. 94. n° 17. T. 8. fig. 17.

Dej. *Cat.* p. 6.

Long. 13 lignes. Larg. 5 lignes.

A peu près de la taille du *Purpurascens*, et d'un noir plus ou moins violet.

Tête légèrement ponctuée.

Corselet un peu moins long que large, presque en cœur, très-fortement ponctué, comme chagriné, avec les bords latéraux rebordés et un peu relevés, et les angles postérieurs un peu prolongés.

Élytres plus larges que le corselet, en ovale allongé,

CARABUS.

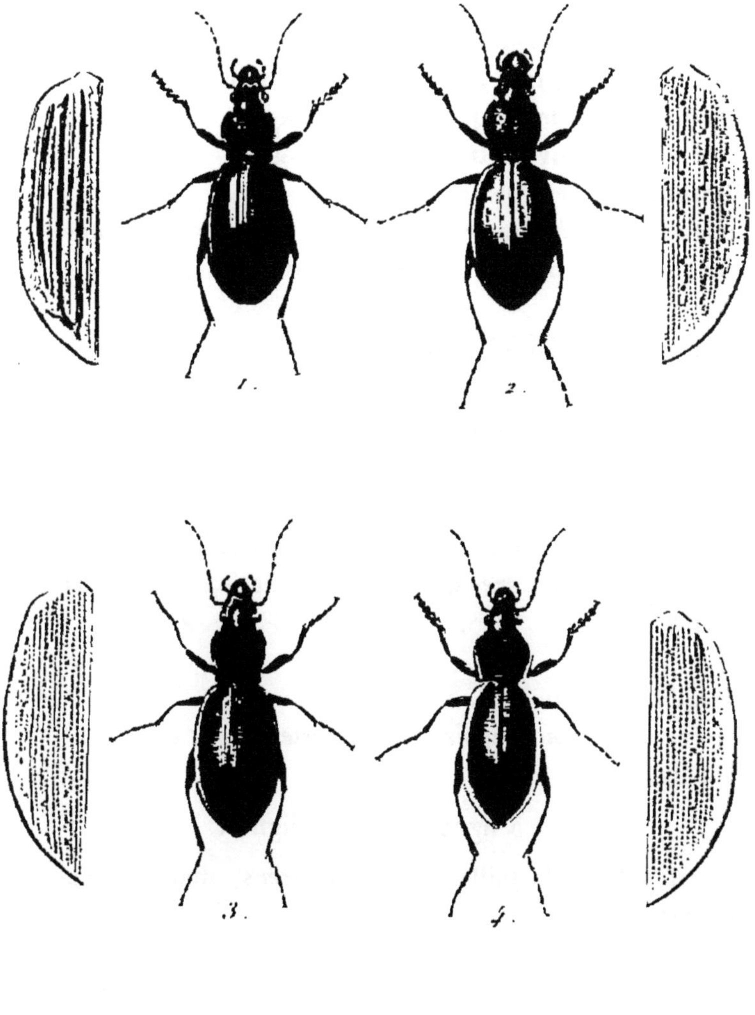

1.

2.

3.

4.

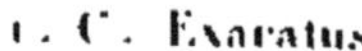

1. C. Exaratus

2. C. Dejeanii.

3. C. Purpurascens.

4. C. Imperialis

P Dumeril Pinxit et Direxit

assez convexes, avec la suture relevée et saillante, ayant chacune trois lignes élevées lisses et entières; les intervalles couverts de rides transverses irrégulières, qui les font paraître chagrinés, ayant chacun, dans leur milieu, une petite ligne élevée quelquefois presque aussi saillante que les côtes, souvent très-peu marquée.

Dessous du corps et pattes noirs.

Suivant MM. Adams et Fischer, il se trouve communément dans les parties septentrionales du Caucase.

NEUVIÈME DIVISION.

87. C. Dejeanii. *Stéven.*

Pl. 56. fig. 2.

Oblongo-ovatus, niger; thorace punctato-rugoso, cyaneo; elytris violaceis, crenato-striatis, punctisque impressis triplici serie.

Dej. *Spec.* II. p. 125. n° 71.

Fischer. *Entomographie de la Russie.* II. p. 61. n° 1. T. 30. fig. 1.

Long. 13 lignes. Larg. 5 lignes.

A peu près de la taille du *Purpurascens*, mais un peu plus large.

Tête noire, légèrement ponctuée.

Corselet d'un bleu violet, surtout sur les bords, plus large que la tête, un peu moins long que large, légèrement en cœur, fortement ponctué, comme chagriné, avec les bords latéraux rebordés et un peu relevés vers les angles postérieurs.

Élytres d'une belle couleur violette, un peu plus larges que celles du *Purpurascens*, striées de la même manière, mais un peu plus fortement, avec les trois rangées de points enfoncés beaucoup plus distinctes.

Dessous du corps et pattes d'un noir luisant.

Il se trouve en Crimée.

88. C. Purpurascens.

Pl. 56. fig. 3.

Oblongus, niger; thoracis elytrorumque margine violaceo vel viridi; elytris crenato-striatis, punctisque obsoletis impressis triplici serie.

Dej. *Spec.* II. p. 126. n° 72.
Fabr. *Syst. El.* I. p. 170. n° 8.
Oliv. III. 35. p. 20. n° 12. t. 4. fig. 40. t. 5. fig. 48.
Sch. *Syn. Ins.* I. p. 169. n° 7.
Duftschmid. II. p. 22. n° 6.
Sturm. III. p. 72. n° 24.
Dej. *Cat.* p. 5.
Le Bupreste azuré. var. a. Geoff. I. p. 144. n° 4.
Var. *C. Crenatus?* Sturm. III. p. 75. n° 26. t. 60. fig. a. A.

Long. 11, 14 lignes. Larg. 3 ½, 5 lignes.

D'une forme assez allongée.
Tête très-légèrement ponctuée et ridée.

Corselet d'un noir un peu bleuâtre, avec les bords latéraux violets, presque aussi long que large, très-légèrement en cœur, légèrement ponctué, un peu échancré antérieurement, un peu sinué postérieurement, avec les bords latéraux un peu déprimés et relevés vers les angles postérieurs, qui sont un peu prolongés en arrière.

Élytres d'un noir un peu bleuâtre, avec les bords latéraux d'un beau violet, plus larges que le corselet, en ovale allongé, assez convexes, couvertes de stries serrées, fortement ponctuées et comme crénelées; les intervalles minces et assez relevés; trois rangées de points enfoncés, peu marqués sur les troisième, septième et onzième intervalles.

Dessous du corps et pattes d'un noir luisant.

On le trouve dans les bois, les champs et courant dans les chemins, dans presque toute la France; il est commun aux environs de Paris et fort rare en Allemagne. Les individus que l'on trouve dans le midi de la France sont un peu plus grands, et les bords latéraux du corselet et des élytres sont d'un vert-doré qui se change quelquefois en bleu verdâtre. B. D.

89. C. Imperialis. *Gebler.*

Pl. 56. fig. 4.

Oblongo-ovatus; thorace violaceo, punctato, subrugoso; elytris nigro-violaceis, crenato-striatis, margine aureo.

Fischer. *Entomographie de la Russie.* II. p. 67. nº 4. T. 46. fig. 5.

Long. 11 $\frac{1}{2}$ lignes. Larg. 4 $\frac{3}{4}$ lignes.

Moins allongé que le *Purpurascens*.

Corselet d'un bleu violet, avec les bords plus clairs, plus court, un peu plus large, un peu rétréci postérieurement, assez plane, couvert de points enfoncés assez marqués et de rides ondulées qui se confondent avec les points.

Élytres d'un noir-violet un peu bleuâtre avec une bordure assez large, d'une belle couleur dorée très-brillante, en ovale moins allongé que celles du *Purpurascens*; stries crénelées comme dans cette espèce, mais un peu plus serrées et moins saillantes; pas de rangées de points enfoncés apparentes.

Il se trouve en Sibérie, mais il y est très-rare.

C. D.

90. C. Schœnherri.

Pl. 57. fig. 1.

Oblongo-ovatus, niger; thorace violaceo; elytris subtiliter crenato-striatis, rufis, margine suturaque violaceis.

Dej. *Spec.* II. p. 127. n° 73.

Fischer. *Entomographie de la Russie.* I. p. 27. n° 8. T. 4. fig. 8. a. b.

Long. 12, 14 lignes. Larg. 4 $\frac{1}{2}$, 5 $\frac{1}{2}$ lignes.

Un peu plus convexe et un peu moins allongé que le *Purpurascens*.

Tête noire, grosse, nullement rétrécie derrière les yeux, légèrement ponctuée et ridée.

CARABUS.

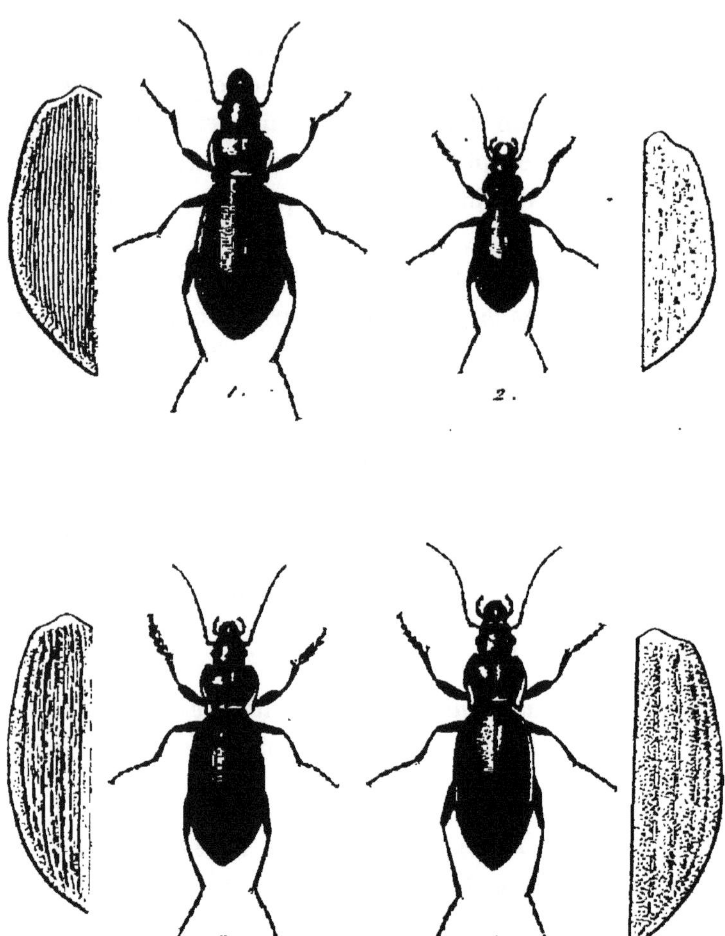

1. C. Schonherri.
2. C. Stæhlini.
3. C. Exasperatus.
4. C. Azurescens.

P. Dumenil Pinxit et Direxit

Corselet d'un beau bleu violet, moins long que large, très-court, un peu en cœur, assez fortement ponctué et ridé, assez fortement échancré antérieurement, avec les bords latéraux légèrement rebordés et les angles postérieurs un peu prolongés en arrière, mais non relevés.

Élytres d'une couleur rousse, avec un léger reflet violet, les bords latéraux d'un bleu violet et la suture d'une couleur noirâtre un peu violette, plus larges que le corselet, en ovale allongé, assez convexes, couvertes de stries crénelées, très-serrées, peu distinctes vers les bords extérieurs, et séparées par des intervalles très-minces.

Dessous du corps et pattes noirs.

Il se trouve en Sibérie, près de Barnaoul.

91. C. STÆHLINI.

Pl. 57. fig. 2.

Elongato-ovatus, supra nigro-subvirescens; elytris subtilissime striatis, interstitiis crenulatis, punctisque obsoletis impressis triplici serie.

DEJ. *Spec.* II. p. 128. n° 74.

ADAMS. *Mémoires de la Soc. imp. des Naturalistes de Moscou.* V. p. 286. n° 9.

DEJ. *Cat.* p. 7.

C. Strigosus. BOEBER.

Long. 8 $\frac{3}{4}$, 9 $\frac{1}{4}$ lignes. Larg. 3 $\frac{1}{4}$, 3 $\frac{1}{2}$ lignes.

Un peu plus grand que le *Convexus*, beaucoup plus

allongé et d'un noir un peu verdâtre en dessus, surtout sur les bords des élytres.

Tête très-finement ponctuée et ridée.

Corselet moins long que large, un peu arrondi sur les côtés, un peu rétréci postérieurement, légèrement ponctué et ridé, assez échancré antérieurement, avec les bords latéraux un peu déprimés, très-légèrement rebordés et les angles postérieurs très-peu prolongés en arrière.

Élytres un peu plus larges que le corselet, en ovale assez allongé, peu convexes, couvertes de stries très-serrées, dont les intervalles sont très-minces, crénelés et presque interrompus; trois lignes de points enfoncés très-peu marqués.

Dessous du corps et pattes noirs.

Il se trouve sous les pierres, dans les montagnes du Caucase, aux environs de Kaischaur.

DIXIÈME DIVISION.

92. C. Exaspiratus.

Pl. 57. fig. 3.

Oblongus, niger; thoracis elytrorumque margine violaceo; elytris opacis, granulatis, subscabriusculis, lineisque tribus obsoletis elevatis interruptis.

Dej. *Spec.* II. p. 129. n° 75.
Duftschmid. II. p. 22. n° 7.
Sturm. III. p. 88. n° 34. t. 63. fig. a. A.

Long. 11, 13 lignes. Larg. 4, 5 lignes.

Ressemble beaucoup au *Violaceus*, dont il n'est peut-être qu'une variété; mais un peu plus allongé, et se rapprochant par la forme du *Germarii*.

Dessus plus noir, avec les bords latéraux du corselet et des élytres d'un violet moins brillant.

Élytres avec les points plus marqués et plus irréguliers que dans le *Violaceus*, se réunissant souvent entre eux pour former une espèce de réseau, chaque élytre ayant en outre trois lignes longitudinales élevées, assez marquées dans quelques individus, très-peu apparentes dans d'autres, et interrompues par des points enfoncés très-peu marqués.

Il se trouve en Allemagne, en Suisse et dans les parties orientales de la France.

93. C. Azurescens. *Ziegler*.

Pl. 57. fig. 4.

Oblongo-ovatus, supra nigro-cyaneus; thoracis elytrorumque margine violaceo; elytris opacis, granulatis, subscabriusculis, punctis in striis quasi dispositis, punctisque obsoletis impressis triplici serie.

Dej. *Spec.* II. p. 130. n° 76.
Dej. *Cat.* p. 5.

Long. 11 ½, 12 ½ lignes. Larg. 4 ½, 5 lignes.

Ressemble beaucoup à l'*Exasperatus*, et n'est peut-être qu'une variété du *Violaceus*.

De la taille et à peu près de la même couleur que cette dernière espèce.

Élytres avec la ponctuation un peu plus forte, moins régulière, et presque disposée en lignes longitudinales, dont cinq ou six souvent assez distinctes, et sur chaque élytre trois lignes de petits points enfoncés comme dans le *Germarii*.

Diffère de cette espèce par la forme, un peu moins allongée, dont la ponctuation est plus forte, et encore plus visiblement disposée en lignes longitudinales.

Il se trouve en Croatie.

94. C. Germarii.

Pl. 58. fig. 1.

Oblongus, supra nigro-subcyaneus; thoracis elytrorumque margine violaceo; elytris subtiliter granulatis, punctis in striis quasi dispositis, punctisque obsoletis impressis triplici serie.

Dej. *Spec.* II. p. 131. n° 77.
Sturm. III. p. 96. n° 39. t. 64. fig. b. B.
Dej. *Cat.* p. 5.
Var. A. *C. Candisatus.* Duftschmid. II. p. 23. n° 8.
Sturm. III. p. 87. n° 33. t. 62. fig. b. B.
Fischer. *Entomographie de la Russie.* II. p. 97. n° 24. t. 45. fig. 7.

Long. 12 ½ lignes. Larg. 4 ½, 5 lignes.

Ressemble beaucoup aussi au *Violaceus*, dont il n'est

CARABUS.

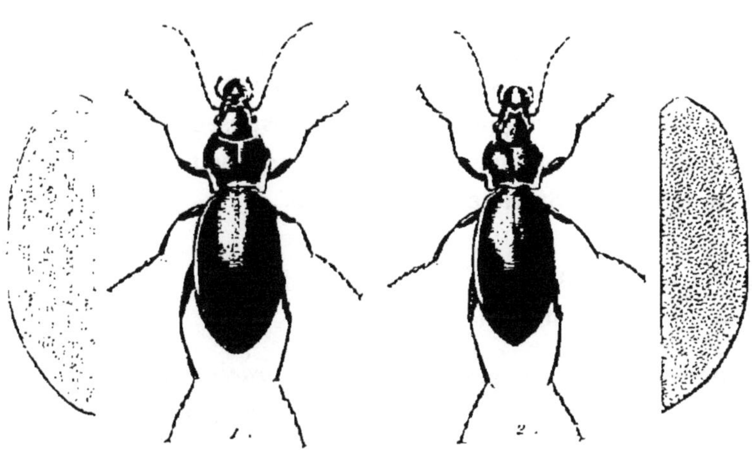

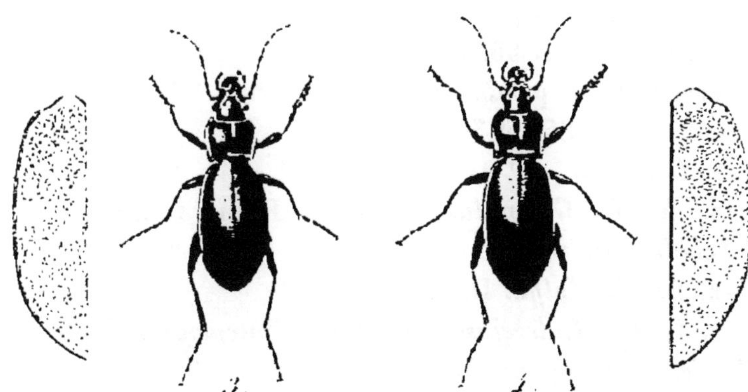

1. C. Germarii.
2. C. Violaceus.
3. C. Aurolimbatus
4. C. Neesii.

P. [illegible] Pinxit et Direxit

peut-être qu'une variété un peu plus grande, un peu plus allongée et d'une couleur un peu plus noire.

Corselet avec les angles postérieurs un peu plus saillans. Élytres un peu plus lisses, moins opaques, avec la ponctuation moins régulière, presque disposée en lignes longitudinales; trois lignes de points enfoncés peu marqués.

Il se trouve en Styrie et en Carinthie.

95. C. VIOLACEUS.

Pl. 58. fig. 2.

Oblongo-ovatus, supra nigro-cyaneus; thoracis elytrorumque margine violaceo; elytris opacis, subtiliter granulatis.

DEJ. *Spec.* II. p. 132. n° 78.
FABR. *Syst. El.* I. p. 170. n° 7.
OLIV. III. 35. p. 19. n° 10. T. 4. fig. 39.
SCH. *Syn. Ins.* I. p. 168. n° 6.
GYLLENHAL. II. p. 56. n° 4.
DUFTSCHMID. II. p. 23. n° 9.
STURM. III. p. 85. n° 32.
DEJ. *Cat.* p. 5.
VAR. A. *C. Glabrellus.* MEGERLE. DAHL. *Coleoptera und Lepidoptera.* p. 3.
VAR. B. *C. Volffii.* DAHL.
VAR. C. *C. Andrzejuscii.* FISCHER. *Entomographie de la Russie.* II. p. 99. n° 25. T. 45. fig. 8.

Long. 10 $\frac{1}{2}$, 12 $\frac{1}{2}$ lignes. Larg. 3 $\frac{3}{4}$, 4 $\frac{3}{4}$ lignes.

De la forme et de la taille du *Purpurascens*, mais un peu plus large et d'un noir plus ou moins bleuâtre, avec les bords latéraux d'un bleu-violet plus ou moins brillant, quelquefois un peu verdâtre et quelquefois un peu cuivreux.

Tête légèrement ponctuée et ridée.

Corselet moins long que large, presque carré, plus large que celui du *Purpurascens*, assez plane, légèrement ponctué, légèrement échancré antérieurement, avec les bords latéraux déprimés et relevés, surtout vers les angles postérieurs.

Élytres un peu opaques, en ovale allongé, un peu plus larges et un peu plus convexes que celles du *Purpurascens*, couvertes de très-petits points élevés, très-serrés, rangés sans ordre.

Dessous du corps et pattes noirs.

On le trouve en Suède et dans le nord de l'Allemagne, sous les mousses dans les bois, et sous les pierres dans les endroits habités.

Les individus que l'on trouve dans le midi de l'Allemagne et dans les parties orientales de la France présentent toujours quelques différences, et doivent se rapporter à l'*Exasperatus*, au *Germarii* ou aux variétés suivantes. Cet insecte varie beaucoup, et il est probable que les *C. Exasperatus*, *Azurescens* et *Germarii* n'en sont que de simples variétés; car, en examinant un grand nombre d'individus de différens pays, on trouve tous les passages des uns aux autres.

Le *C. Glabrellus* de Megerle, variété A, est un peu plus allongé, et les élytres sont un peu moins convexes; du reste il ne me paraît présenter aucune différence.

Il se trouve en Autriche.

Le *C. Volffii* de Dahl, variété B, est un peu plus

grand; les angles postérieurs du corselet sont un peu plus prolongés et plus aigus, mais moins cependant que dans le *Germarii;* les élytres sont un peu plus larges et un peu plus convexes, et leur ponctuation est un peu moins forte, ce qui les fait paraître plus lisses.

On le trouve en Hongrie.

Le *C. Andrzejuscii* de Fischer, variété C, est un peu plus allongé et plus étroit; sa couleur en dessus est plus brillante et plus violette; les élytres sont plus lisses, et elles ont trois rangées de très-petits points enfoncés comme dans le *Germarii.*

On le trouve en Volhynie et en Podolie. B. D.

96. C. Aurolimbatus. *Mannerheim.*

Pl. 58. fig. 3.

Oblongus, supra nigro subcyaneus; thorace margine violaceo; elytris opacis, granulatis, subreticulatis, margine aureo.

Long. 10 lignes. Larg. 3 $\frac{3}{4}$ lignes.

Très-voisin des espèces précédentes, dont il n'est peut-être qu'une variété; plus petit et plus allongé que le *Violaceus*, et d'un noir moins bleu et plus terne.

Corselet un peu plus arrondi sur les côtés, plus fortement ponctué; les bords latéraux d'un violet un peu pourpré; les angles postérieurs moins relevés et moins prolongés en arrière.

Élytres couvertes de points élevés qui se confondent ensemble, et qui les font paraître presque réticulées; bord extérieur d'un beau vert doré.

Décrit et figuré sur un individu mâle, qui m'a été envoyé par M. le comte de Mannerheim, comme venant des montagnes de l'Oural. C. D.

97. C. NEESII. *Sturm.*

Pl. 58. fig. 4.

Oblongo-ovatus, niger; elytris sublævibus, margine virescente.

DEJ. *Spec.* II. p. 134. n° 79.

DAHL. *Coleoptera und Lepidoptera.* p. 4.

HOPPE. *Nov. Act. Acad.* C. L. C. *Nat. Cur.* XII. p. 482. n° 5. T. 45. fig. 4.

C. Candisatus. DEJ. *Cat.* p. 5.

Long. 9 $\frac{1}{2}$, 10 $\frac{1}{2}$ lignes. Larg. 3 $\frac{3}{4}$, 4 $\frac{1}{4}$ lignes.

VAR. A. *C. Lævigatus.* DEJ. *Cat.* p. 5.

Long. 11 $\frac{1}{2}$, 12 $\frac{1}{2}$ lignes. Larg. 4 $\frac{1}{4}$, 4 $\frac{3}{4}$ lignes.

Ressemble beaucoup au *Violaceus*, mais ordinairement un peu plus petit et d'une couleur plus noire et plus luisante.

Corselet un peu plus petit, un peu rétréci vers sa base, avec les angles postérieurs moins relevés.

Élytres un peu plus rétrécies antérieurement, un peu plus convexes, plus lisses et granulées à peu près comme celles du *Glabratus*, avec le bord extérieur ordinairement d'un vert un peu bleuâtre; quelquefois trois rangées de très-petits points enfoncés sur chaque élytre.

Il se trouve dans les Alpes de la Carinthie et de la Styrie.

CARABUS.

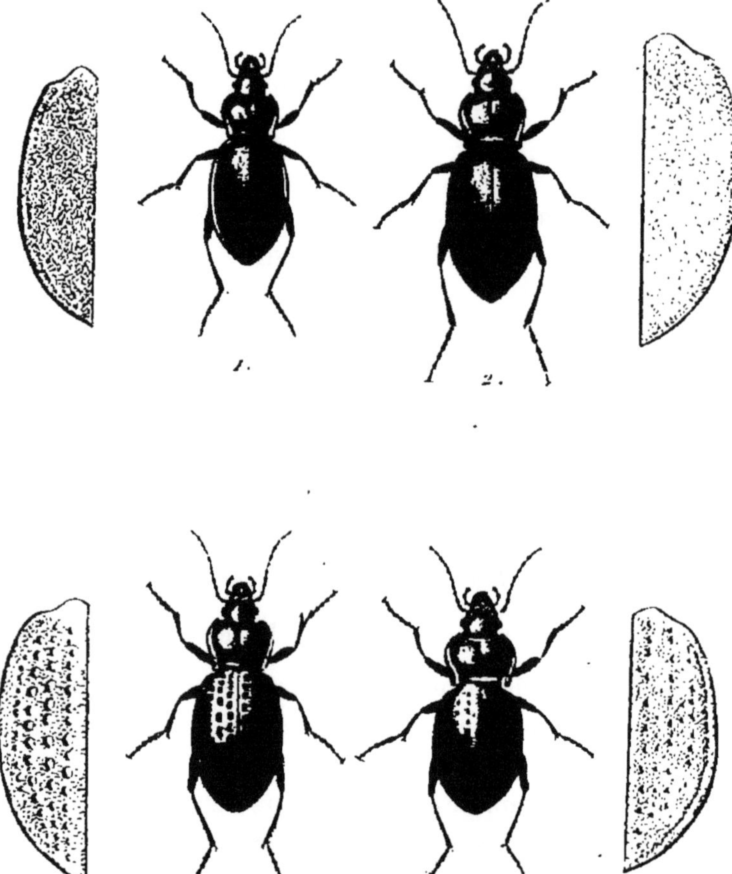

1. C. Marginalis.
2. C. Glabratus.
3. C. Cribratus.
4. C. Perforatus.

P. Dumenil Pinxit et Direxit.

98. C. Marginalis.

Pl. 59 fig. 1.

Oblongo-ovatus, supra nigro-violaceus; thoracis elytrorumque margine viridi-aureo; thorace postice coarctato; elytris subtiliter granulatis.

Dej. *Spec.* II. p. 135. n° 80.
Fabr. *Syst. El.* I. p. 169. n° 4.
C. Violaceus. var. *b.* Sch. *Syn. Ins.* I. p. 169. n° 6.
C. Chrysochlorus. Fischer. *Entomographie de la Russie.* I. p. 104. n° 27. T. 10. fig. 27.

Long. 9, 11 lignes. Larg. 3 $\frac{1}{2}$, 4 $\frac{1}{2}$ lignes.

De la taille du *Neesii*, mais un peu plus large et un peu moins convexe, et d'un noir plus ou moins violet, avec les bords latéraux d'un beau vert doré.

Tête assez fortement ponctuée et ridée.

Corselet moins long que large, presque plane, finement ponctué, légèrement échancré antérieurement, avec les bords latéraux un peu relevés, se rétrécissant presque subitement avant les angles postérieurs pour former un léger étranglement.

Élytres plus larges que le corselet, en ovale plus ou moins allongé, peu convexes, entièrement couvertes de petits points élevés un peu oblongs, disposés longitudinalement et plus marqués que dans le *Glabratus*.

Dessous du corps et pattes noirs.

Il se trouve en Sibérie, dans la Russie méridionale et quelquefois, mais très-rarement, dans la Prusse orientale.

99. C. Glabratus.

Pl. 59. fig. 2.

Ovatus, niger; thorace latiore; elytris convexis, sublævibus.

Dej. *Spec.* ii. p. 136. n° 81.
Fabr. *Syst. El.* i. p. 170. n° 6.
Oliv. iii. 35. p. 32. n° 29. t. 10. fig. 112.
Sch. *Syn. Ins.* i. p. 168. n° 5.
Gyllenhal. ii. p. 55. n° 3.
Duftschmid. ii. p. 24. n° 10.
Sturm. iii. p. 89. n° 35.
Dej. *Cat.* p. 5.

Long. 11, 12 ½ lignes. Larg. 4 ¼, 5 lignes.

Plus large, plus convexe que le *Violaceus* et les espèces voisines, et d'un noir assez brillant, légèrement bleuâtre.

Tête très-légèrement ponctuée et ridée.

Corselet moins long que large, presque carré, très-finement ponctué, légèrement échancré antérieurement, un peu convexe au milieu, avec les bords latéraux déprimés et relevés, surtout vers les angles postérieurs, qui sont assez prolongés en arrière.

Élytres un peu plus larges que le corselet, en ovale allongé, plus courtes et beaucoup plus convexes que dans le *Violaceus*, paraissant lisses à la vue simple.

Il se trouve dans les bois et les montagnes, en Allemagne, en Suède et en Russie.

ONZIÈME DIVISION.

100. C. Cribratus. *Bœber.*

Pl. 59. fig. 3.

Ovatus, niger; elytris subrugosis, foveisque excavatis triplici serie.

Dej. *Spec.* II. p. 139. n° 83.
Sch. *Syn. Ins.* I. p. 171. n° 18.
Germar. *Fauna Ins. Europ.* VI. T. 3.
Dej. *Cat.* p. 6.
Fischer. *Entomographie de la Russie.* I. p. 92. n° 15.
C. Cribellatus. Fischer. *Idem.* T. 8. fig. 13.
C. Foveolatus. Adams. *Mémoires de la Société imp. des Naturalistes de Moscou.* V. T. 16. fig. A. 1. A. 2.

Long. 11 $\frac{1}{2}$, 12 lignes. Larg. 4 $\frac{3}{4}$, 5 lignes.

A peu près de la taille de l'*Hortensis*, et entièrement d'une couleur noire un peu luisante.

Tête peu avancée, finement ponctuée.

Corselet moins long que large, presque carré, un peu rétréci postérieurement, très-finement ponctué et ridé, assez échancré antérieurement, avec les bords latéraux déprimés et un peu relevés vers les angles postérieurs.

Élytres un peu plus larges que le corselet, en ovale allongé, assez convexes, très-légèrement chagrinées, ayant chacune trois rangées de très-gros points enfoncés arrondis, et en outre un quatrième rang de points plus petits, irréguliers, vers le bord.

Dessous du corps et pattes noirs.

Il se trouve dans les montagnes du Caucase.

101. C. Perforatus.

Pl. 59. fig. 4.

Ovatus, niger; thorace quadrato; elytris punctatis, punctisque majoribus impressis, plus minusve in serie dispositis.

Dej. *Spec.* II. p. 140. n° 84.

Fischer. *Entomographie de la Russie.* I. p. 93. n° 11.

C. Cribratus. Fischer. *Idem.* T. 8. fig. 15.

C. Thoracicus. Gebler. Germar. *Coleopt. Sp. Nov.* p. 8. n° 12.

Long. 10 ½, 11 ½ lignes. Larg. 4 ¼, 4 ¾ lignes.

Un peu plus petit que le *Cribratus*, et d'un noir assez luisant, avec la tête et le corselet proportionnellement beaucoup plus grand et les élytres plus courtes.

Tête grosse, large, assez plane, très-finement ponctuée.

Corselet moins long que large, presque carré, un peu arrondi sur les côtés, un peu convexe, très-finement ponctué, assez échancré antérieurement, avec les bords latéraux légèrement rebordés et un peu relevés vers les angles postérieurs.

Élytres un peu plus larges que le corselet, en ovale allongé, très-convexes, irrégulièrement ponctuées, et ayant

CARABUS.

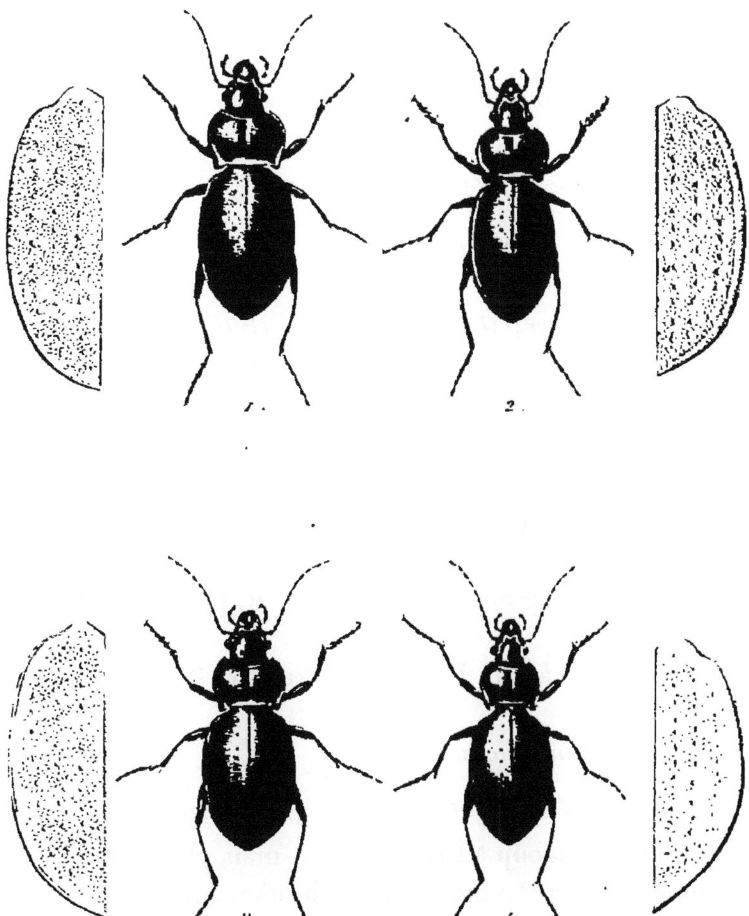

1. C. Mingens.
2. C. Vomax.
3. C. Hungaricus.
4. C. Græcus.

P. Dumenil Pinxit et Direxit

en outre cinq ou six rangées de points enfoncés plus gros, assez marqués, plus ou moins nombreux; quelques-unes de ces rangées manquent souvent entièrement.

Pattes noires assez grosses et assez courtes.

Il se trouve en Sibérie et dans le Caucase.

102. C. MINGENS. *Stéven.*

Pl. 60. fig. 1.

Oblongo-ovatus, niger; thorace quadrato; elytris oblongis, subtilissime punctatis, punctisque obsoletis impressis triplici serie.

DEJ. *Spec.* II. p. 142. n° 85.
SCH. *Syn. Ins.* I. p. 173. n° 32. T. 3. fig. 2.
DEJ. *Cat.* p. 6.
FISCHER? *Entomographie de la Russie.* II. p. 81. n° 13. T. 29. fig. 4.
C. Mæotis. STÉVEN. FISCHER? *Idem.* p. 86. n° 16. T. 34. n° 1.
VAR. A. *C. Hungaricus.* DAHL.

Long. 11 ½, 13 lignes. Larg. 4 ½, 5 ¼ lignes.

Ressemble beaucoup à l'*Hungarius*, mais plus grand, plus allongé, et entièrement d'un noir assez luisant.

Tête grosse, large, assez plane, très-finement ponctuée et ridée.

Corselet moins long que large, presque carré, un peu arrondi sur les côtés, un peu convexe, très-finement ponctué et ridé, assez échancré antérieurement, avec les bords latéraux un peu déprimés, très-légèrement rebordés et relevés vers les angles postérieurs.

Élytres un peu plus larges que le corselet, en ovale allongé, assez convexes, couvertes de petits points enfoncés placés irrégulièrement, qui se confondent souvent entre eux, et ayant en outre trois rangées de points enfoncés peu marqués.

Dessous du corps et pattes noirs.

Il se trouve dans la Russie méridionale et dans le Bannat, en Hongrie.

103. C. Vomax. *Schœnherr.*

Pl. 60. fig. 2.

Oblongo-ovatus, niger; thorace quadrato; elytris oblongis, subrugosis, punctisque obsoletis impressis triplici serie.

Dej. *Spec.* II. p. 143. n° 86.

C. *Gastridulus?* Fischer. *Entomographie de la Russie.* II. p. 83. n° 14. T. 29. n°. 25.

Long. 11, 11 ½ lignes. Larg. 4 ¼, 4 ½ lignes.

Ressemble beaucoup au *Mingens*, dont il n'est peut-être qu'une variété; un peu plus petit, moins allongé, les élytres un peu plus fortement ponctuées et paraissant presque chagrinées.

Il se trouve dans la Russie méridionale.

104. C. Hungaricus.

Pl. 60. fig. 3.

Ovatus, niger; thorace quadrato; elytris ovatis, subtilissime punctatis, punctisque obsoletis impressis triplici serie.

Dej. *Spec.* II. p. 144. n° 87.
Fabr. *Syst. El.* I. p. 174. n° 26.
Sch. *Syn. Ins.* I. p. 173. n° 31.
Ahrens. *Fauna Ins. Europ.* IV. T. 1.
Dej. *Cat.* p. 6.

Long. 10, 12 lignes. Larg. 4, 5 lignes.

De la taille de l'*Hortensis*, et entièrement noir en dessus.

Tête moins grosse que celle du *Mingens*, très-légèrement ponctuée et ridée.

Corselet moins long que large, presque carré, un peu arrondi sur les côtés, un peu plus plane et un peu plus lisse que celui du *Mingens*, très-finement ponctué et ridé, assez échancré antérieurement, avec les bords latéraux un peu déprimés, très-légèrement rebordés, et moins relevés que dans le *Mingens* vers les angles postérieurs.

Élytres un peu plus larges que le corselet; en ovale allongé, plus courtes, plus convexes et plus arrondies postérieurement que celles du *Mingens*, un peu moins fortement ponctuées, et ayant, comme cette espèce, trois rangées de points enfoncés peu marqués.

Dessous du corps et pattes noirs.

Il se trouve en Hongrie.

105. C. GRÆCUS.

Pl. 60. fig. 4.

Ovatus, niger; thorace quadrato, postice subtruncato; elytris ovatis, convexis, sublævigatis, punctisque obsoletis impressis triplici serie.

DEJ. *Spec.* II. p. 145. n° 88.

Long. 11 lignes. Larg. 4 ½ lignes.

Ressemble beaucoup à l'*Hungaricus*, mais plus lisse. Corselet beaucoup plus petit, un peu plus arrondi sur les côtés, un peu moins échancré antérieurement, avec les angles postérieurs plus arrondis, moins prolongés en arrière, la base presque tronquée et à peine échancrée. Élytres un peu plus courtes, plus convexes, moins arrondies postérieurement, couvertes de très-petits points enfoncés, moins marqués et plus éloignés les uns des autres que dans l'*Hungaricus*, ce qui les fait paraître plus lisses.

Il se trouve en Grèce.

FIN DU PREMIER VOLUME.

www.ingramcontent.com/pod-product-compliance
Ingram Content Group UK Ltd.
Pitfield, Milton Keynes, MK11 3LW, UK
UKHW020609230726
13926UKWH00005B/2284

9 782013 447027